Rekombinante Antikörper

W0053681

In der Reihe „Labor im Fokus" sind außerdem erschienen:

Weitere Titel in Vorbereitung.

Frank Breitling und Stefan Dübel

Rekombinante Antikörper

Spektrum Akademischer Verlag Heidelberg · Berlin

Die Deutsche Bibliothek – CIP-Einheitsaufnahme

Breitling, Frank:
Rekombinante Antikörper / Frank Breitling und Stefan Dübel. –
Heidelberg ; Berlin : Spektrum, Akad. Verl., 1997
  (Labor im Fokus)
  ISBN 3-8274-0029-5

© 1997 Spektrum Akademischer Verlag GmbH Heidelberg · Berlin

Alle Rechte, insbesondere die der Übersetzung in fremde Sprachen, sind vorbehalten.
Kein Teil des Buches darf ohne schriftliche Genehmigung des Verlages photokopiert
oder in irgendeiner anderen Form reproduziert oder in eine von Maschinen verwendbare
Sprache übertragen oder übersetzt werden.

Lektorat: Ursula Loos; Marion Handgrätinger, Sabine Loss (Ass.)
Redaktion: Karin Zerfaß-Thome
Produktion: Katrin Frohberg
Umschlaggestaltung: Zembsch' Werkstatt, München
Satz: Kühn & Weyh, Freiburg
Druck und Verarbeitung: Franz Spiegel Buch GmbH, Ulm

Inhalt

Vorwort

Das knapp zehn Jahre junge Gebiet der rekombinanten Antikörper hat bereits eine große Zahl von Wissenschaftlern in seinen Bann gezogen und wird in immer mehr Labors zur Routine. Das Ziel ist dabei meist die Herstellung von humanen monoklonalen Antikörpern für die Therapie und Diagnose – ein Ziel, das zuvor oft unerreichbar war.

Das Buch wendet sich zum einen an interessierte Studenten, technische Assistenten und Wissenschaftler, die zum ersten Mal mit diesem Feld in Kontakt geraten. Wir haben uns bemüht, es so zu schreiben, daß nur wenige Vorkenntnisse für das Verständnis erforderlich sind. Zum anderern haben wie aber auch stets versucht, konkrete Fragen aus dem Laboralltag zu beantworten oder zumindest über die umfangreiche Bibliographie von Originalzitaten den Weg zu ihrer Beantwortung zu weisen.

Die ersten beiden Kapitel verdeutlichen die Rolle unseres eigenen Immunsystems als Lehrmeister für die Gentechnologen. All die Prinzipien, die beim Bau und bei der Suche nach rekombinanten Antikörpern angewendet werden, haben ihr Vorbild in unserem eigenen Körper. Die rekombinante Antikörpertechnologie kann aber mittlerweile sogar mehr als unser Immunsystem. So bietet sie Wege zur Herstellung von Antikörpern, die unsere eigene Immunantwort nicht hervorzubringen vermag, zum Beispiel gegen giftige oder stark pathogene Antigene.

Neben der Produktion bisher nicht herstellbarer Antikörper ermöglicht die rekombinante Technologie aber auch eine weitere wichtige Neuerung. Genetische Fusionen an Proteine unterschiedlichster Funktion eröffnen neue Wege bei der Anwendung von Antikörpern in Forschung, Diagnose und Therapie. Großen Nutzen versprechen die rekombinanten Antikörper besonders bei medizinischen Anwendungen, insbesondere bei der Tumortherapie. Diese neuen Möglichkeiten sind Gegenstand des dritten Kapitels.

Die grundlegenden Prinzipien der rekombinanten Antikörpertechnologie wurden im Zeitraum weniger Jahre entwickelt. Anfangs
schien der Weg gerade und einfach zu sein. Erst mit der Zeit wurden
die technischen Schwierigkeiten klar, die mit dem Bau und vor allem
der Produktion und dem Einsatz rekombinanter Antikörper verbunden waren. Das Buch versucht, auf diese Probleme hinzuweisen und
Lösungsmöglichkeiten dafür aufzuzeigen. Damit möchten wir Neu-
einsteigern helfen, einige der Fallen zu umgehen, die den Autoren
nicht erspart geblieben sind. Viele solcher Anregungen finden Sie im
vierten Kapitel.

An dieser Stelle möchten wir uns ganz besonders bei Gerd Moldenhauer, Roland Kontermann, Martin Welschof, Eva Schüßler,
Eckard Fuchs und Susanne Rondot bedanken, deren kritischen
Anregungen das Buch viel verdankt, und bei Uschi Loos von Spektrum Akademischer Verlag für Ihre vielen Anregungen und ihre
Geduld. Auch Prof. Ekkehard Bautz und Prof. Melvyn Little haben
uns durch ihr Verständnis für diese umfangreiche Arbeit und ihre
Geduld sehr unterstützt. Wir danken auch Ingrid Hermes, Iris Klewinghaus und Iris Queitsch, die uns im Labor den Rücken freihiel-
ten. Besonderer Dank für Ihr Verständnis und Ihre Unterstützung
gilt unseren Familien.

Frank Breitling
Stefan Dübel

Juli 1997

1.
Grundlagen

Dies ist ein Buch über rekombinante Antikörper. Es würde den Rahmen des Buches sprengen, wenn gleichzeitig ein kompletter Überblick über das Immunsystem gegeben würde. Der Leser ist hierfür an Lehrbücher wie beispielsweise das hervorragende *Immunologie* von Charles Janeway und Paul Travers (1997) verwiesen. Trotzdem werden wir immer wieder einzelne Aspekte der humoralen Immunantwort beleuchten, um einen Vergleich zwischen unserem Immunsystem und den rekombinanten Techniken zu ermöglichen. Damit möchten wir ein Gefühl für die faszinierenden Lösungen vermitteln, die das Immunsystem während Jahrmillionen der Evolution entwickelt hat. Dieses Buch zeigt auch, wie das Immunsystem der Lehrmeister für die Gentechnologen war, die dadurch inspiriert deren Lösungen ins Reagenzglas übertragen konnten.

1.1 Wie unser Körper Antikörper herstellt

1.1.1 Die Antikörpervielfalt entsteht durch die zufällige Kombination von Peptidbausteinen

Antikörper sind Teil des Immunsystems, dem vielseitigen Abwehrsystem des Körpers gegen Eindringlinge. Ihre Hauptaufgabe ist es, Pathogene spezifisch zu binden und damit für das Immunsystem zu markieren.

Wie gelingt es dem Organismus, gegen praktisch jeden Fremdstoff einen spezifischen Antikörper zu bilden? Wie kann er möglichst alle potentiell „feindlichen" *Antigene* erkennen? Der Mensch erreicht dies mit einem riesigen Arsenal von Antikörpern mit unterschiedlicher Bindungsspezifität. Es wäre für den menschlichen Organismus jedoch viel zu aufwendig, für jeden der geschätzt > 10^8 unterschiedlichen Antikörper ein eigenständiges Gen bereitzuhalten. Die dafür nötige Informationsmenge würde die Kapazität seines Genoms sprengen. Die Wirbeltiere (nur sie besitzen Antikörper) haben dieses Problem mit Hilfe eines eleganten Tricks gelöst. So, wie man mit wenigen genormten Bausteinen Millionen unterschiedlicher Häuser errichten kann, verknüpfen sie „genormte" Polypeptidbausteine zu einem modular aufgebauten Antikörper. Dadurch müssen im Genom nur ein paar hundert dieser Polypeptidbausteine codiert werden. Einige wenige (große) Bausteine codieren für die konstanten Bereiche des Antikörpers und bestimmen damit seine Effektorfunktionen, die die Nachrichtenübermittlung an das Immunsystem gewährleisten. Die *Antigen*-Bindungsspezifität eines Antikörpers jedoch wird nur von einem kleinen Teil des Gesamtproteins vermittelt: den *variablen Regionen* (Abb. 1.1). Auch diese bestehen wiederum aus drei bis vier unterschiedlichen Modulen, die während der Differenzierung der B-Lymphozyten in jeder Zelle anders zu-

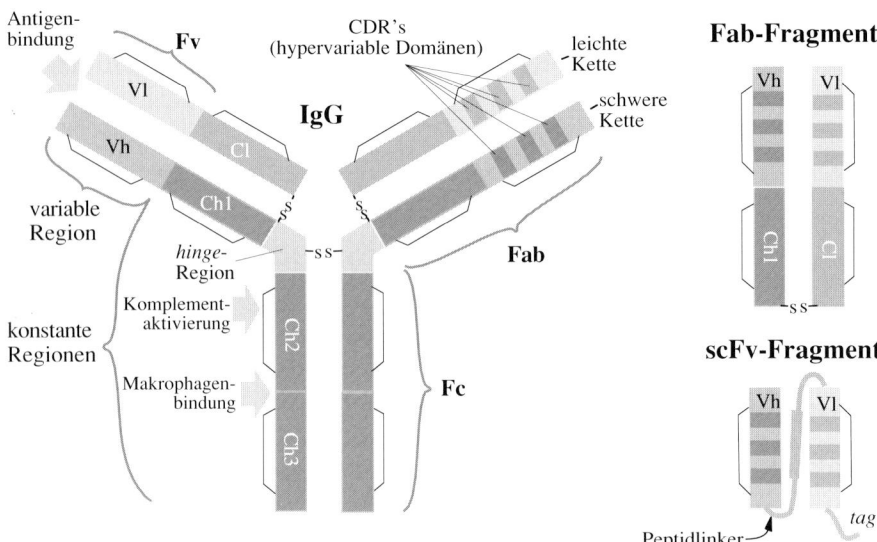

1.1 Schematische Darstellung eines Immunglobulins (IgG) und davon abgeleiteten antigenbindenden Teilstücken. Abkürzungen: Cl, Ch1–Ch3: konstante Regionen; VL: Variable Region der leichten Kette; VH: Variable Region der schweren Kette; Linker: Peptidverbindung zur Verknüpfung von VH und VL; *Tag*: Carboxyterminale Verlängerung zur Veränderung der biochemischen Eigenschaften des Fusionsproteins. S/S stellt Disulfidbrücken dar.

sammengesetzt werden. Zusätzlich zu der Rekombination dieser Genabschnitte existieren noch Zufallsmechanismen, die „blind" kurze neue Sequenzen an einigen der Fusionspunkte der verschiedenen Genabschnitte einfügen können. Ein weiterer Trick, mit dem die Natur dabei die Vielfalt möglicher Strukturen noch potenziert, besteht in der Kombination von zwei unabhängigen Proteinketten (der „leichten" und der „schweren" Antikörper-Kette) zu einem Proteinkomplex (Abb. 1.1 und 1.2), wobei beide Proteine zur Antigenbindung beitragen können.

1.1.2 Die Spezifität der Antigenbindung wird von den hypervariablen Domänen bestimmt

Beim Vergleich der Antikörpersequenzen untereinander fielen innerhalb jeder der variablen Regionen jeweils drei Peptidabschnitte von ca. 5–15 Aminosäuren auf, die eine Vielzahl unterschiedlicher Peptidsequenzen enthalten konnten (Zusammenfassung bei Kabat et al., 1987). Diese *hypervariablen Regionen* sind über die Länge der Antikörpersequenz verteilt. Die Röntgenstrukturanalyse zeigte aber, daß sie sich im fertig gefalteten Protein an einer Außenseite zusammenfinden (Abb. 1.2). Insgesamt sechs dieser hypervariablen Regionen (je drei der variablen Regionen der schweren und der leichten Kette) stellen die eigentliche Kontaktstelle des Antikörpers zum Antigen dar. Man nennt sie auch „CDR" (engl. *complementary determining regions*), denn sie formen eine Struktur, die komplementär zum Antigen ist. Der restliche Teil der variablen Regionen hat dabei die Aufgabe, die räumliche Struktur der hypervariablen Bereiche zu stabilisieren, also ein Gerüst einzuziehen. Dies geschieht mit Hilfe der sehr rigiden β-Faltblattstruktur der Gerüstregionen (engl. *framework*).

1.1.3 Die konstanten Regionen stabilisieren den Zusammenhalt der variablen Domänen

Die beiden variablen Domänen der leichten und der schweren Kette bilden gemeinsam die Antigenbindungsstelle. Der Zusammenhalt dieser Domänen alleine ist meist jedoch relativ schwach (K_d ca. 10^{-6} M). Zusätzliche Bindungen sind notwendig, um das Antikörpermolekül zu stabilisieren. Diese Bindungen werden durch die *konstanten Re-*

komplettes IgG

Fv-Fragment, Spacefill-Modell
Antigen-
bindungsstelle

variable
Regionen

leichte
Kette

schwere
Kette

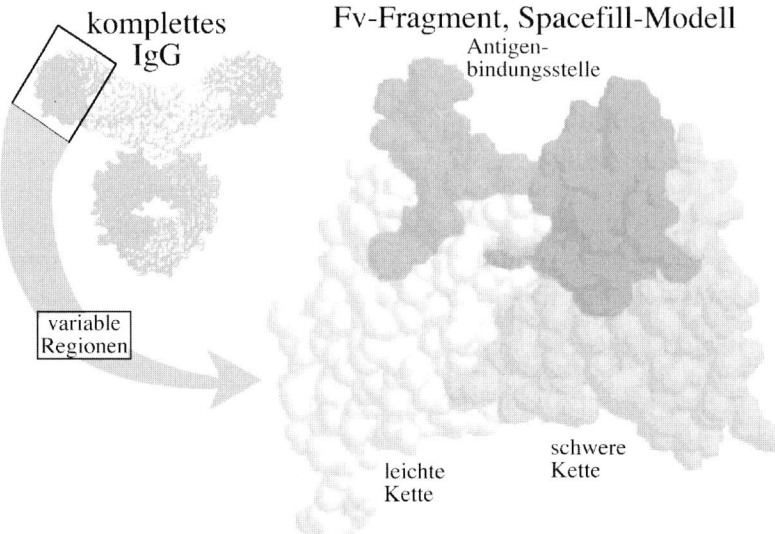

αC-Atom-Gerüst: hypervariable Bereiche (CDRs)

L1   Antigen-
bindungsstelle   H1   H2

L2   H3

L3

variable Region
der leichten
Kette

variable Region
der schweren
Kette

C(VH)

C(VL)

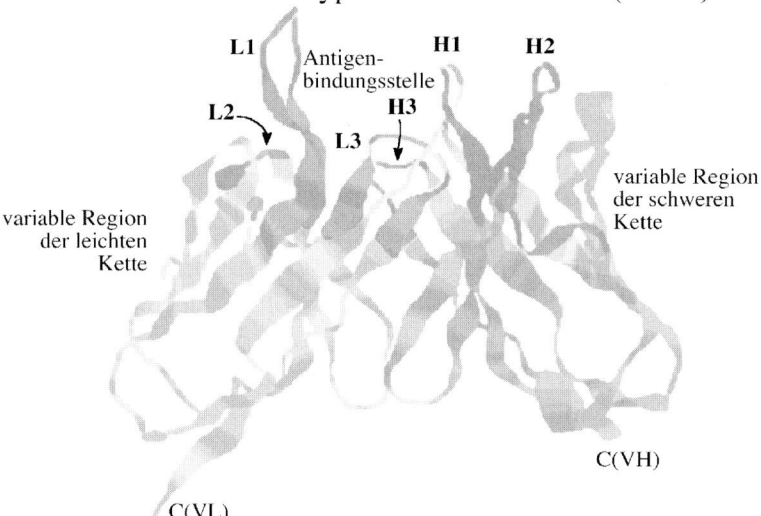

1.2 Das Fv-Fragment ist der Teil eines Antikörpers, der für die Antigenspezifität verantwortlich ist. Ein IgG-Molekül (Kasten oben links) enthält je zwei Fv-Fragmente (oben rechts und unten vergrößert dargestellt). Die für den Kontakt mit dem Antigen verantwortlichen hypervariablen Bereiche (oder CDRs) sind dunkler abgesetzt. Unten: Cα-Band-Darstellung, die das Gerüst von β-Faltblatt-Strukturen verdeutlicht, die für die hervorragende Stabilität von Antikörpermolekülen verantwortlich sind. Die Kontaktstelle zum Antigen wird von sechs Peptidschleifen, je drei aus schwerer und leichter Kette (H1 bis H3, L1 bis L3), gebildet. Die Modelle basieren auf Koordinaten, die freundlicherweise von R. Kontermann und A. Martin zur Verfügung gestellt wurden.

gionen bereitgestellt, die einen Großteil der Molekülmasse ausmachen. Eine (manchmal mehrere) Disulfidbrücke zwischen den konstanten Regionen der leichten und der schweren Kette sorgt für den kovalenten Zusammenhalt der schweren und der leichten Kette. Weitere Disulfidbrücken verbinden die konstanten Domänen der schweren Kette zu einem Dimer. Je zwei gleiche Antigenbindungsstellen werden also in einem Molekülkomplex vereinigt und geben dadurch der Antikörpergrundstruktur ihre charakteristische Ypsilon-Form. In einigen Antikörperklassen werden sogar noch mehrere dieser Molekülkomplexe zusammengebunden (ein IgA hat vier bis sechs Antigenbindungsstellen, ein IgM sogar zehn).

1.1.4 Die konstanten Regionen vermitteln die Effektorfunktionen

Nur in wenigen Spezialfällen übt ein Antikörper für sich alleine seine Schutzfunktion aus. Es gibt neutralisierende Antikörper gegen bakterielle Toxine oder Antikörper, die das Eindringen von Viren in ihre Zielzellen verhindern. Seine große Wirksamkeit gewinnt das humorale System jedoch erst durch eine enge Zusammenarbeit mit dem restlichen Immunsystem. Die variablen Domänen binden das Antigen und sind somit für die Markierung des Ziels zuständig, während die konstanten Regionen die Aktivierung des Immunsystems vermitteln.

Verschiedene konstante Regionen können eine ganze Reihe unterschiedlicher biologischer Effekte vermitteln. Zu allergischen Reaktionen kommt es beispielsweise nach der Bindung an ein IgE, während die Bindung an ein IgM zur Aktivierung des Komplementsystems führen kann. Die modulare Bauweise der Moleküle ermöglicht auch den Austausch der konstanten Regionen (*class switch*) unter Beibehaltung der Antigenspezifität. Je nach Anforderung kann das Immunsystem damit während der Entwicklung einer Immunantwort sehr flexibel reagieren.

1.1.5 Antikörper binden im Lauf der Immunantwort immer besser

Schon lange ist bekannt, daß sich die Immunantwort des Menschen im Laufe der Zeit verbessern kann. So bekommen wir viele Krankheiten nur einmal, danach sind wir geschützt gegen diesen Erreger, wir sind „immun". Auch für einzelne Antikörper ließ sich diese Verbesserung zeigen: Immunisiert man eine Maus mit einem kleinen Antigen, einem sogenannten „Hapten", dann binden die dabei gebildeten Antikörper (die Immunglobuline) das Antigen zunächst relativ schwach. Wiederholt man die Immunisierung nach einiger Zeit, so binden die dann gebildeten Antikörper dieses Antigen deutlich besser (Abb. 1.3), im Laufe der Zeit ist es zu einer *Affinitätsreifung* gekommen (Janeway und Travers, 1997).

1.1.6 B-Lymphozyten werden durch klonale Selektion ausgewählt

In letzter Zeit ist aufgeklärt worden, warum das so ist. Einem Antigen (beispielsweise einem Grippevirus) steht ein Repertoire von geschätzt $> 10^8$ verschiedenen Antikörpern gegenüber. Jeder Antikör-

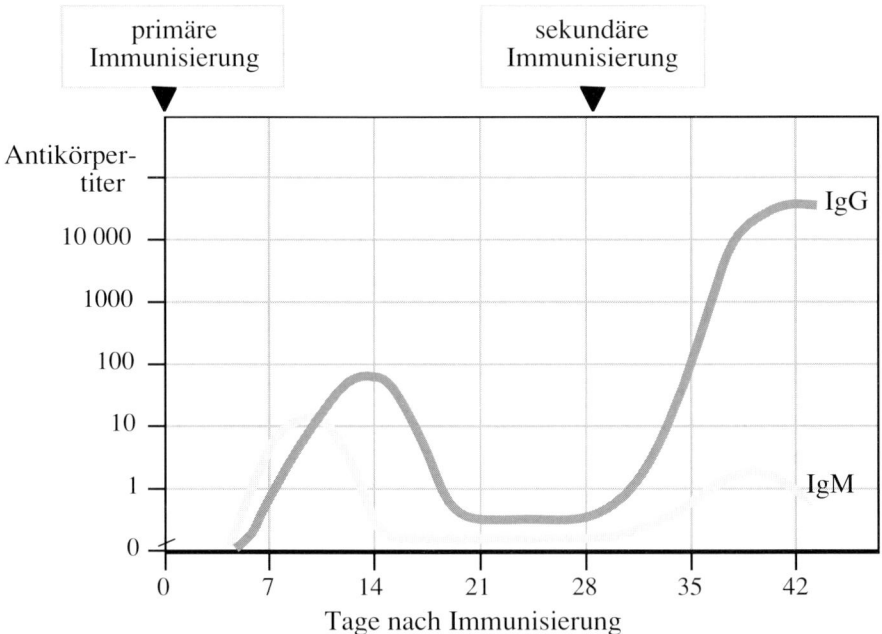

1.3 Verlauf der primären und sekundären Immunantwort. Bei einer typischen Immunantwort erfolgt die Reaktion auf eine zweite Immunisierung rascher, stärker und vorwiegend durch IgG. Die Gründe dafür sind in Abb. 1.4 und 1.5 skizziert.

per wird dabei von einem eigenen B-Lymphozyt gebildet, nachdem in dessen Kern eine zufällige Neukombination der Gene für die oben erwähnten Polypeptidmodule der Antikörper stattfand. Das Repertoire dieser verschiedenen B-Lymphozyten zirkuliert nun im Körper, wobei die Antikörper auf der Oberfläche präsentiert werden (Abb. 1.4). Nur wenige der B-Lymphozyten aus diesem Repertoire tragen Antikörper gegen ein bestimmtes Antigen auf der Oberfläche. Die Bindung an dieses Antigen veranlaßt diese Zellen aber dann, sich zu teilen. Dadurch wird der Anteil dieses speziellen B-Lymphozyten-*Klons* an der Gesamtpopulation stark vermehrt. Es findet also eine *klonale Selektion* statt. Ein Teil dieser B-Lymphozyten entwickelt sich dabei weiter zu den antikörpersezernierenden Plasmazellen. Mit Hilfe eines alternativen Splicingwegs für die Antikörper-mRNA schaltet die Plasmazelle dann von membrangebundenem Antikörper (IgM) auf die sezernierte Variante (meist IgG) um. Diesen Vorgang nennt man *Isotypwechsel* oder auch *class switch*.

1.1.7 Gedächtniszellen, die besser bindende Antikörper codieren, überleben

Etwa eine Woche nach der Antigenstimulierung haben die Plasmazellen große Mengen an Antikörpern gebildet. Dadurch entsteht ein Überschuß von Antikörpern gegenüber dem Antigen (beispielsweise dem Grippevirus), das dabei eliminiert wird. Etwa um diese Zeit entstehen auch die sogenannten *Keimzentren* in den Lymphknoten. Dort sind einige aktivierte B-Lymphozyten eingewandert, die nicht zu Plasmazellen differenziert sind. Aus ihnen gehen später die *Gedächtniszellen* hervor. Die B-Lymphozyten teilen sich in den Keimzentren, wobei die Gene der rearrangierten variablen Antikörperdomänen (und nur diese Gene!) einer extrem hohen Mutationsrate ausgesetzt sind. Man schätzt, daß pro Zellteilung durch die *somatische Hypermutation* etwa eins aus 10^3 Basenpaaren mutiert wird, dies ist eine milliardenfache Erhöhung gegenüber der normalen Mutationsrate.

Einige dieser Mutationen codieren für einen besser bindenden Antikörper. Wie setzen sich diese besser bindenden Varianten durch? Antikörperpräsentierende B-Lymphozyten konkurrieren in den Keimzentren um die Bindung an die antigenpräsentierenden *follikulären dendritischen Zellen*. Diese Bindung ist überlebenswichtig für die B-Lymphozyten, da sie ansonsten programmierten Selbstmord

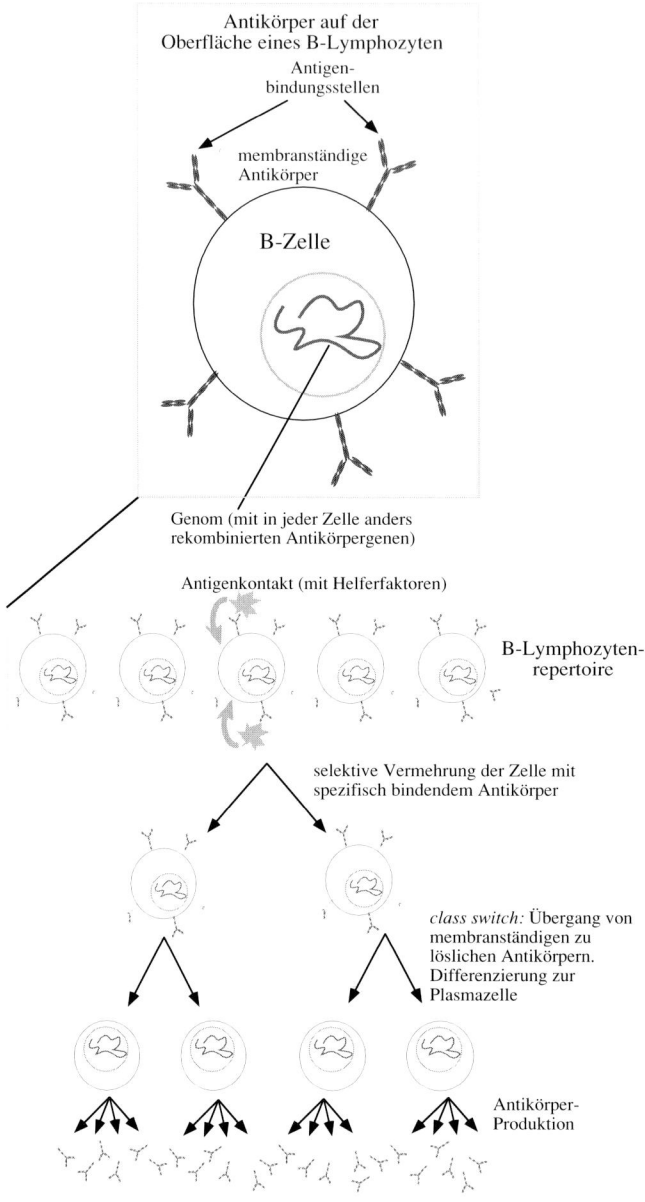

1.4 Klonale Selektion: Entstehung der primären Immunantwort. Im Blut zirkuliert ein großes Repertoire von B-Lymphozyten, die jeweils unterschiedliche Gen-Rearrangements durchgeführt haben. Jeder B-Lymphozyt präsentiert seinen spezifischen Antikörper auf der Oberfläche. Kommt er in Kontakt mit einer antigenpräsentierenden Zelle, deren Antigen von „seinem" Antikörper gebunden wird, wird in diesem B-Lymphozyt ein Wachstumsprogramm ausgelöst. Der B-Lymphozyt vermehrt sich stark (klonale Selektion), wobei ein Teil seiner Nachkommen zu Plasmazellen differenziert. Diese sezernieren dann große Mengen des ausgewählten Antikörpers.

begehen, d. h. durch *Apoptose* sterben. Die Zellen konkurrieren jedoch nicht nur untereinander um die wenigen von den dendritischen Zellen präsentierten Antigene, wichtiger noch ist die Konkurrenz mit den vielen schon produzierten löslichen Antikörpern. Dabei haben nur die B-Lymphozyten, die besser bindende Antikörper präsentieren, eine Chance auf die für das Überleben notwendige Bindung an das Antigen. Aus diesen B-Lymphozyten entwickeln sich anschließend die Gedächtniszellen, in denen damit auch die Mutationen überleben, die zu dieser besseren Bindung geführt haben. Bei der sekundären Immunantwort sorgen diese Gedächtniszellen dafür, daß das Antigen diesmal wesentlich schneller eliminiert wird; es hat eine *Affinitätsreifung* der Antikörper stattgefunden (Abb. 1.5).

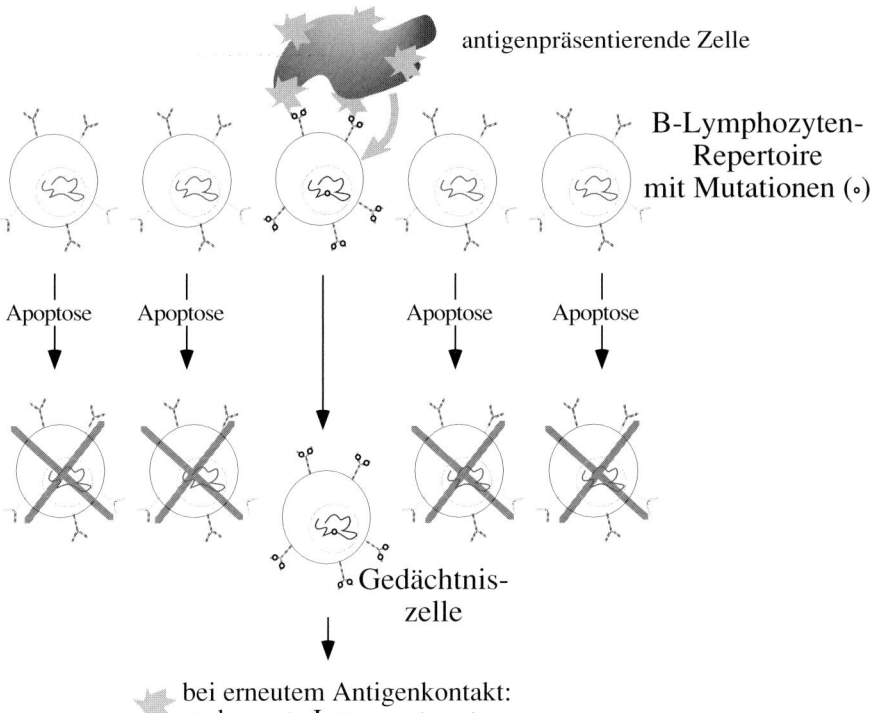

1.5 Gedächtniszellen sorgen für eine Verbesserung der Antikörper und eine beschleunigte sekundäre Immunantwort. In den Keimzentren („germinal centers") konkurrieren verschiedene B-Lymphozyten um das Antigen. Gleichzeitig mutieren ihre Antikörpergene dabei mit stark erhöhter Rate. Nur diejenigen Zellen, die aufgrund höherer Affinität zum Antigen mit den wenigen antigenpräsentierenden dendritischen Zellen in Kontakt bleiben, können überleben. Damit werden die B-Lymphozyten ausgewählt, deren Antikörper durch die Mutationen eine verbesserte Affinität zum Antigen besitzen.

1.1.8 Das Immunsystem der höheren Wirbeltiere macht seit Millionen von Jahren Antikörper-Engineering

Nur die höheren Wirbeltiere besitzen ein humorales Immunsystem, in dem Antikörpervarianten nach dem Zufallsprinzip gebildet und die besten Binder anschließend ausgewählt werden. Es findet also in jedem Individuum eine Art interne Evolution statt, in deren Verlauf die gebildeten Antikörper kontinuierlich verbessert werden. Nichts anderes versuchen die Geningenieure mit den rekombinanten Antikörpern im Reagenzglas.

Schon vor ihrer Aufklärung wurden diese molekularen Grundlagen der Antikörperentwicklung von den gängigen Impfprotokollen berücksichtigt. So liegen meist mindestens vier Wochen zwischen den einzelnen Immunisierungen. Dies entspricht etwa der Zeit, die zur Affinitätsreifung, d. h. dem Prozeß der Bildung von Gedächtniszellen, benötigt wird.

1.2 Die Herstellung von Antikörpern: altbewährte und neue Wege

1.2.1 Die Nutzung von Antikörpern in Forschung und Diagnose

Aufgrund ihrer spezifischen Bindungseigenschaften und ihrer hohen Stabilität haben Antikörper seit Jahrzehnten eine große Bedeutung für Forschung und Diagnose. Seit den Arbeiten von Behring und Kitasato vor über hundert Jahren ist bekannt, daß spezifische Bindemoleküle aus dem Blut gewonnen werden können (Abb. 1.6). Die klassische Methode zur Herstellung von Antikörpern definierter Spezifität beruht auf der Immunisierung von Versuchstieren mit einem Antigen. Einige Wochen nach der Immunisierung findet man dann die gewünschten Antikörper im Blutserum des Tieres. Auch menschliche Antikörper können so gewonnen werden, allerdings ist hier eine Immunisierung naturgemäß nur sehr eingeschränkt möglich.

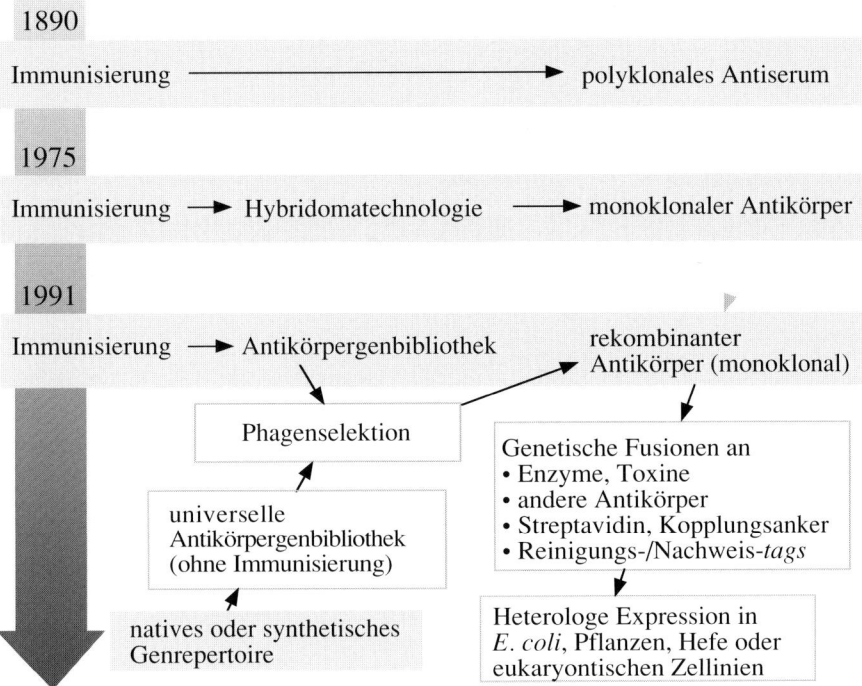

1.6 Historische Entwicklung der Herstellungsmethoden für Antikörper.

1.2.2 Antiseren enthalten polyklonale Antikörper

Die so gewonnenen *Antiseren* enthalten immer ein *Gemisch* von Antikörperproteinen verschiedener Bindungsspezifitäten: zunächst natürlich viele Antikörper, die bereits vor der Immunisierung vorhanden waren. Meist ist aber auch ein Gemisch verschiedener spezifischer Antikörper gebildet worden, da die zur Immunisierung verwendeten Biomoleküle oft so groß sind, daß auf ihrer Oberfläche mehrere *Epitope* Platz haben (Abb. 1.7). Ein Epitop ist jener Teil eines Antigenmoleküls, der vom Antikörper bei der Bindung kontaktiert wird. Nach der Immunisierung werden im Blut in der Regel verschiedene Antikörper gegen mehrere Epitope auf einem Antigen gebildet. Da jeder Antikörper definierter Spezifität immer von einem eigenen B-Lymphozyten-Klon im Blut gebildet wird, die Immunantwort also auf der Vervielfältigung mehrerer verschiedener Zellklone beruht, spricht man von *polyklonalen Antikörpern*.

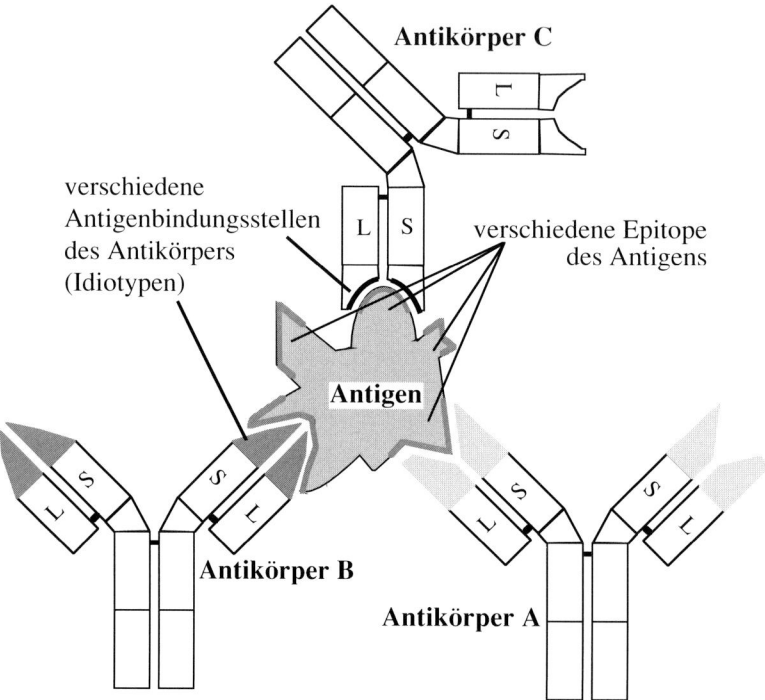

1.7 Einige Begriffe zur Beschreibung von Antikörper-Antigen-Reaktionen. S: schwere Kette, L: leichte Kette.

1.2.3 Unsterbliche B-Lymphozyten produzieren monoklonale Antikörper

In den siebziger Jahren wurde von Köhler und Milstein eine neue Methode zur Antikörpergewinnung entwickelt, die *Hybridom-Technik* (Köhler und Milstein, 1975). Sie erfordert ebenfalls zuerst die Immunisierung eines Versuchstiers (meist Maus oder Ratte). Die Antikörper werden aber nicht direkt aus dem Blutserum gewonnen. Vielmehr wird die Milz entnommen und die darin zahlreich enthaltenen B-Lymphozyten (Vorstufen der antikörperproduzierenden Zellen) isoliert. Jeder B-Lymphozyt produziert ja aufgrund „seines" individuellen Genrearrangements Antikörper mit nur einer einzigen Bindungsspezifität (s. o.). Die Abkömmlinge dieses B-Lymphozyten, der B-Lymphozyten-*Klon*, produzieren dann Antikörper dieser Bindungsspezifität.

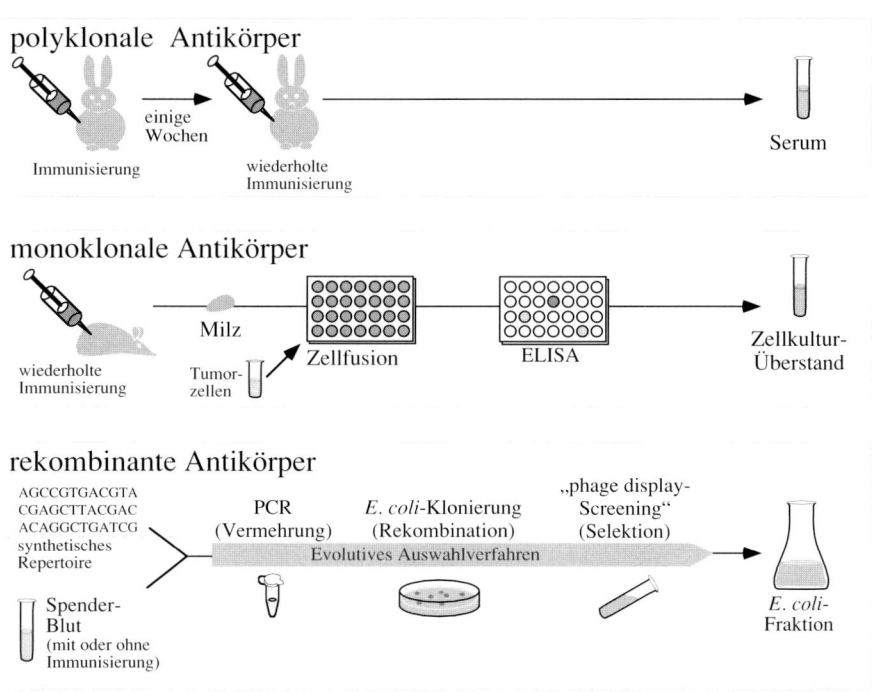

1.8 Schematische Zusammenfassung der unterschiedlichen Herstellungsmethoden für Antikörper.

Einige der aus der Milz eines immunisierten Tieres gewonnenen Zellen produzieren also Antikörper der gewünschten Spezifität. Um diese *in vitro* herstellen zu können, muß man die B-Lymphozyten in Zellkultur vermehren. Dies wird erreicht, indem man sie mit Plasmazytomzellen, Abkömmlingen eines Plasmazell-Tumors, fusioniert. Die resultierenden *Hybridomzellen* haben Eigenschaften beider Fusionspartner: Einerseits haben sie die *Unsterblichkeit* der Krebszellen, andererseits produzieren sie den jeweiligen Antikörper des B-Lymphozyten-Partners (Köhler und Milstein, 1975). Die Abkömmlinge einer einzelnen Hybridomzelle (d. h. ihr *Klon*) produzieren Antikörper mit dieser definierten Spezifität. Man nennt diese deshalb auch *monoklonale Antikörper* (Abb. 1.8). Ein weiterer Vorteil dieser monoklonalen Antikörper gegenüber den oben erwähnten polyklonalen Antikörpern liegt darin, daß sie in den nun „unsterblichen" Zellen in prinzipiell unbegrenzter Menge produziert werden können. Ein Nachteil der Methode liegt in der sehr aufwendigen Prozedur, die für die Auswahl (Selektion oder *screening*) des gewünschten Antikörpers nötig ist, da ja der Fusionsansatz auch eine große Zahl von B-Lymphozyten-Klonen enthält, die irrelevante Antikörper bilden. Es müssen deshalb in der Regel Tausende von Klonen unter sterilen Bedingungen getrennt kultiviert und getestet werden. Eine gute methodische Übersicht über die „klassischen" Methoden zur Antikörperherstellung gibt der in der gleichen Focus-Reihe erschienene Band von Liddell und Weeks (1996).

1.2.4 „Rekombinante Antikörper" sind gentechnologisch hergestellte Antikörperfragmente

In den letzten Jahren wurde mit der Konstruktion von *rekombinanten Antikörpern* ein dritter, auf gentechnologischen Methoden beruhender Weg zur Herstellung von Antikörperfragmenten eröffnet. Dabei werden die Antikörper nicht mehr in einem Versuchstier (oder im menschlichen Organismus) erzeugt, sondern *in vitro* in Bakterien oder Zellkulturzellen. Im Mittelpunkt steht dabei der antigenbindende Teil des Antikörpers. Meist verzichtet man zugunsten einer höheren Ausbeute auf den Rest des Antikörpermoleküls. Diese Fragmente können dann nicht mehr alle Funktionen eines natürlich hergestellten Antikörpers vermitteln. Dafür können sie aber vergleichsweise einfach mit Enzymen oder anderen Antikörpern fusioniert werden. Diese rekombinanten Antikörper bekommen dabei vollkommen neue Eigenschaften. Der Begriff „rekombinanter Antikörper" hat sich für ein gentechnologisch *in vitro* hergestelltes Antikörperfragment, das ansonsten ausschließlich über die Antigen-Spezifität definiert ist, eingebürgert. Korrekter ist es allerdings, solche Proteine als Antikörper-„Fragmente" zu bezeichnen.

1.2.5 Fv-Fragmente sind die kleinste antigenbindende Einheit

Für viele Anwendungen wird eine möglichst kleine antigenbindende Einheit benötigt. Praktisch handhabbar waren dabei vor Entwicklung der rekombinanten Technologie nur die sogenannten *Fab-Fragmente* (Abb. 1.1), die durch Proteaseverdau aus herkömmlichen Antikörpern entstehen. Ein Fab-Fragment besteht aus den variablen Regionen beider Ketten, die durch jeweils eine anschließende konstante Region zusammengehalten werden. Ganz ähnliche *Fab-Fragmente* können mittlerweile auch rekombinant hergestellt werden.

Das kleinste Molekül jedoch, das noch die gesamte Antigenbinde-stelle enthält, besteht nur noch aus den variablen Regionen der schweren und leichten Kette (*VH* und *VL*, vgl. auch Abb. 1.1 und 1.2). In Analogie zu Fc (Fragment des konstanten Teils) und Fab (Fragment des antigenbindenden Teils) werden diese Fragmente „Fv" (Fragment des variablen Teils) genannt. Da ihnen die kovalente Verknüpfung beider Ketten durch die Cysteine der konstanten Ketten fehlt, müssen diese Fv-Fragmente stabilisiert werden. Meist werden dafür die variablen Domänen durch eine *Peptidverbindung* zu einem einzigen Proteinstrang verbunden. Dabei entstehen die sogenannten *single chain-Fv-Fragmente* (= scFv-Fragmente, scFv-Antikörper, Abb. 1.1).

1.2.6 Warum rekombinante Antikörper?

Welche Motivation steht hinter der Suche nach neuen Wegen zur Herstellung von Antikörpern? Die Evolution des Immunsystems hat doch ein schier unerschöpfliches Potential zur Herstellung spezifischer Bindemoleküle entwickelt, das wir bereits durch die Herstellung von polyklonalen Antiseren oder monoklonalen Hybridom-Zellinien vielfältig nutzen können. Was können rekombinante Antikörper darüberhinaus noch leisten?

1.2.6.1 Rekombinante Antikörper lassen sich *in vitro* gewinnen

Zunächst einmal können rekombinante Antikörper völlig *außerhalb* eines Wirbeltier-Organismus gewonnen werden, denn die Selektion spezifischer Antikörper in *E. coli* -Systemen findet komplett im Reagenzglas statt. In Zeiten von AIDS-, Hepatitis- und BSE-Risiken kann die Möglichkeit zur Herstellung von Antikörpern völlig ohne menschliche oder tierische Produkte vorteilhaft sein. Natürlich sind auch die so gewonnenen rekombinanten Antikörper monoklonal, denn sie gehen ja aus einer einzigen (Bakterien-) Zelle hervor. Sie bieten analog zu den Hybridom-Zellinien ebenso deren Vorteile der Unsterblichkeit wie der definierten Spezifität für ein Epitop. Darüber hinaus sind Bakterienklone in der Handhabung, Kultur, Analyse und Lagerung meist einfacher und billiger als die entsprechenden Hybridom-Zellklone. Wichtiger noch ist jedoch, daß zur Analyse und Modifikation diese Klone die ganze Technologie der *E. coli*-Genetik zur Verfügung steht. Die Primärstrukturermittlung (Sequenzierung), Analyse und natürlich unzählige Modifikationsmöglichkeiten werden dadurch stark vereinfacht oder sogar überhaupt erst ermöglicht. So können die Antikörper-Fragmente „humanisiert" oder mit heterologen Genen zu chimären Molekülen mit neuen Funktionen verbunden werden (Ausführliches dazu in den Kapiteln 2.3 und 3).

1.2.6.2 Humane monoklonale Antikörper können besser *in vitro* hergestellt werden

Mittlerweile können rekombinante Antikörper auch ohne eine vorherige Immunisierung hergestellt werden, indem man von Genbibliotheken in *E. coli* ausgeht (vgl. dazu Kap. 1 und Kap. 2.2). Im Laborbereich bedeutet dies zunächst das Einsparen von Tierversuchen. Es erlaubt aber vor allem auch die Herstellung *humaner* Antikörper *in vitro*. Bisher konnten humane Antikörper nur mit großen Schwierigkeiten gewonnen werden, u. a. auch deswegen, weil eine Immunisierung zur Antikörperherstellung beim Menschen ja nur in Ausnahmefällen möglich ist. Humane monoklonale Antikörper gegen Pathogene, Gifte oder hochkonservierte Antigene konnten deshalb nicht erzeugt werden. Eine weitere Schwierigkeit ist technischer Natur, denn verglichen mit den Maushybridomen sind menschliche Hybridomzellinien sehr instabil. Meist können sie nicht über längere Zeit in Kultur gehalten werden, ohne daß die Antikörpergene verloren gehen.

Humane Antikörper sind aber für alle *in vivo*-Verwendungen bei Therapie und Diagnose solchen aus anderen Organismen vorzuziehen, da sie vom menschlichen Immunsystem nicht als „fremd" erkannt werden. Damit kommt es bei ihnen zu keiner Immunantwort des Patienten gegen den Antikörper, die das Therapeutikum neutralisiert oder sogar den Patienten gefährdet (siehe Kap. 2.4.2). Die gentechnologische Herstellung humaner Antikörper ermöglicht deshalb Ansätze für die *in vivo*-Diagnose und Therapie, die mit den herkömmlichen Methoden nicht durchführbar sind.

1.2.6.3 Antikörper mit völlig neuen Eigenschaften entstehen durch die Fusion an andere Proteine

Schon ein „normaler" Antikörper ist ein *bifunktionelles* Molekül. Während der variable Teil an „sein" spezifisches Antigen bindet, bestimmt der konstante Teil, was mit dem markierten Molekül geschieht – dem Antikörper kommen andere Teile des Immunsystems zu Hilfe.

Ganz analog können Antigenbindungsstellen mit anderen Proteinen genetisch fusioniert werden. Damit kann man den Antigenbindungsteilen der Antikörper biochemische Funktionen verleihen, die in dieser Kombination in der Natur nicht gefunden werden. Solche Fusionen können auch zwischen Proteinen oder Proteinteilen aus verschiedenen Organismen erfolgen. Beispielsweise kann ein Enzym mit Hilfe eines Antikörperfragments spezifisch zu einem Tumor geleitet werden – dieser *bifunktionelle Antikörper* (siehe Kap. 3.3) ist potentiell ein Therapeutikum gegen Krebs.

Möglich ist natürlich auch die Verknüpfung zweier verschiedener Antigenbindungsstellen zu einem *bispezifischen Antikörper* (siehe Kap. 3.2). Bindet z. B. das eine Antikörperfragment an eine Tumorzelle und aktiviert das andere das Immunsystem, so erfüllt sich vielleicht der langgehegte Traum der Krebsforscher von einem Therapeutikum, das dem Körper die Immunabwehr gegen Krebs ermöglicht.

Bei der Betrachtung der dreidimensionalen Struktur der variablen Regionen von Immunglobulinen zeigt sich, daß die strukturellen Voraussetzungen für derlei Konstruktionen gegeben sind (vgl. Abb. 1.2). Der Carboxyterminus der einzelnen Regionen liegt jeweils an der der Antigenbindungsstelle entgegengesetzten Seite des Moleküls, so daß es bei genetischer Konjugation auch größerer Polypeptide an diesen Carboxyterminus zu keinerlei sterischer Behinderung der Antigenbindung kommen dürfte. Genetische Konjugate mit den durch einen Peptid-Linker verknüpften variablen Ketten der Antikörper können deshalb in Form eines durchgehenden Fusionsproteins produziert werden, das aus vielen verschiedenen Komponenten bestehen kann.

Diese rekombinant hergestellten genetischen Fusionen haben gegenüber den herkömmlichen Verfahren zur Koppelung von Proteinen einige Vorteile: Der Kopplungspunkt und die Stöchiometrie der beiden Partner sind genau definiert. Damit entfällt das bei chemischer Kopplung stets gegebene Risiko der Zerstörung der Antigenbindungsstelle durch kovalente Modifikation mit dem Kopplungsagens. Außerdem müssen die nicht erwünschten Reaktionsprodukte nicht weggereinigt werden. Durch genetische Fusionen sind weiterhin auch multiple Kopplungen einer ganzen Reihe von Teilen verschiedener Proteine möglich, die auf herkömmlichem Weg überhaupt nicht herstellbar sind.

Die rekombinante Technologie wird die etablierten Wege zur Antikörperherstellung nicht ersetzen, doch schon heute erweitert sie unsere Möglichkeiten um eine breite Palette unterschiedlicher Methoden für die Herstellung, Reinigung und Verwendung antigenbindender Proteine.

Literatur

Janeway, C. A.; Travers, P. (1997) Immunologie. Spektrum Akademischer Verlag, Heidelberg.

Kabat, E. A.; Wu, T. T.; Reid-Miller, M.; Perry, H. M.; Gottesman, K. S. (1987) Sequences of Proteins of Immunological Interest, US Dept. of Health and Human Services, US Government Printing Office.

Köhler, G.; Milstein, C. (1975) Continuous cultures of fused cells secreting antibody of predefined specificity. In: *Nature* 256, S. 495–497.

Liddell, E.; Weeks, I. (1996) Antikörpertechniken. Spektrum Akademischer Verlag, Heidelberg.

2.
Gewinnung spezifischer rekombinanter Antikörperfragmente

2.1 Einleitung

2.1.1 Rekombinante Antikörperfragmente können aus Bakterien gewonnen werden

Es war ein langer Weg, bis es zum ersten Mal gelang, ein funktionsfähiges Antikörperfragment in *E. coli* herzustellen. Dies lag sicherlich nicht zuletzt daran, daß Antikörper recht komplexe Moleküle sind, aufgebaut aus zwei Ketten, deren korrekte Faltung in eukaryontischen Zellen durch Antikörper-spezifische Hilfsproteine (*Chaperone*) unterstützt wird (Kirkpatrick et al., 1995; Bornemann et al., 1995). Zudem sind beide Ketten durch interne Disulfidbindungen stabilisiert, für deren Ausbildung ein oxidierendes biochemisches Milieu erforderlich ist. Der eigentliche Durchbruch bei diesem Problem gelang durch eine Fusion des Antikörpergens an eine bakterielle *Signalsequenz*, die eine Sekretion des Antikörperfragments in den *periplasmatischen Raum* bewirkt (Skerra und Plückthun, 1988; Better et al., 1988). Dieser periplasmatische Raum befindet sich zwischen den beiden Zellmembranen des Bakteriums und enthält im Gegensatz zum Cytoplasma ein biochemisches Milieu, in dem Antikörper korrekt gefaltet werden können. Nur hier können die Disulfidbrücken innerhalb der Antikörperregionen richtig geknüpft werden und auch die bakteriellen Chaperone dieses Kompartiments sind ihrer Aufgabe besser gewachsen als die des Cytoplasmas (vgl. auch Abschnitt 4.2.1.1).

2.1.2 Die Antikörperbildung des humoralen Immunsystems kann in Bakterien imitiert werden

Nach diesem Durchbruch war der Weg frei, um die entscheidenden Schritte der Antikörperbildung des Säuger-Immunsystems in Bakterien nachzuahmen. Diese beruhen im wesentlichen auf drei Prinzipien (Abb. 2.1):

1) Die Bereitstellung der Vielfalt an Antikörpergenen;
2) die effektive Selektion des richtigen Gens aus dieser Vielfalt;
3) die Verbesserung der Affinität und Spezifität eines selektierten Antikörperfragments.

Der Schlüssel zur Herstellung von rekombinanten Antikörpern liegt im Transfer dieser Prinzipien in experimentell handhabbare Systeme. Dadurch erst können Antikörperfragmente vergleichsweise einfach verändert und mit neuen Eigenschaften ausgestattet werden. Besonders einfach gelingt dies in *E. coli*, dem Paradepferd der modernen Molekularbiologie (Fuchs et al., 1992; Winter et al., 1994; de

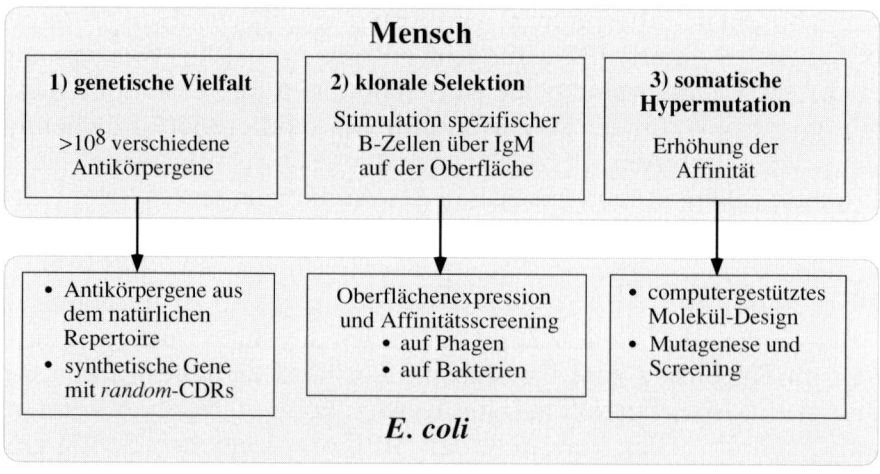

2.1 Die drei grundlegenden Prinzipien der menschlichen Antikörper-Immunantwort können in *E. coli* imitiert werden.

Kruif et al., 1996; Hayden et al., 1997). Die drei folgenden Abschnitte beschreiben demgemäß, wie diese „Übertragung der humoralen Immunantwort ins Reagenzglas" gelang.

2.1.2.1 Die Vielfalt an Antikörpergenen kann in *E. coli* bereitgestellt werden

Wie in der Einleitung bereits beschrieben, entsteht die Vielfalt der menschlichen Antikörpergene durch die zufällige Kombination von Genfragmenten. Jeder B-Lymphozyt würfelt sich dabei sein eigenes Antikörpergen aus. Die Information für dieses riesige Repertoire an Genen wird danach als Pool von B-Lymphozyten im Körper gespeichert. Man schätzt, daß dem Menschen dadurch $> 10^8$ verschiedene Antikörpergene zur Verfügung stehen.

Auf diese Vielfalt kann man zugreifen, und zwar mit Hilfe der Polymerase-Kettenreaktion (PCR, engl. *polymerase chain reaction*). Zwei Oligonucleotidprimer, die an die beiden Enden des gewünschten Antikörpergens passen, vervielfältigen dabei nur die zwischen diesen Primern liegende DNA. Man kann mit dieser Methode einzelne Gene vervielfältigen, aber auch ganze Genfamilien, wie die Gesamtheit der Antikörpergene. Die Information dafür befindet sich in der aus B-Lymphozyten-mRNA gewonnenen cDNA (Abb. 2.2). Wenn die Oligonucleotidprimer gleichzeitig Restriktionsschnittstellen in die Antikörpergene einführen, können sie anschließend in *E. coli*-Expressionsvektoren eingebaut werden. Damit hat man die Information für eine schier unbegrenzte Zahl von Antikörpergenen ins Reagenzglas überführt. Ein paar Mikrogramm Plasmid-DNA enthalten etwa 10^{11} Plasmide, von denen aufgrund der Neukombination der schweren und der leichten Ketten kaum eines ein identisches Antikörperfragment codiert. Die Komplexität der bakteriellen Antikörperbibliothek hängt jetzt nur noch von einer möglichst effizienten Transformationsmethode ab. Die besten Antikörperbibliotheken erreichen mittlerweile eine Komplexität von etwa 10^{10} unterschiedlichen Antikörpergenen. Der Bau solcher Bibliotheken wird ausführlich in Abschnitt 2.2 besprochen werden.

2.1.2.2 Die Oberflächenexpression von Antikörpergenen ermöglicht eine klonale Selektion

Schwieriger war es, das zweite Prinzip in Bakterien zu verwirklichen: die Auswahl des gewünschten Antikörpers aus der Antikörpervielfalt, d. h. eine klonale Selektion. Anfangs wurde versucht, dies durch

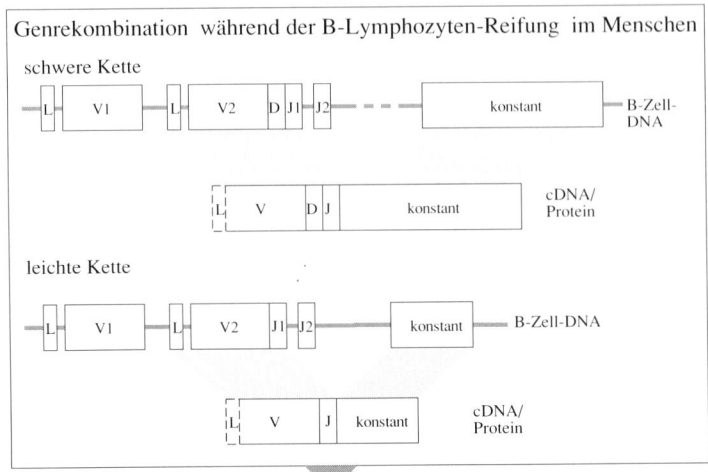

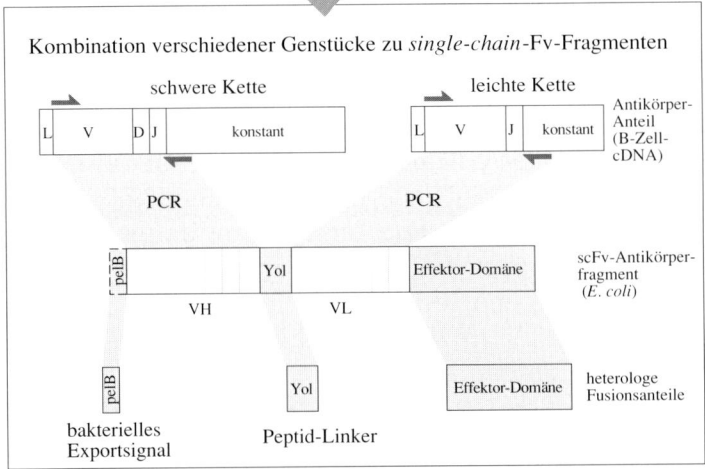

2.2 Die Quelle der Antikörpergene. Während der natürlichen Entwicklung des B-Lympho-zyten-Repertoires in unserem Körper entwickelt jeder B-Lymphozyt durch Rekombination der V-, J- und ggf. D-Sequenzen die Gene für „seinen" spezifischen Antikörper (oberer Kasten). Die Information für alle diese Antikörpergene findet sich in einem Gemisch der B-Lymphozyten wieder, genauer: in ihrer mRNA. Daraus kann sie mit Hilfe der Polymerase-Kettenreaktion (PCR) gewonnen werden (unterer Kasten). Mit je zwei Oligonucleotidpri-mern (hier durch graue Halbpfeile dargestellt), die an die beiden Enden des gewünschten Genstückes hybridisieren, werden die VH- und VL-Gene der Antikörper vervielfältigt. Die so gewonnenen Genstücke werden mit DNA-Fragmenten aus anderen Organismen kombiniert und zu scFv-Fragmenten zusammengesetzt. Dadurch können die Eigenschaften des resultie-renden rekombinanten Proteins für die Produktion in *E. coli*-Zellen optimiert und den ge-wünschten Spezifikationen angepaßt werden. Die beiden Antikörperketten werden im hier gezeigten Beispiel eines scFv-Fragments durch ein Peptid von 15–18 Aminosäuren zu einem einzigen Protein verbunden. Dem Protein vorangestellt ist eine bakterielle Signalsequenz (pelB), die die Sekretion durch die innere Membran der *E. coli*-Zelle bewirkt. Das so entstan-dene Gen für ein scFv-Fragment kann durch nahezu beliebige andere Genfragmente verlän-gert werden, wodurch es zusätzliche biochemische Eigenschaften gewinnt.

Ausplattieren einer großen Anzahl von antikörperproduzierenden Klonen auf Mediumplatten zu erreichen, aber diese Methode ermöglicht kaum die Selektion aus 10^6 oder mehr Klonen (Huse et al., 1989). Zudem werden die Antikörperfragmente bei dieser Methode an Membranen gebunden und dadurch oft denaturiert. Um also den Zugriff auf ein Antikörper-Genrepertoire zu ermöglichen, das in etwa dem menschlichen entspricht, wurde ein verbessertes Selektionssystem benötigt.

Wieder half das Vorbild der Natur. Ein menschlicher B-Lymphozyt präsentiert „seinen" Antikörper zunächst membrangebunden auf der Oberfläche (Abb. 2.3). Kommt es zum Kontakt mit dem spezifischen Antigen, wird der B-Lymphozyt aktiviert, er beginnt sich zu vermehren. Diese Vervielfältigung einer spezifischen Zelle aus der Masse des B-Lymphozyten-Pools heraus nennt man *klonale Selektion*, denn dadurch entsteht eine große Zahl von Abkömmlingen einer einzigen Zelle, ein Klon. Die Lösung lag also in der physischen Verbindung des Antikörpers mit dem dafür codierenden Gen: Analog zum B-Lymphozyt trägt der Antikörper sein eigenes Gen „huckepack". Eine Bindung an das Antigen ermöglicht dann eine selektive Vermehrung dieser Partikel. Mittlerweile gibt es eine Vielzahl von Systemen, die diesen Anforderungen gerecht werden. Antikörperfragmente wurden dafür mit Oberflächenproteinen von Bakterien, von Retroviren oder Baculoviren fusioniert. Im am häufigsten verwendeten System werden besonders kleine Partikel gebildet: Die Antikörperfragmente werden auf der Oberfläche eines filamentösen Bakteriophagen präsentiert. Zwei Beispiele zeigt Abb. 2.3, die ausführliche Beschreibung der verschiedenen Systeme erfolgt in Abschnitt 2.2.

2.1.2.3 Ein effektives Selektionssystem ermöglicht eine somatische Hypermutation in Bakterien

Auch das dritte Prinzip der humoralen Immunantwort kann mit Hilfe eines effizienten Selektionssystems in Bakterien übertragen werden. Die Verbesserung der Affinität und Spezifität der Antigenbindung wird von unserem Immunsystem durch *somatische Hypermutation* erreicht. Dabei werden Zufallsmutationen in einen das Antigen bereits bindenden B-Lymphozyten-Klon eingeführt und anschließend die Zellen selektiv vermehrt, deren mutierte Antikörper besser an das Antigen binden können.

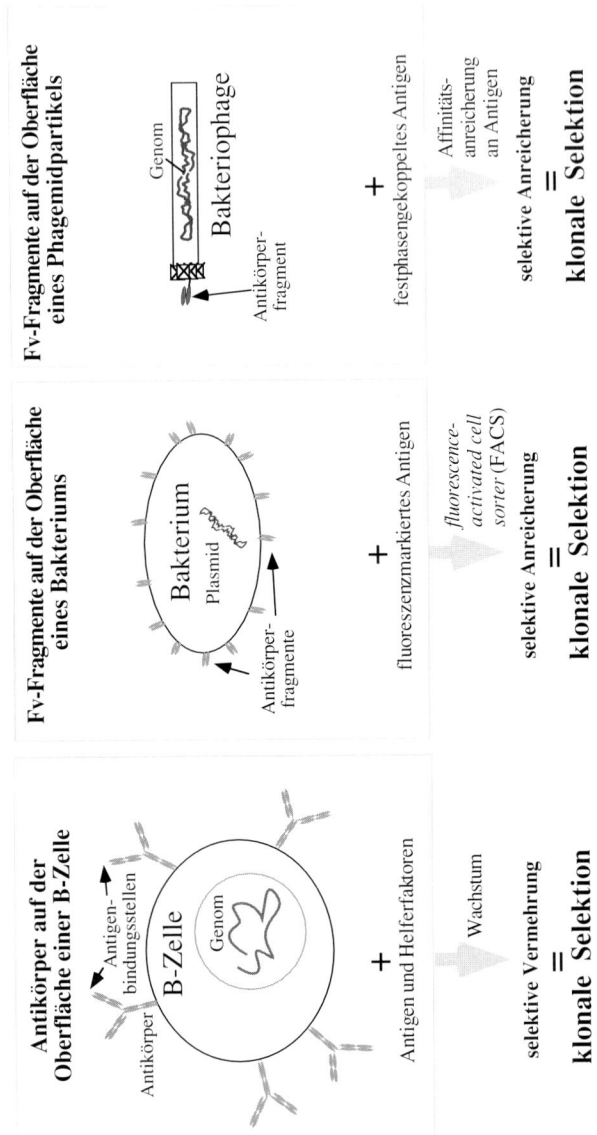

2.3 Die klonale Selektion im Immunsystem und in Bakterien. Links ist die klonale Selektion eines B-Lymphozyten dargestellt. Der Kontakt mit dem Antigen ist das Signal zur Teilung für den B-Lymphozyten. Dadurch wird gleichzeitig das Gen für den Antikörper vermehrt, der den Kontakt zu dem Antigen erst ermöglicht hat. In der Mitte und rechts sind zwei Systeme gezeigt, mit Hilfe derer sich dieser Vorgang in *E. coli* nachahmen läßt. Mitte: Wird ein Antikörper auf der Oberfläche eines Bakteriums präsentiert, so kann sein Gen (zusammen mit dem Bakterium) mit Hilfe von fluoreszenzmarkiertem Antigen und einem Durchfluß-Fluorometer aussortiert werden. Rechts: Wird ein Antikörperfragment auf der Oberfläche eines Phagenpartikels verankert, kann das gesamte Partikel dadurch an Antigen gebunden werden. Auch hier wird gleichzeitig mit dem Phagenpartikel das Antikörpergen angereichert.

Das gerade beschriebene leistungsfähige Selektionssystem ermöglicht es, auch dieses Prinzip auf Bakterien zu übertragen. Dabei stellt man in *E. coli* eine Vielzahl von Mutanten der bekannten Antikörpersequenz her, um anschließend die besten Binder an das Antigen zu selektieren. Auf diese Weise konnte bereits eine mehr als hundertfache Verbesserung der Bindungskonstante eines Antikörperfragmentes erreicht werden. Mehr dazu in Abschnitt 2.4.

2.2 Wie kommt man an Antikörpergene?

2.2.1 Die Erzeugung der Antikörpervielfalt in unserem Körper

Unser Keimbahn-Genom stellt eine ganze Reihe verschiedener Sequenzen für die V-Regionen der schweren und leichten Kette bereit. Der VH-*Lokus* umfaßt 51 funktionelle Gene, die auf 1 100 kb des Genoms verteilt sind, dazwischen verteilt existiert noch einmal die gleiche Zahl von Pseudogenen (Cook und Tomlinson, 1995). Für die leichten Ketten stehen ähnlich viele Ausgangssequenzen zur Verfügung. Die humanen 52 V lambda-Gene sind über 800 kb verteilt (Frippiat et al., 1995), für die kappa-Ketten stehen 40 funktionelle Gene zur Verfügung (Tomlinson et al., 1995). Diese V-Gene werden mit weiteren Genstückchen kombiniert, den J- und den D-Genen.

In jedem reifenden B-Lymphozyt werden die verschiedenen Teilstücke der Antikörper-Gene dabei in einer anderen Kombination zusammengefügt. Zusätzlich können noch Mutationen und Verlängerungen erzeugt werden, z. B. im CDR3 der schweren Kette. Dadurch entsteht in unserem Körper die gewaltige Zahl von mehr als 100 Millionen unterschiedlicher Antikörper, die unserem Immunsystem ermöglichen, nahezu jedes Antigen zu erkennen.

Die oben erwähnten genomischen V-Gene entsprechen nur einem Teil der „V-Regionen" rekombinanter Antikörperfragmente, während der Begriff „variable Region" oder „variable Domäne" für den gesamten Fv-Anteil der schweren bzw. leichten Kette reserviert ist. Im Gegensatz zu den „V-Genen" umfaßt er auch die CDR3 und *framework*4-Regionen, die auf dem Genom von den J- bzw. D- und J-Genen codiert werden. Über die Länge der variablen Domänen bestehen unterschiedliche Meinungen; die am häufigsten benutzte

Konvention legt das Ende der V-Regionen auf die Aminosäuren 113 bei der VH-Region und 109 bei den VL-Regionen (Kabat et al., 1987).

2.2.2 Warum Antikörper-Genbibliotheken unterschiedlicher Komplexität?

Wie in der Einleitung bereits erwähnt, kann die Vielfalt der Antikörpergene mit Hilfe der PCR (*polymerase chain reaction*, vgl. Newton und Graham, 1994; Mullis et al., 1986) gewonnen werden. Um später eine klonale Selektion im Reagenzglas durchführen zu können, muß zunächst eine Antikörper-Genbibliothek hergestellt werden, aus der dann einzelne Antikörper isoliert werden können. In der Theorie müßte man nur ein einziges Mal eine Antikörper-Genbibliothek herstellen, die etwa dem menschlichen Immunrepertoire entsprechen müßte, um daraus nahezu jeden beliebigen Antikörper gewinnen zu können. In der Praxis gibt es damit allerdings bisher Schwierigkeiten. Zum einen ist die Transformationseffizienz begrenzt (sie bestimmt die Komplexität der Antikörper-Genbibliothek), zum anderen stößt auch die Leistungsfähigkeit der Selektionssysteme an ihre Grenzen. Dazu kommt der enorme Aufwand, der zu betreiben ist, um sehr große Bibliotheken herzustellen und zu kultivieren. Entsprechend der Zielsetzung werden deshalb Bibliotheken unterschiedlichster Komplexität, von einigen wenigen bis zu 10^{10} verschiedenen Sequenzen, eingesetzt (Abb. 2.4).

Je nach Anforderung reicht es oft aus, von einem bereits bestehenden Hybridom auszugehen. Ist das jedoch nicht möglich, muß erst eine Antikörper-Genbibliothek erzeugt werden, aus der anschließend das gewünschte Antikörperfragment selektiert werden kann. Oft sind dabei die B-Lymphozyten aus dem Blut immunisierter Spender die beste Quelle der Antikörpergene. Hier reichen Bibliotheksgrößen von einer Million unabhängiger Klone meist aus, um zum gewünschten rekombinanten Antikörperfragment zu gelangen. Nur wenn eine Immunisierung nicht möglich ist, muß von „universellen" Antikörper-Genbibliotheken ausgegangen werden. Um daraus rekombinante Antikörperfragmente ausreichender Affinität gewinnen zu können, sollten aber Bibliotheken mit mindestens 10^8 unabhängigen Klonen zur Verfügung stehen, entsprechend steigt der Aufwand zu ihrer Erzeugung und Propagierung. Die besten zur Zeit verfügbaren Bibliotheken umfassen mittlerweile mehr als 10^{10} unab-

**Komplexität des
Antikörper-Repertoires**

Herstellung

1. PCR mit cDNA aus definierten Zellinien
   (Myelome, Hybridome)

2. PCR mit cDNA seropositiver Spender
   (IgG-Bibliothek aktivierter B-Zellen)

3. PCR mit cDNA nicht immunisierter Spender
   = natives Repertoire
   (IgM-Bibliothek nicht aktivierter B-Zellen)

4. PCR aus genomischer DNA
   (Gesamtheit der variablen Regionen)

5. *random*-Oligonucleotide für hypervariable
   Regionen

2.4 Antikörper-Genbibliotheken unterschiedlicher Komplexität.

hängige Klone und damit wahrscheinlich den größten Teil der vom menschlichen Immunsystem codierten Antikörpergene (Nissim et al., 1994). Theoretisch sollte die Oligonucleotidsynthese von Zufallssequenzen sogar eine darüber hinausgehende Komplexität ermöglichen, denn für jede hypervariable Region stellt die Natur nur einen begrenzten Satz verschiedener Sequenzen bereit. Dabei werden einige oder alle hypervariablen Regionen durch synthetische Zufallssequenzen ersetzt. Die dabei in der Theorie erreichbaren astronomischen Komplexitäten sind dann allerdings technisch nicht mehr handhabbar.

Einen Überblick über die üblichen Methoden zur Herstellung der Bibliotheken gibt Abb. 2.5. Selbstverständlich können auch Mischformen der jeweiligen Bibliothekstypen hergestellt werden, z. B. Spender-Bibliotheken, in denen zusätzlich eine hypervariable Region randomisiert, d. h. mit synthetischen Zufallssequenzen versehen wurde, usw. Einige der verwendeten „universellen" Bibliotheken sind tatsächlich solche Mischformen, d. h. die Phagenpartikel von sehr unterschiedlich erstellten Bibliotheken wurden zu einer gemeinsamen Bibliothek immer größerer Komplexität vereinigt. In den anschließenden Kapiteln wird im Einzelnen auf die verschiedenen Typen von Bibliotheken, ihre Herstellung und ihren Einsatz eingegangen.

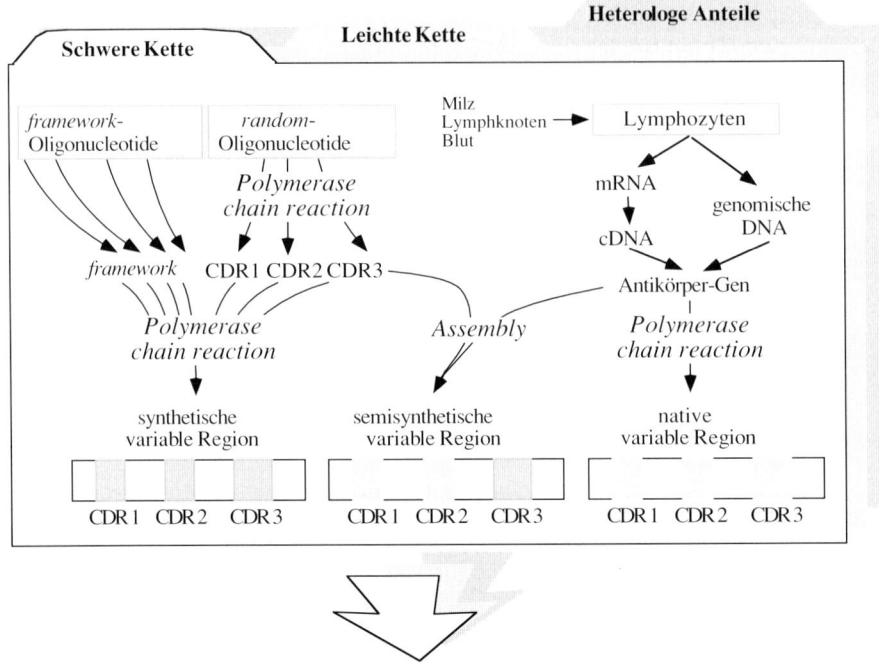

Genbibliothek rekombinanter Antikörperfragmente

2.5 Verschiedene Möglichkeiten zur Gewinnung der Gene für die variablen Regionen der Antikörper.

2.2.3 Die Kontrolle der Komplexität von Antikörper-Genbibliotheken

Sind PCR, Restriktionsverdau, Ligation und Transformation zum Bau der Antikörper-Genbibliothek vollbracht, so stellt sich die Frage, ob auf diesem Weg nichts von der errechneten Komplexität der Bibliothek verlorengegangen ist. Selbstverständlich wird zunächst die Zahl der unabhängigen Klone nach der Transformation der Bibliothek in *E. coli* bestimmt. Dafür werden Verdünnungen der Bibliothek auf Agarplatten ausplattiert, wobei die Zahl der Kolonien die Komplexität der Bibliothek ergibt. Vergleichsweise einfach ist auch die Bestimmung des Anteils an produktiven Klonen. Einige hundert Bakterienklone werden dafür auf Nitrocellulosefiltern hochgezogen („Plattenscreen" oder *colony lift assay*) und anschließend die Expression der Antikörpergene mit einem dafür spezifischen Reagenz nachgewiesen (Dübel et al., 1995; Song et al., 1997).

Besteht die Bibliothek aus mehr als einigen tausend unabhängigen Klonen, ist es leider nicht mehr möglich, direkte Aussagen über die tatsächliche Komplexität zu erhalten. Der Grund liegt in den Gesetzmäßigkeiten der Statistik: Will man aus einer Stichprobe auf die Komplexität der Gesamtheit schließen, muß erstere mindestens eine Größe im Prozentbereich aufweisen. Bei einer durchschnittlichen Bibliothek mit 10^8 unabhängigen Klonen wären also mindestens eine Million Klone zu untersuchen.

Um wenigstens Hinweise auf die Qualität der Bibliothek zu erhalten, kann man eine große Zahl von zufällig isolierten Klonen mit Hilfe des Restriktionsenzyms BstNI verdauen (Marks et al., 1991a). Dieses Enzym zeichnet sich dadurch aus, daß die Verteilung seiner Erkennungssequenz in Antikörper-DNA hochgradig polymorph ist. Sieht man unterschiedliche Restriktionsmuster, kann man unterschiedliche Sequenzen identifizieren. Ein identisches Muster belegt allerdings keinesfalls die Identität der Sequenzen.

Aussagekräftiger, aber vergleichsweise mühevoll, ist die Sequenzierung einiger 100 Klone aus der Antikörper-Genbibliothek. Damit kann überprüft werden, ob sich die Ausgangssequenzen in statistisch gleicher Verteilung auch in der Antikörperbibliothek wiederfinden lassen (Welschof et al., 1995). Letztlich ist jedoch der einzige Hinweis auf die wirkliche Komplexität der Erfolg bei der Isolation von Antikörpern gegen verschiedene Antigene. Als Daumenregel scheint dabei zu gelten, daß größere Bibliotheken die Isolation von Antikörpern mit höherer Affinität ermöglichen.

Die Expression der menschlichen Antikörpergene in den evolutionär von Mensch und Maus weit entfernten E. coli-Bakterien bewirkt eine weitere, schwer abschätzbare Verringerung der tatsächlichen Komplexität, denn:

- Einige menschliche DNA-Sequenzen werden von *E. coli* nicht repliziert oder bewirken einen Wachstumsnachteil. Aus einem Gemisch unterschiedlicher Sequenzen werden deshalb solche Sequenzen bereits während des Klonierens entfernt, da die Bakterien, in denen sie sich befinden, nicht überleben oder die Sequenzen durch Deletion entfernt werden.
- Da der genetische Code degeneriert ist, werden die meisten Aminosäuren von mehreren Nucleotidtriplets codiert. Die von *E. coli* bevorzugten Triplets (widergespiegelt in den Mengen der entsprechenden tRNAs) sind jedoch nicht dieselben, die von menschlichen Zellen bevorzugt werden (Grosjean und Fiers, 1982). Dies bedeutet,

daß einige der menschlichen Antikörpergene in *E. coli* nur schlecht abgelesen und produziert werden und somit seltener in der für den Selektionsvorgang produzierten Bibliothek vorkommen.

- Der Apparat für die Produktion, Translokation und Faltung von Proteinen ist in *E. coli* deutlich anders als in Säugern, wodurch eine strukturelle Inkompatibilität entsteht. Unterschiedliche Antikörper falten in *E. coli* mit sehr unterschiedlicher Effizienz, wobei bereits der Austausch einzelner Aminosäurenreste eine dramatische Veränderung der Ausbeute löslicher Fragmente zur Folge haben kann (vgl. Kap. 4). Damit wirkt besonders bei der Expression der Antikörpergene ein starker Selektionsdruck auf die Produktion von löslichen Antikörperfragmenten.

- Die produzierten rekombinanten Antikörperfragmente dürfen natürlich auch nicht mit dem Wirt reagieren. So dürfte es sehr schwierig sein, Antikörper gegen *E. coli*-Oberflächenproteine aus einer *E. coli*/Phagen-Bibliothek zu isolieren.

Daraus folgt, daß die Zahl unabhängiger Klone niemals die Zahl der wirklich zur Verfügung stehenden rekombinanten Antikörperfragmente angibt. Die tatsächliche Komplexität ist aber ebenfalls nicht bestimmbar. Die in der Literatur angegebenen Komplexitätszahlen sind deshalb eher als eine Konvention zu verstehen, die den Aufwand zur Produktion der Bibliothek widerspiegeln.

2.2.4 Klonierung der Antikörpergene aus Hybridom-Zellinien

Für die Gewinnung von scFv-Fragmenten aus Hybridom-Zellinien müssen zunächst die beiden Genfragmente für die leichten Ketten gewonnen werden. Dies geschieht am zweckmäßigsten mit der Polymerase-Kettenreaktion (PCR) durch Verwendung antikörperspezifischer Oligonucleotidprimer (Huse et al., 1989; Songsivilai et al., 1990; Orlandi et al., 1989; Dübel et al., 1994). Das direkte Klonieren von Antikörpergenen aus Hybridom-Zellinien war der erste Ansatz zur Herstellung von rekombinanten Antikörperfragmenten; er wurde schon vor der Entwicklung effektiver *in vitro*-Selektionsverfahren wie der Phagen-Oberflächenexpression erfolgreich zur Erzeugung neuer Fusionsproteine eingesetzt. Als Beispiel sei ein Plasminogenaktivator genannt, der mit Hilfe einer Fusion an die schwere Kette eines rekombinanten Antikörperfragments effektiver an Fibrin band (Schnee et al., 1987).

Die Reaktionsbedingungen bei der PCR-Vervielfältigung von Antikörpergenen müssen dabei im Gegensatz zu den meisten anderen PCR-Anwendungen auf *geringe* Spezifität optimiert werden. Der Grund liegt darin, daß die zu vervielfältigenden Antikörpergene in aller Regel nicht perfekt an die Oligonucleotidprimer passen. Dies wiederum liegt an der genetischen Vielfalt der rearrangierten Antikörpergene. Alleine für die V-Regionen der Antikörper enthält das Mausgenom weit über 100 verschiedene Sequenzen, die dazu noch zusätzlich somatisch mutiert sein können. Man kann zur Vervielfältigung umfangreiche Oligonucleotidprimersätze konstruieren (siehe z. B. Orlandi et al., 1989; Marks et al., 1991a; Campbell et al., 1992; Ørum et al., 1993), von denen jedes Mitglied an eine andere der vielen verschiedenen Antikörpersequenzen paßt. Dieser Ansatz ist zur Herstellung von hochkomplexen Antikörper-Genbibliotheken sinnvoll, aus denen man später Antikörper gegen verschiedene Antigene gewinnen will (s. u.). Dafür ist es erforderlich, das gesamte Repertoire verschiedener Sequenzen in equimolaren Mengen zu vervielfältigen, da man im voraus nicht weiß, welche der Ketten die gewünschte Spezifität besitzt. Für Klonierungen aus Hybridomen ist es aber aus Kostengründen wünschenswert, mit einer geringeren Zahl von Oligonucleotidprimern auszukommen. Trotzdem sollten damit alle Sequenzen vervielfältigt werden können. Da in einer Hybridomlinie nur eine sehr geringe Zahl an Antikörper-Sequenzen vorhanden ist, können die Oligonucleotidprimer so konstruiert werden, daß sie zwar unterschiedlich stark, aber dafür an eine größere Gruppe von unterschiedlichen Sequenzen hybridisieren. Die PCR-Reaktionsbedingungen müssen also so eingestellt sein, daß auch eine Vervielfältigung von Sequenzen möglich ist, die mit einer ganzen Reihe von Nucleotiden nicht an die verwendeten Oligonucleotidprimer passen. Ein Satz solcher Oligonucleotide zur Vervielfältigung von Maus- und Ratten-Fv-DNA (aus: Dübel et al., 1994) ist in Tabelle 2.1 dargestellt.

Die gezeigten 3'-Oligonucleotidprimer hybridisieren in diesem speziellen Fall nicht an Teile der Framework-4-Region der Antikörper-DNA für die variable Region, sondern an den daran direkt anschließenden weitaus höher konservierten Teil der konstanten Kette. Dadurch benötigt man nur einen einzigen Primer pro 3'-Ende. Die 5'-Oligonucleotidprimer sind relativ lang, und an einigen Positionen wurden Gemische mehrerer Nucleotide (*wobbles*) eingebaut. Sie wurden so konstruiert, daß mindestens einer aus einem Satz von drei verschiedenen Gemischen an alle bekannten Maus-Se-

Tabelle 2.1: Oligonucleotide für die Vervielfältigung von DNA der variablen Regionen von Maus- und Rattenimmunglobulinen

Bereich der Hybridisation	Primer Nr.:	Sequenz (5'–3')
variable Region der leichten Kette	6	GGTGATATCGTGAT(A/G)AC(C/A)CA(G/A)GATGAACTCTC
	7	GGTGATATC(A/T)TG(A/C)TGACCCAA(A/T)CTCCACTCTC
	8	GGTGATATCGT(G/T)CTCAC(C/T)CA(A/G)TCTCCAGCAAT
k konstante Region	5	GGGAAGATGGATCCAGTTGGTGCAGCATCAGC
variable Region der schweren Kette	3	GAGGTGAAGCTGCAGGAGTCAGGACCTAGCCTGGTG
	3b	AGGT(C/G)(A/C)AACTGCAG(C/G)AGTC(A/T)GG
	3c	AGGT(C/G)(A/C)AGCTGCAG(C/G)AGTC(A/T)GG
g konstante Region	4	CCAGGGGCCAGTGGATAGACAAGCTTGGGTGTCGTTTT

quenzen hybridisieren konnte. Die gezeigten Oligonucleotidprimer wurden bisher erfolgreich für die Vervielfältigung der Antikörpergene aus über 30 verschiedenen Maus und Ratten Hybridomen eingesetzt (Dübel et al., 1994). Ein ausführliches Laborprotokoll für die Klonierung von scFv-Fragmenten aus Hybridomen findet sich bei Breitling und Dübel (1997).

2.2.4.1 Hybridom-Zellinien zur Produktion monoklonaler Antikörper sind genetisch heterogen

Bei der Vervielfältigung von Antikörpergenen aus Hybridomlinien werden immer wieder unterschiedliche Antikörpersequenzen gefunden (Fuchs et al., 1997), obwohl Hybridom-Zellinien ja als monoklonal bezeichnet werden. Der Begriff der Monoklonalität entstand geschichtlich aus dem Nachweis eines Antikörpers gewünschter Spezifität im Zellkulturüberstand. Trotz der Optimierung der Myelom-Fusionspartner auf geringstmögliche Expression der eigenen, unerwünschten Antikörpergene, können diese Ketten (oder andere schwach exprimierte Pseudogene) durch PCR vervielfältigt werden (H. Zhang, unpubl.). Dies gilt natürlich auch für Mutationen, die sich in den Antikörpergenen der Hybridome während einer längeren Kultivierung des Hybridoms anreichern. Es empfiehlt sich deshalb, für die Gewinnung von Hybridom-Antikörper-DNA auf jeden Fall von frisch subklonierten und getesteten Hybridomkulturen auszugehen. Eine weitere Quelle unerwünschter Mutationen sind die verwendeten degenerierten PCR-Primer, die unter den verwendeten PCR-Bedingungen auch an nicht genau passende Gensegmente hybridisieren können.

Alle diese Fehlerquellen machen einen schnellen Test unabding-
bar, mit dem die scFv-Fragmente von vielen Klonen auf korrekte
Funktion überprüft werden können. Wenn dafür lösliches Antigen
zur Verfügung steht, sind sicher die in Abschnitt 2.3.4ff. besprochenen Phagenoberflächen-Expressionsvektoren die Methode der
Wahl. In naher Zukunft gilt dies sicher auch für membranständige
Antigene auf Zelloberflächen (Marks et al., 1993; Dziegiel et al.,
1995; de Kruif et al., 1995b). Steht kein schnelles Testsystem zur Verfügung, muß die genetische Heterogenität durch die Sequenzierung
von mindestens 10 Klonen pro Region untersucht werden. Treten
verschiedene Sequenzen auf, sollten alle möglichen Kombinationen
von VH und VL separat produziert und funktional getestet werden.

2.2.4.2 Oligonucleotidprimer für die Herstellung von Antikörper-Genbibliotheken

Die in Abschnitt 2.3 ausführlich beschriebenen Selektionsmethoden
ermöglichen die Auswahl eines rekombinanten Antikörperfragments aus Millionen anderer. Voraussetzung ist natürlich immer, daß
das Fragment mit der gewünschten Spezifität überhaupt in der Gesamtheit der Genbibliothek enthalten ist. Oft müssen deswegen
möglichst komplexe Expressionsbibliotheken rekombinanter Antikörperfragmente in *E. coli* hergestellt werden. Im Unterschied zur
Klonierung von Antikörpern aus Hybridomzellen muß zur Herstellung einer guten Antikörper-Genbibliothek eine weitere Bedingung
erfüllt werden: Möglichst alle vorliegenden Antikörpergene sollten
bei der PCR in *equimolaren* Mengen vervielfältigt werden. Ansonsten wird vielleicht gerade die gesuchte V-Region von anderen Sequenzen verdrängt und fehlt später in der Bibliothek. Ein Primer-
satz, der diese Bedingung für humane Sequenzen erfüllt, ist z. B. von
Welschof et al. (1995) entwickelt worden. Die dazu verwendete Strategie zeigt Abb. 2.6. Die Sequenzierung von hundert damit amplifi-
zierten zufällig ausgewählten Klonen zeigte, daß damit hergestellte
Bibliotheken tatsächlich die natürliche Verteilung der Subklassen
enthielt, und daß funktionelle rekombinante Antikörperfragmente
gegen viele verschiedene Antigene aus ihr gewonnen werden können (Welschof et al., 1997a; M. Little, pers. Mitteilung). Ein detail-
liertes Protokoll zur Herstellung einer humanen scFv-Bibliothek finden sie bei Welschof et al. (1997b).
Auch andere Primersätze mit geringfügig abweichendem Design
wurden erfolgreich zur Vervielfältigung humaner Antikörper-DNA

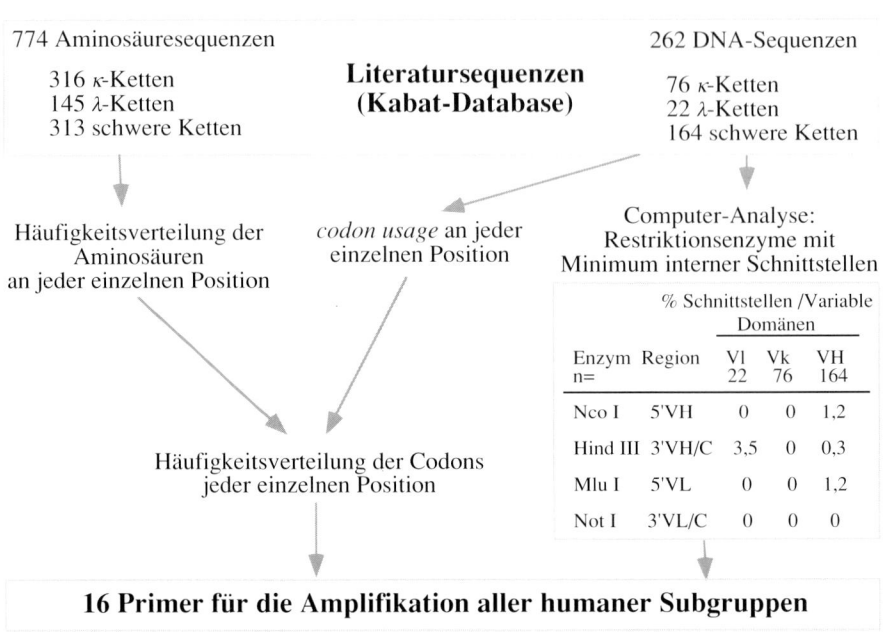

774 Aminosäuresequenzen

316 κ-Ketten
145 λ-Ketten
313 schwere Ketten

**Literatursequenzen
(Kabat-Database)**

262 DNA-Sequenzen

76 κ-Ketten
22 λ-Ketten
164 schwere Ketten

Häufigkeitsverteilung der
Aminosäuren
an jeder einzelnen Position

codon usage an jeder
einzelnen Position

Computer-Analyse:
Restriktionsenzyme mit
Minimum interner Schnittstellen

Enzym	Region	% Schnittstellen /Variable Domänen		
n=		Vl 22	Vk 76	VH 164
Nco I	5'VH	0	0	1,2
Hind III	3'VH/C	3,5	0	0,3
Mlu I	5'VL	0	0	1,2
Not I	3'VL/C	0	0	0

Häufigkeitsverteilung der Codons
jeder einzelnen Position

16 Primer für die Amplifikation aller humaner Subgruppen

2.6 Strategien für das Design von Oligonucleotidprimern zur Vervielfältigung von Antikörper-cDNA.

eingesetzt (Orlandi et al., 1989; Marks et al., 1991a; Campbell et al., 1992). Mittlerweile sind alle genomischen Sequenzen humaner Antikörper-V-Regionen bekannt, so daß es möglich sein sollte, zumindest aus menschlicher DNA jede beliebige Kette zu vervielfältigen. Auch für die Maus stehen entsprechend umfangreiche Oligonucleotidprimersätze zur Verfügung (Ørum et al., 1993). Besonders einfache Primersätze können zur Vervielfältigung der DNA von Kaninchen-Antikörper-V-Regionen konstruiert werden. Die Vielfalt der Antikörpersequenzen entsteht bei diesen Tieren aufgrund von Genkonversion, wodurch die zum Primen wichtigen Enden der Fv-Region-DNA nicht verändert werden (Ridder et al., 1995).

Um Arbeit zu sparen, verwenden einige Gruppen eine sogenannte *overlap-* oder *assembly*-PCR. Damit können beide V-Regionen, die zunächst in zwei unabhängigen PCR-Reaktionen gewonnen wurden, in einem dritten PCR-Schritt zu einem DNA-Stück zusammengesetzt werden. Voraussetzung dafür ist, daß die Oligonucleotidprimer Teile des Peptidlinkers zwischen den beiden V-Regionen codieren und gleichzeitig miteinander überlappen (Abb. 2.7). Der Nachteil dieser Methode liegt in der Anfälligkeit für PCR-Artefakte. So wur-

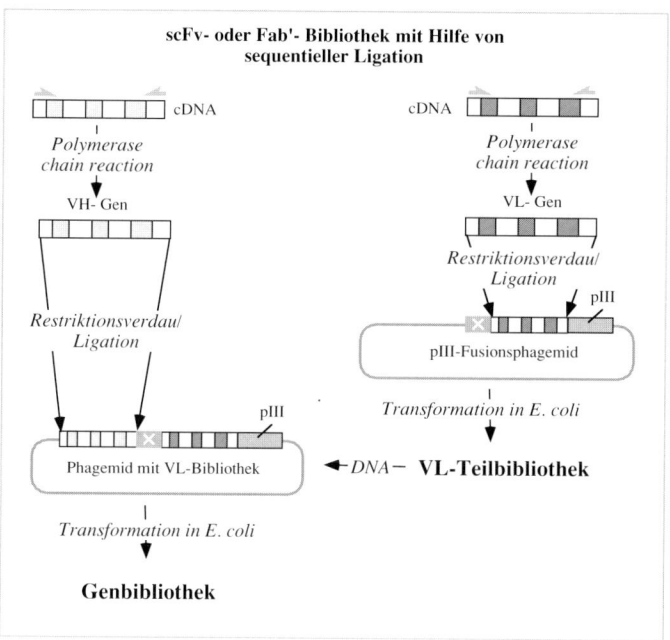

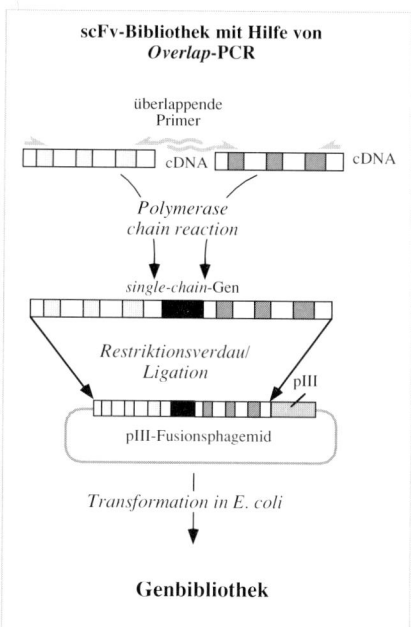

2.7 Verschiedene Methoden, um die in der mRNA der B-Lymphozyten enthaltene Information für die Antikörpervielfalt zu vervielfältigen. Halbpfeile: Oligonuceotidprimer für die PCR, ☐☐☐☐ variable Region der schweren Kette, ☐☐☐☐ variable Region der leichten Kette, X = Linkerpeptid (bei scFv-Bibliotheken) oder Ribosomenbindungsstelle und Signalpeptid (bei Fv- oder Fab'-Bibliotheken).

den in so hergestellten Bibliotheken vermehrt Klone mit verkürztem Linker gefunden (J. D. Marks, pers. Mitteilung).

2.2.4.3 Die Neukombination der variablen schweren und leichten Regionen erhöht die Komplexität der Antikörper-Genbibliotheken

Bei den oben beschriebenen Techniken findet eine *in vitro*-Neukombination der beiden V-Regionen statt. Eine bestimmte VH-Region-DNA wird dabei zufällig mit allen VL-Region-DNA-Fragmenten kombiniert. Die theoretisch erreichbare Komplexität der Antikörper-Genbibliothek ergibt sich deshalb durch die Multiplikation der Komplexitäten der VH- und VL-Teilbibliotheken. Dies kann ein gewünschter Effekt sein, wie bei der Herstellung „universeller" Bibliotheken. Es kann aber auch nachteilig sein, wenn das Gen für einen bestimmten, schon vorhandenen Antikörper aus dem Blut immunisierter Spender gewonnen werden soll. Die Neukombination der Ketten macht dann eine größere Bibliotheksgröße nötig, da die gewünschte Paarung der variablen Domänen in den „falschen" – oder besser ausgedrückt „nicht originalen" – Paarungen verdünnt wird.

Eine Begrenzung dieser Neukombination ermöglicht die *in cell PCR*, eine Methode, bei der die Gene für die beiden variablen Domänen bereits *in situ*, also noch in der antikörperproduzierenden Zelle, vervielfältigt und dabei verknüpft werden (Embleton et al., 1992). Dadurch wird der Anteil an rekombinanten Antikörperfragmenten mit der natürlichen Kombination von schwerer und leichter Kette stark erhöht. Eine auf dieser Technik basierende Bibliothek wäre ein viel genauerer Abdruck der ursprünglich von dem Spender gebildeten Antikörper, wodurch sich zumindestens theoretisch die Chancen, einen solchen ursprünglichen Antikörper daraus wiederzufinden, wesentlich erhöhen. Dieser Ansatz muß seine Tauglichkeit für die Konstruktion einer Antikörper-Genbibliothek allerdings erst noch beweisen.

2.2.5 Genbibliotheken immunisierter Spender

Ist ein deutlicher Titer des gewünschten Antikörpers im Serum des Spenders nachweisbar, kann davon ausgegangen werden, daß grob geschätzt etwa jede tausendste Plasmazelle diesen Antikörper herstellt. Jede Plasmazelle enthält zudem eine hohe Kopienzahlen der entsprechenden mRNA. Da von den Plasmazellen meist IgGs gebaut werden, isoliert man die cDNA für die schweren Ketten am sinnvollsten mit Hilfe IgG-spezifischer Oligonucleotidprimer. Da die Neukombination von VH und VL bei den meisten Klonierungsverfahren zufällig erfolgt, ist deshalb zu erwarten, daß in tausend mal tausend Klonen der gewünschte Antikörper in seiner natürlichen Kettenkombination mindestens einmal vertreten ist. Bibliotheksgrößen von 10^6 unabhängigen Klonen sind deshalb bei immunisierten Spendern meist ausreichend.

2.2.5.1 Humane Genbibliotheken immunisierter Spender

Es ist sehr schwierig, mit der konventionellen Hybridomatechnologie humane monoklonale Antikörper herzustellen, so daß ein mittlerweile recht häufig begangener Ausweg sich humaner Genbibliotheken bedient. Eine gezielte Immunisierung von Menschen ist zwar nur in Ausnahmefällen möglich, dennoch kann so eine Vielzahl interessanter Antikörper gewonnen werden. Eine besonders interessante Quelle von Antikörpergenen sind dabei Menschen, die aufgrund einer Erkrankung bereits eine entsprechende Immunantwort entwickelt haben. Meist sind nur 10 ml Blut erforderlich, aus denen dann eine „Patienten"-Bibliothek entsteht. Beispielsweise wurde so bereits eine Vielzahl von teilweise neutralisierenden anti-Virus-Antikörpern isoliert (Williamson et al., 1993; Zebedee et al., 1992). Ein zweites wichtiges Anwendungsgebiet ist die Erforschung von Autoimmunerkrankungen. Verschiedene potentielle Autoantikörper konnten mit Hilfe von „Patienten"-Bibliotheken identifiziert werden, z. B. gegen Thyroidperoxidase (Portolano et al., 1993), gegen U1 RNA, einem Marker bei Patienten mit Systemischem Lupus Erythematosus (Powers et al., 1995), oder ein potentiell immunregulatorischer anti-$(Fab)_2$-Antikörper (Welschof et al., 1997a). „Patienten"-Bibliotheken ermöglichen also nicht nur eine neue Zugriffsmöglichkeit auf die sonst nur schwer zu identifizierenden Autoantikörper, sondern eröffnen oft auch neuartige Therapiewege. Sie sind deshalb mittlerweile die Methode der Wahl zur Gewinnung von humanen Antikörperfragmenten.

Eine interessante Variante zur Herstellung humaner Antikörper, bietet die Immunisierung in einer SCID-Maus (*severe combined immune deficiency*). Diese Mäuse, denen ein eigenes spezifisches Immunsystem fehlt, können mit humanen peripheren Lymphozyten besiedelt werden. Wenn in diesen menschlichen Lymphozyten Gedächtnis-B-Lymphozyten vorhanden sind, so ist es möglich, diese mit Antigen zu einer starken sekundären Immunantwort zu stimulieren. Aus einer Antikörperbibliothek, die dann wie oben beschrieben hergestellt werden kann, können anschließend die spezifischen humanen Antikörperfragmente isoliert werden (Duchosal et al., 1992).

2.2.5.2 Antikörper-Genbibliotheken aus immunisierten Mäusen

Auch Bibliotheken, die auf den Antikörpergenen immunisierter Mäuse basieren, wurden erfolgreich eingesetzt (z. B. Ørum et al., 1993). Zudem können Mäuse mit beliebigen Antigenen immunisiert werden, deren Einsatz beim Menschen nicht wünschenswert ist. Als Beispiel seien hier Polysaccharid-Epitope aus Pflanzen erwähnt (Williams et al., 1996). Mit dieser Methode konnten auch bereits zelltypspezifische Antikörper gewonnen werden, im zitierten Beispiel nach Immunisierung mit einem bestimmten Neuronen-Typ Antikörperfragmente gegen deren Oberflächenproteine (Merz et al., 1995).

Ein besonders interessantes Beispiel ist dabei ein rekombinanter Antikörper, der ein MHC-Molekül erkennt, aber nur wenn es mit einem ganz bestimmten Peptid beladen ist (Andersen et al., 1996). Offensichtlich erkennt dieser Antikörper den Peptid-MHC-Komplex ganz ähnlich wie dies der T-Zellrezeptor tut (Stryhn et al., 1996). Mit anderen Worten: Dieser rekombinante Antikörper erkennt spezifisch Peptide, die aus dem Inneren der Zelle stammen, und ist gleichzeitig viel leichter zu handhaben, als ein entsprechender T-Zellklon. Vielleicht gelingt es ja, die Aminosäuren des Antikörpers zu identifizieren, die für die Spezifität der Peptidbindung verantwortlich sind. Ersetzt man diese durch Zufallsaminosäuren, so entsteht eine Antikörperbibliothek, aus der auch andere Spezifitäten isoliert werden könnten, mit der Möglichkeit, damit eines Tages vielleicht Virus-befallene Zellen zu bekämpfen.

Die Verwendung von Mäusen bietet zusätzlich den Vorteil, daß zwei verschiedene Methoden zur Entwicklung von monoklonalen Antikörpern parallel eingesetzt werden können: Neben dem rekombinanten Weg kann eine Hälfte der Milz für die klassische Hybridomherstellung verwendet werden. Aufgrund der unterschiedlichen Selektionssysteme können beide Wege dabei durchaus zu unterschiedlichen Antikörpern führen, wie zum Beispiel bei mit beiden Methoden hergestellten Antikörpern gegen IL-5 beobachtet wurde (Ames et al., 1995).

2.2.5.3 Genbibliotheken anderer Spenderorganismen (Kaninchen, Huhn)

Auch andere Tierarten wurden erfolgreich zur Herstellung von Anti-körper-Genbibliotheken eingesetzt. Hervorzuheben sind hier vor al-lem Kaninchen, die seit langem in unzähligen Labors als hervorra-gende Antikörperlieferanten genutzt werden (Ridder et al., 1995; Lang et al., 1996). Aber auch Hühner, die seit einiger Zeit wegen der Möglichkeit zur unblutigen Entnahme der Antikörper in Form von Eiern vermehrt zur Herstellung von Antiseren eingesetzt werden, wurden bereits erfolgreich zur Herstellung von rekombinanten Anti-körperfragmenten aus Bibliotheken eingesetzt (Davies et al., 1995; Yamanaka et al., 1996). Für Antikörper beider Spezies steht aufgrund ihrer Verbreitung zur Produktion von Antikörpern auf herkömmli-chem Wege bereits genügend experimentelle Infrastruktur (wie z. B. Reinigungs- und Nachweisagentien) zur Verfügung (vgl. Kap. 4).

2.2.6 „Universelle" Genbibliotheken nicht-immunisierter Spender

IgM-spezifische Oligonucleotidprimer ermöglichen den Zugriff auf das naive, komplette Genrepertoire eines Menschen. Mit solchen Primern wird nur schwere Ketten-DNA aus B-Lymphozyten verviel-fältigt, die noch nicht durch Antigenkontakt klonal stimuliert wur-den. Solche B-Lymphozyten produzieren eine membrangebundene Form von IgM und stellen das Repertoire dar, das das naive Immun-system des Menschen bei seiner Antikörperantwort zur Verfügung hat. Nach einer Stimulierung durch Antigen werden die Gene rear-rangiert, es kommt zum sogenannten *class-switch*, der meist zur Expression von IgGs führt. Im Gegensatz zu den meist in lympha-tischen Organen konzentrierten aktivierten B-Lymphozyten patrou-illiert der IgM-produzierende B-Zell-Typ auch durch das periphere Blut des Menschen, aus dem die Gene deshalb sehr einfach gewon-nen werden können. Auch mit Primern, die noch in der V-Region co-dieren (genauer gesagt im *framework*4), können solche Bibliothe-ken hergestellt werden; dann umfaßt die Auswahl auch die VH der IgG-Sequenzen, die bereits den Isotyp-Wechsel und klonale Verviel-fältigung vollzogen haben.

Aus solchen Bibliotheken konnten rekombinante Antikörperfrag-mente gegen alle wichtigen Antigentypen (Proteine, Zelloberflächenmarker, Peptide, Haptene, z. B. Steroide und Zuckerverbindungen) gewonnen werden (Beispiele in Marks et al., 1991b; Griffiths et al., 1993; Marks et al., 1993; Hughes-Jones et al., 1994; Review Lerner et al., 1992). Allerdings ist der Aufwand zur Herstellung und Aufrechterhaltung einer solchen universellen Bibliothek erheblich und lohnt nur, wenn eine Vielzahl verschiedener Antikörper hergestellt werden soll.

2.2.6.1 Auch aus Mäuse-B-Lymphozyten wurden „universelle" Antikörper-Genbibliotheken hergestellt

Die Rechtfertigung zur Herstellung der „universellen" Antikörper-Genbibliotheken trotz des großen dafür nötigen Aufwands war die Chance, auch solche humanen Antikörper zu gewinnen, gegen deren Antigen keine Immunisierung möglich war oder die während der Entwicklung des Immunsystems aussortiert wurden. Diese Vorteile versuchte man bald auch für das bevorzugte Labortier der Immunologen zu nutzen: die Maus. Die gewonnenen Antikörper erreichten aber nicht die Affinitäten der mit Hilfe immunisierter Mäuse gewonnenen rekombinanten Antikörperfragmente (Gram et al., 1992).

2.2.7 Genomische Genbibliotheken

Die Klonierung des gesamten genomischen V-Gen-Repertoires des Menschen eröffnete eine neue Quelle zur Konstruktion von „universellen" Antikörper-Genbibliotheken. Dabei werden die einzelnen Genstücke der V-Regionen nicht im bereits rearrangierten Zustand aus der B-Zell-cDNA gewonnen, sondern ähnlich zu dem *Rearrangement*-Vorgang *in vitro* neu zusammengestellt. Auch aus einer solchen Bibliothek sind mittlerweile rekombinante Antikörperfragmente gegen eine Vielzahl unterschiedlicher Antigene isoliert worden (Nissim et al., 1994).

Einen Sonderfall genomischer „Bibliotheken" stellen Mäuse dar, deren eigener Immunglobulin-Genlokus durch Teile des humanen Immunglobulin-Genlokus ersetzt wurde. Die menschlichen Antikörpergene rearrangieren, durchlaufen den *class-switch* und werden somatisch hypermutiert. Diese transgenen Mäuse produzieren also humane Antikörper in Mäusezellen, die (im Gegensatz zu menschlichen Hybridomzellen) zu stabilen Mäuse-Hybridomen führen

(Jakobovits, 1995; Lonberg und Huszar, 1995). Leider sind diese Mäuse zur Zeit nur kommerziellen Anwendern zugänglich.

2.2.8 Hybrid- und semisynthetische Genbibliotheken

Die in den vorangegangenen Abschnitten geschilderten Methoden können auch kombiniert werden. So wurde eine Bibliothek aus den VH-Genen der peripheren Blut-Lymphozyten eines allo-immunisierten Spenders mit den VL-Regionen eines nicht-immunisierten Spenders kombiniert. Daraus war es möglich, Antikörper gegen polymorphische Thrombozyten-Glykoproteine zu gewinnen, die mit herkömmlicher Hybridomtechnologie nicht erzeugt werden konnten (Griffin und Ouwehand, 1995).

Sequenzvergleiche zeigen, daß der CDR3 der schweren Kette der variabelste Teil der Antikörpersequenz ist. Die herausragende Rolle dieses CDRs bei der Antikörperbindung wird mittlerweile auch durch Strukturdaten belegt. Unser Immunsystem generiert einen großen Teil der Variabilität im Bereich des CDR3 durch Zufallssynthesen. Es lag deshalb nahe, diesen und/oder weitere CDRs in den rekombinanten Antikörperbibliotheken mit Zufallssequenzen zu mutieren, um die Vielfalt der Bibliothek zu verbessern. Aus solchen *semisynthetischen Genbibliotheken* wurden mittlerweile sehr erfolgreich eine Vielzahl von Antikörpern isoliert (Barbas et al., 1992; de Kruif et al., 1995a; Akamatsu et al., 1993; de Wildt et al., 1996; Dinh et al., 1996).

2.2.9 Vollständig synthetische Genbibliotheken mit Zufallssequenzen in den CDRs

Da das Immunsystem die Antikörpervielfalt in einem Zufallsverfahren herstellt, entstehen auch immer Antikörper, die gegen körpereigene Epitope gerichtet sind. Solche Antikörper können zu Autoimmunkrankheiten führen. Normalerweise werden die B-Lymphozyten, die solche Antikörper enthalten, deshalb während der Entwicklung des Immunsystems unterdrückt. Damit geht aber auch ein großer Teil der Spezifitäten verloren, die auf unseren eigenen Geweben vorkommen. Einige dieser aussortierten Spezifitäten sind aber für die Tumortherapie interessant, z. B. Antigene embryonaler oder dedifferenzierter humaner Zellen. In einer synthetisch hergestellten Genbibliothek in *E. coli* existiert diese Einschränkung nicht. Die komplette synthetische Herstellung von Antikörpergenen mit Zufallssequenzen in allen CDRs ist deshalb vielfach versucht worden (Braunagel, 1995; Hayashi et al., 1994; Soderlind et al., 1995). Es zeigte sich, daß die Synthese multipel randomisierter Sequenzen durch *overlap*-PCR erfolgreich zur Synthese solcher Antikörper-Genbibliotheken eingesetzt werden kann. Die Analyse dieser Bibliotheken zeigte aber eine hohe Fehlerrate durch Mutationen, Synthesefehler und PCR-Artefakte. Zudem repräsentieren solche Antikörper-Genbibliotheken nicht wirklich zufällige Sequenzen, denn man muß die Komplexität einschränken, um in den Zufallsbereichen die Stopcodons möglichst zu vermeiden. In einer Zufallssequenz $(NNN)_n$ werden 3 Stopcodons in 64 Triplets erwartet. Diese Rate würde bei Antikörpern mit mehreren randomisierten CDRs dazu führen, daß kaum noch Sequenzen vollständig durchgelesen werden. Günstiger ist die Verwendung von $(NNK)_n$, wobei K = G oder T. Damit erhält man ein Stopcodon in einem von 32 Codons, trotzdem sind alle Aminosäuren vertreten. Gängig ist heute $(NNB)_n$, wobei B = G oder T oder C. Damit erhält man ein Stopcodon in einem von 48 Codons, auch hier sind alle Aminosäuren vertreten. All diese Sequenzen codieren die verschiedenen Aminosäuren jedoch unterschiedlich häufig: So sind die Aminosäuren Arginin und Serin in dem Triplett $(NNB)_n$ viermal häufiger vertreten als Methionin oder Tryptophan. Einen guten Überblick über synthetische Genbibliotheken wird von Arkin und Youvan (1992) gegeben.

Sollen alle CDRs eines Fv-Fragments randomisiert werden, ist die vollständige Vermeidung von Stopcodons wünschenswert. Dies ist z. B. mit $(VNN)_n$ möglich, wobei V = A, G oder C. Dabei muß allerdings in Kauf genommen werden, daß einige Aminosäuren überhaupt nicht codiert werden (in unserem Beispiel 4 der möglichen 20) und auch die Verteilung der übrigen nicht ihrem natürlichen Vorkommen entspricht. Die Verwendung von Oligonucleotidgemischen mit variablem Anteil für bestimmte Positionen (z. B. 32 % A, 32 % C, 32 % G und 4 % T statt V im obigen Beispiel) ließe auch eine beschränkte Zahl der fehlenden vier Aminosäuren zu, allerdings wiederum um den Preis einiger Stopcodons. Wenn gleichzeitig alle CDRs vollständig randomisiert werden, wird aufgrund der extrem großen Zahl möglicher Strukturen der Anteil an funktionalen Antikörpern in solchen Bibliotheken nur sehr klein sein. Deswegen ist eine eingeschränkte Randomisierung der CDRs sicher vorzuziehen. Sie sollte sich möglichst auf die relativ wenigen Aminosäuren beschränken, die mit dem Antigen in Kontakt treten (vgl. Kapitel 4.1.1).

Neuerdings besteht die Möglichkeit, Oligonucleotide nicht aus Mononucleotid-Bausteinen, sondern aus Trinucleotid-Elementen zusammenzusetzen (Sondek und Shortle, 1992; Virnekas et al., 1994; Lyttle et al., 1995). Damit kann man den oben geschilderten Problemen entgehen. Mit 20 verschiedenen Trinucleotiden kann jede Proteinsequenz erzeugt werden, da jedes Trinucleotid genau eine Aminosäure codiert. Stopcodons werden dabei vollkommen vermieden. Zudem ermöglicht diese Methode, Mischungen von Trinucleotiden einzusetzen. Für viele Stellen der CDRs sind bevorzugte Aminosäuren gefunden worden, deren Rolle sich zudem oft strukturell begründen ließ. Um diesem Rechnung zu tragen, können mit Hilfe der Trinucleotid-Synthese z. B. nur Kombinationen von Aminosäuren mit kleinen Resten, oder nur hydrophobe, oder jede beliebige Auswahl eingesetzt werden. Damit kann die Zahl der Sequenzen, die eine natürliche Faltung ermöglichen sollten, stark erhöht werden. Trotzdem ist es zur Isolation praktisch beliebiger Spezifitäten wahrscheinlich völlig ausreichend, nur einen oder zwei CDRs durch Zufallssequenzen zu codieren, wie im vorherigen Abschnitt bereits dargestellt wurde.

2.2.10 Überwindung der Engstelle Transformation: *In vivo*-Rekombinationssysteme ermöglichen „Superlibraries"

Die Antigen-Bindungsstelle der Antikörper setzt sich aus den variablen Domänen der schweren und der leichten Kette zusammen. Dementsprechend entsteht ein großer Teil der Antikörper-Vielfalt in unserem Immunsystem durch die zufällige Kombination dieser beiden Ketten. Diese zufällige Kombination findet auch im Reagenzglas statt, bei der Ligation der rekombinanten Antikörper in einen Plasmidvektor. Auf dieser Ebene liegt jetzt eine schier unglaubliche Vielfalt von unterschiedlichen Antikörpergenen vor, fast jedes Plasmid sollte für einen anderen Antikörper codieren können. Der Flaschenhals für den Aufbau hochkomplexer Bibliotheken liegt jedoch im nächsten Schritt, der Transformation der Plasmid-DNA in dafür kompetente Bakterien. Mit der besten dafür zur Verfügung stehenden Methode, der Elektroporation, können routinemäßig Antikörperbibliotheken mit mehr als 10^7 unabhängigen Kolonien erreicht werden.

Dies bedeutet aber auch, daß es möglich ist, Teilbibliotheken mit dieser Komplexität zu bauen, also eine Bibliothek mit etwa 10^7 unterschiedlichen schweren Ketten und eine zweite Bibliothek mit etwa 10^7 unterschiedlichen leichten Ketten. Anschließend kann die ungeheure Effizienz, mit der die filamentösen Phagen ihre Wirtsbakterien infizieren, ausgenützt werden, um die millionenfach vermehrten Teilbibliotheken ohne große Verluste miteinander zu kombinieren. Die eine Teilbibliothek wird in Phagenpartikel verpackt, mit denen die andere Teilbibliothek anschließend infiziert werden kann (Abb. 2.8). In den infizierten Bakterien liegen jetzt zwei Plasmide

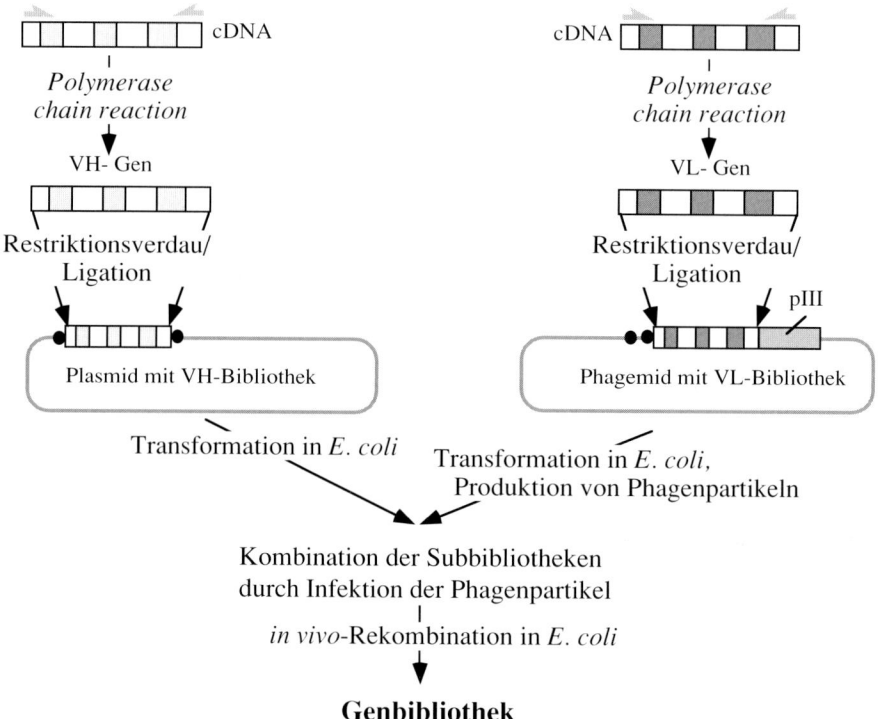

2.8 Rekombination von V-Region-Gen-Repertoires der schweren und leichten Kette *in vivo* in *E. coli*. Bei rekombinanten Antikörpern wird die Komplexität der Antikörperbibliothek durch den Flaschenhals der Transformation bestimmt. Durch die Kombination von zwei Teilbibliotheken (nach ihrer Transformation in *E. coli*) kann die Komplexität von rekombinanten Antikörperbibliotheken drastisch erhöht werden. Dabei wird die genetische Information auf zwei unterschiedlichen Plasmiden durch die Aktivität einer Rekombinase miteinander auf einem einzigen Plasmid kombiniert. Dieses Plasmid kann dann in Phagenpartikel verpackt werden, wodurch eine physische Kopplung des (kombinierten) Antikörpergens mit dem Fab-Fragment auf der Phagenoberfläche hergestellt wird. Legende wie Abb. 2.7; •: Rekombinationssignal.

vor, die gemeinsam die genetische Information für das Verankern eines vollständigen Fab-Moleküls auf der Phagenoberfläche codieren. Zunächst wäre in einem Phagenpartikel jedoch nur die genetische Information für eine der beiden Ketten gespeichert, da nur eines der Plasmide in die Phagenpartikel verpackt werden kann. Mit Hilfe einer Rekombinase (*cre* oder *int*) kann jedoch auch dies erreicht werden (Griffiths et al., 1994; Geoffroy et al., 1994). Die von der Rekombinase *cre* erkannte Rekombinationssequenz diente in einem Fall sogar als Peptidlinker. Dadurch ist es mittlerweile möglich, die variablen Domänen in einem scFv-Fragment miteinander zu rekombinieren (Tsurushita et al., 1996). Mit Hilfe dieser Techniken lassen sich Komplexitäten erreichen, die über der praktisch einsetzbaren Phagenzahl während des Screenings liegen. Allerdings muß an einer Verbesserung dieser Systeme noch gearbeitet werden. Offensichtlich bewirken die Rekombinationssysteme einen starken Wachstumsnachteil für die Bakterien, so daß vermehrt Mutationen auftreten.

Eine noch nicht ausgereizte Möglichkeit der *in vivo*-Neukombination der beiden variablen Regionen bieten Bakterien-Oberflächenexpressionsvektoren (z. B. Fuchs et al., 1991; Francisco et al., 1993). Wie oben beschrieben können auch hier zunächst zwei Teilbibliotheken getrennt gebaut und millionenfach vermehrt werden. Die Gene der Antikörperketten müssen diesmal jedoch nicht mehr mit Hilfe einer Rekombinase verknüpft werden, da beide Plasmide zusammen mit dem Bakterium angereichert würden. Die Komplexität einer so gewonnenen Bibliothek würde experimentell nur durch die Zahl an handhabbaren Bakterien begrenzt. Bereits mit den zur Zeit zur Verfügung stehenden Labortechniken könnten damit Komplexitäten von 10^{16} unabhängigen Klonen erreicht werden. Man darf dabei aber nicht außer Acht lassen, daß ein weiterer begrenzender Faktor sich aus der Leistungsfähigkeit der Selektionssysteme ergibt. Diese sind bislang bei den bakteriellen Oberflächen-Expressionssystemen noch nicht mit den Phagenantikörpersystemen vergleichbar. Allerdings ist in Kürze mit der Fertigstellung sehr leistungsfähiger Selektionsgeräte für diese Systeme zu rechnen, die mindestens eine Komplexität von 10^9 unabhängigen Klonen handhaben können.

2.3 Von der Vielfalt zur Spezifität: Die Selektion der rekombinanten Antikörper aus Genbibliotheken

Im vorherigen Kapitel wurde besprochen, wie die Antikörpervielfalt des menschlichen Körpers in ein bakterielles System übertragen und dort unter Umständen sogar noch übertroffen werden kann. Die ungeheure Vielfalt von Antikörpergenen liegt zunächst in Form von PCR-Banden oder in den ligierten Plasmidvektoren vor, bevor sie möglichst effizient in Bakterien transformiert wird. Für diese Vielfalt hat sich der Begriff Antikörperbibliothek durchgesetzt. Als nächstes stellt sich die Frage, welches Selektionssystem verwendet werden soll, um aus dieser ungeheuren Vielfalt die gewünschten Antikörper zu isolieren.

2.3.1 Rekombinante Antikörper können mit klassischen Expressionssystemen aufgefunden werden

Zunächst wurden die Antikörperbibliotheken mit den klassischen Techniken durchsucht. Dazu werden möglichst viele *E. coli* Kolonien (oder Plaques bei einem *Lambda*-Phagen als Klonierungsvektor) auf einen Filter transferiert und anschließend nach einer Antikörper-Bindeaktivität durchsucht (Huse et al., 1989). Diese Techniken waren auch durchaus erfolgreich, so konnte mit solch einem Ansatz ein menschlicher anti-Tetanus-Toxoid-Antikörper gefunden werden, ein Antikörper, dessen Nachfolger vielleicht eines Tages seinen Wert bei passiven Immunisierungen gegen Tetanus erweisen werden.

Ein ähnliches Suchsystem benützt zwei aufeinander liegende Nitrocellulose-Filter. Auf dem einen Filter befinden sich die Bakterienkolonien (die Antikörperbibliothek), die jeweils ein anderes scFv-Fragment sezernieren. Die aus den Bakterienkolonien herausdiffundierenden scFv-Fragmente tragen alle ein kleines Peptid an ihrem C-Terminus (ein *tag*, engl. Flagge, vgl. Kap. 4). Dieses Peptid verankert sie auf einem zweiten Filter, der vorher mit einem Antikörper gegen das Peptid inkubiert wurde: Es findet eine Affinitätsreinigung der scFv-Fragmente statt. Damit wird der Hintergrund an unspezifischen Signalen deutlich vermindert, und Klone, die die gewünschten

Antikörper produzieren, können anhand der Antigenbindung identifiziert werden (Skerra et al., 1991).

Alle diese Suchsysteme sind jedoch nur für kleine Antikörperbibliotheken geeignet, da mit ihrer Hilfe nur wenige Millionen von Kolonien nach Antikörperbindung durchsucht werden können. Größere Zahlen stellen den Experimentator schnell vor unlösbare technische Probleme, er ertrinkt förmlich in der großen Menge an Filtern und Antigen, die er bei dieser Art von Selektionssystem benötigt. Dies bedeutet, daß die große Vielfalt von Antikörpergenen, die mit den in Abschnitt 2.2 dargestellten Methoden gewonnen werden können, mit einem solchen System gar nicht genutzt werden kann.

2.3.2 Die Kopplung von Gen und Genprodukt ermöglicht eine Selektion in Lösung

Eine sehr elegante Lösung für dieses Selektionsproblem bietet die physische Kopplung von Gen und Genprodukt. Auch die B-Lymphozyten unseres Immunsystems verwenden diesen Trick, wie im 1. Kapitel bereits näher beschrieben wurde. Zunächst präsentieren sie einen membrangebundenen Antikörper auf ihrer Oberfläche, danach stimuliert die Bindung des Antigens (beispielsweise eines Virus) den B-Lymphozyt, sich zu teilen. Der ganze Prozeß heißt *klonale Selektion*. Die Voraussetzung für diese klonale Selektion ist dabei die physische Kopplung des Antikörpergens mit seinem Genprodukt, dem Antikörper. Anders ausgedrückt, der Antikörper trägt sein Gen „huckepack". Im Prinzip genügt bei dieser Art von Selektion eine einzige Zelle, um aus Myriaden von irrelevanten B-Lymphozyten den gewünschten Antikörper-Produzenten herauszufiltern.

Auf Bakterien übertragen wäre diese Art von Selektionssystem natürlich den oben genannten weit überlegen, denn dies bedeutet, daß Milliarden unterschiedlicher Bakterien in einem sehr kleinen Volumen auf Antigenbindung untersucht werden können. Das möglicherweise sehr kostbare Antigen muß nicht mehr in großen Mengen auf Nitrocellulose-Filter gezogen werden, es genügen in diesem Fall kleinste Mengen an Antigen, das seinen spezifischen Bindungspartner sucht. Koppelt man dann das Antigen an eine feste Phase, so könnten alle ungebundenen Zellen weggewaschen werden.

2.3.3 Peptide können auf der Oberfläche von Bakteriophagen exprimiert werden

Tatsächlich gelang G. P. Smith schon im Jahr 1985 die Übertragung dieses Selektionsprinzips auf filamentöse Bakteriophagen. In Abb. 2.9 ist der Lebenszyklus dieser Phagengruppe (M13, fd, f1) etwas genauer dargestellt. Sie bringen ihren Wirt, *Escherichia coli* nicht um, sondern verlangsamen sein Wachstum nur auf etwa die Hälfte. Während eines Zellzyklus setzt dabei jedes Bakterium

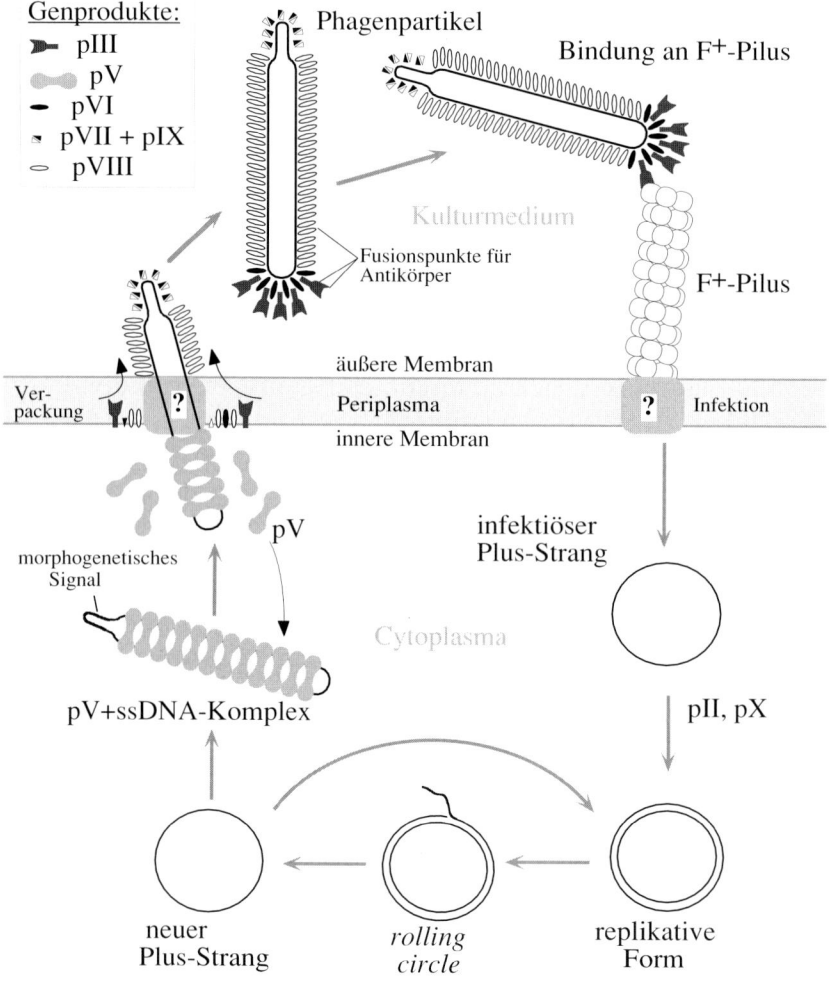

2.9 Der Lebenszyklus der filamentösen Phagen.

100–200 Phagenpartikel frei. Nach der Infektion über die F-Pili der Bakterien dirigiert das Phagengenom die Replikation der Phagen-DNA und die Verpackung des einzelsträngigen Phagengenoms in lange, filamentöse Partikel. Mit dem Export ins Kulturmedium entstehen sehr widerstandsfähige Partikel, die resistent gegen Trypsinverdau sind und auch höhere Temperaturen überstehen können.

Diese Partikel sind sehr einfach aufgebaut. Das Genom des Phagen besteht aus ca. 6 500 Basen einzelsträngiger, zirkulärer DNA, die von einem Tubulus aus etwa 2 700 Proteinen des Genprodukts VIII (pVIII) umgeben ist. Als einzige zusätzliche Bestandteile befinden sich je 5 Moleküle pVII und pIX an dem einen Ende und pIII und pVI an dem anderen Ende des filamentösen Phagenpartikels (Review bei Webster und Lopez, 1985; Rasched und Oberer, 1986).

In pIII können fremde Peptidsequenzen an unterschiedlichen Orten integriert werden, ohne dessen Funktion stark zu beeinträchtigen (Nelson et al., 1981; Smith, 1985; Parmley und Smith, 1988). Dabei sind Gen und Genprodukt physisch gekoppelt. Als direkte Konsequenz aus diesen Arbeiten wurde es möglich, „Peptidbibliotheken" herzustellen, mit deren Hilfe beispielsweise antikörperbindende Peptidepitope identifiziert werden können (Scott und Smith, 1990; Cwirla et al., 1990; Devlin et al., 1990). Dieser Oberflächenexpressionsvektor ist den membrangebundenen Selektionssystemen weit überlegen. Bis zu 10^{14} Phagenpartikel können in einem Milliliter konzentriert werden und auf Bindung beispielsweise an einen Antikörper getestet werden. Nachdem alle nicht bindenden Phagen weggewaschen wurden, werden die Binder eluiert und damit ein neuer Infektionszyklus gestartet („Screening-Runde"). Damit können *einzelne Phagen* aufgefunden werden, da sie nach einigen Stunden Wachstum zu einer antibiotikaresistenten Bakterienkolonie führen. Diese Empfindlichkeit ist es, die nach wenigen Selektionsrunden Anreicherungsfaktoren von vielen Größenordnungen ermöglicht.

2.3.4 Auch rekombinante Antikörper können auf der Oberfläche von filamentösen Phagen verankert werden

1990 wurde auf die oben beschriebene Weise erstmals ein scFv-Fragment auf der Oberfläche eines filamentösen Phagen verankert, allerdings hatte dieses Expressionssystem für Gene von der Größe der Antikörperfragmente schwerwiegende Nachteile (McCafferty et al.,

1990). Offensichtlich wurden die Bakterien durch die entstehenden Phagenpartikel vergiftet, womit nur eine sehr schlechte Produktion dieser Antikörper-Phagen möglich war. Das scFv-Fragment bedeutete einen schwerwiegenden Selektionsnachteil für die entsprechenden Phagenpartikel. Ein Blick auf Abb. 2.7 zeigt den möglichen Grund für die schlechte Produktion dieser Phagen-Antikörper: Das Antikörper-pIII-Fusionsprotein muß in jeder Replikationsrunde exprimiert werden, da pIII für die Infektion des Phagen benötigt wird. Damit wirkt ein kontinuierlicher Selektionsdruck gegen Fusionsanteile, die die Replikation des Phagen beeinträchtigen.

Den Durchbruch brachte die Verwendung von Phagemidvektoren, die diesen Selektionsnachteil stark abmildern (Breitling et al., 1991; Barbas et al., 1991; Hoogenboom et al., 1991). Ein Phagemid (Abb. 2.10) ist ein ganz normales Plasmid, das eine zusätzliche Eigenschaft besitzt: Es enthält eine etwa 500 bp große Sequenz aus dem Phagengenom, die alle Signale für die Verpackung in Phagenpartikel enthält. Bei Anwesenheit eines Helferphagen, der alle anderen Funktionen des filamentösen Phagen beisteuert, wird diese Phagemid-DNA in normale Phagenpartikel eingebaut. Auch in diesem Fall wird das Antikörperfragment mit Hilfe einer Fusion an das Phagenhüllprotein pIII auf der Phagenoberfläche verankert. Im Phagemid wird dieses Fusionsprotein jedoch nicht konstitutiv exprimiert, wie im obigen Fall, sondern von außen regulierbar unter der Kontrolle eines induzierbaren Promotors. Damit wird der oben beschriebene Selektionsnachteil entscheidend gemildert. Bau und Vervielfältigung der Antikörperbibliothek kann ohne Expression des Antikörperfragments geschehen, d. h. ohne den dadurch bewirkten Selektionsnachteil. Das Fusionsprotein Antikörper-pIII muß nur etwa zwei Replikationsrunden lang induziert werden, während gleichzeitig der Helferphage zugegeben wird. Dann, und nur dann, entstehen Phagenpartikel, die ein Antikörperfragment auf ihrer Oberfläche verankert haben, dessen Gen nun aufgrund der Bindung dieses Partikels an das Antigen selektiert werden kann. Dies ist von besonderem Vorteil, wenn es sich um sehr große Antikörperbibliotheken mit möglichen Klonierungsartefakten handelt. Bei konstitutiver Expression des Fv-pIII Fusionsproteins würden einige der dabei zwangsläufig auftretenden Mutanten nach wenigen Replikationsrunden die Bibliothek dominieren.

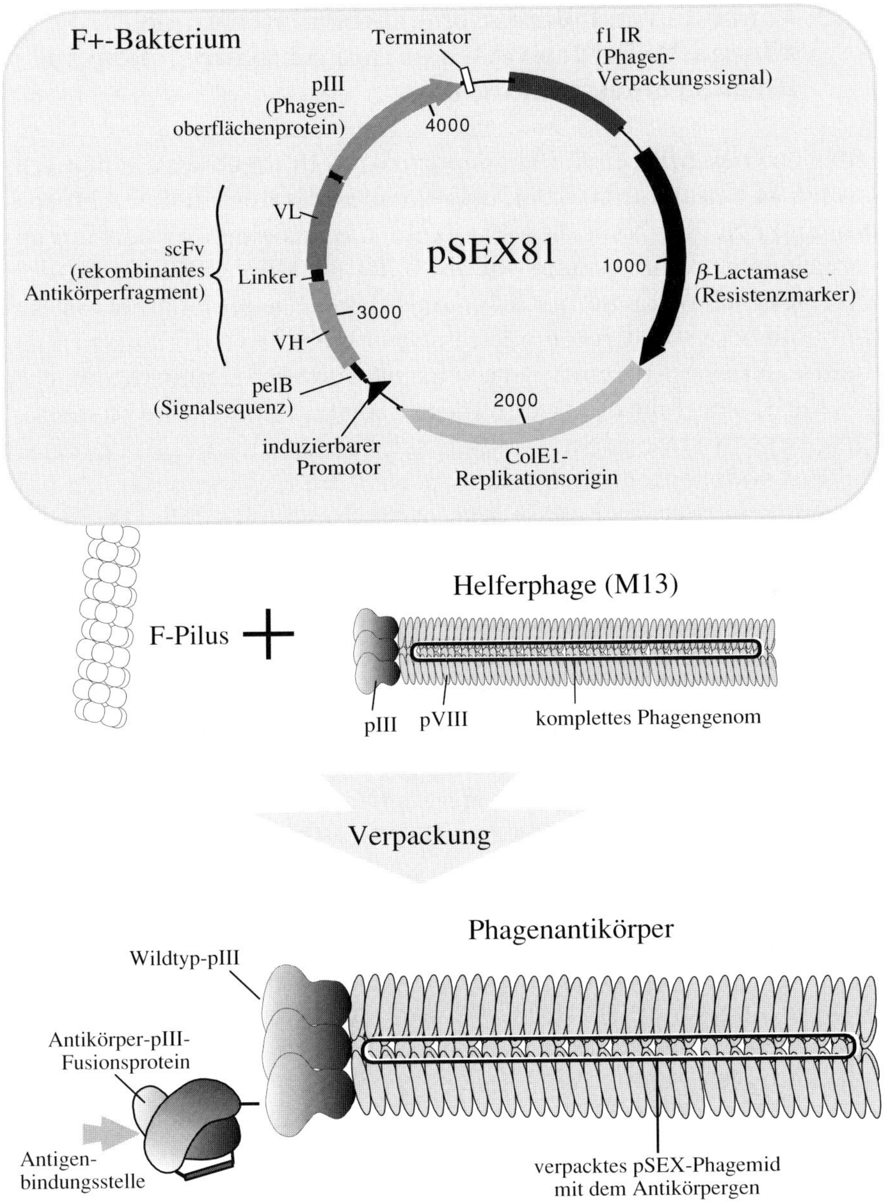

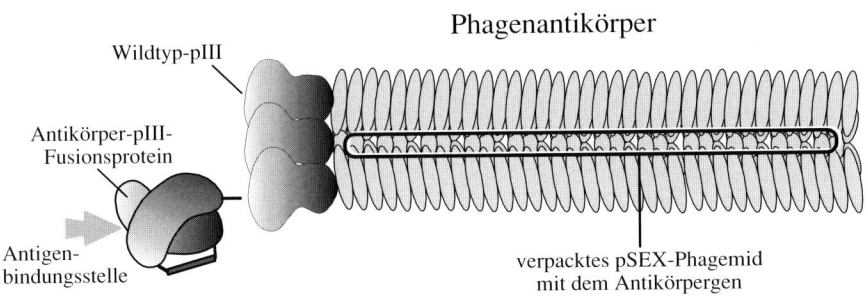

F+-Bakterium

pIII (Phagen-oberflächenprotein)

Terminator

f1 IR (Phagen-Verpackungssignal)

4000

VL

scFv (rekombinantes Antikörperfragment)

Linker

pSEX81

1000

β-Lactamase (Resistenzmarker)

3000

VH

pelB (Signalsequenz)

induzierbarer Promotor

2000

ColE1-Replikationsorigin

Helferphage (M13)

F-Pilus +

pIII   pVIII   komplettes Phagengenom

Verpackung

Phagenantikörper

Wildtyp-pIII

Antikörper-pIII-Fusionsprotein

Antigen-bindungsstelle

verpacktes pSEX-Phagemid mit dem Antikörpergen

2.10 Phagemide sind Plasmide, die zusätzlich ein Verpackungssignal der filamentösen Phagen besitzen. In Anwesenheit eines Helferphagen wird die Phagemid-DNA in Phagenpartikel eingebaut. Wird dabei gleichzeitig das Fusionsprotein scFv-pIII induziert, so entstehen Phagenpartikel, die ein Antikörperfragment auf der Oberfläche verankern (unten).

2.3.5 Mit Hilfe von Oberflächenexpressionsvektoren können Milliarden verschiedener Antikörperklone auf Bindung untersucht werden

Jeder der beschriebenen Phagenpartikel stellt im Grunde einen sehr großen Molekülkomplex dar, und entspricht somit gut den Anforderungen nach physikalischen Partikeln, die aus einer Suspension angereichert werden können. Mit Hilfe des auf seiner Oberfläche verankerten scFv-Fragments können solche Phagenpartikel an ein immobilisiertes Antigen binden und in einem zur Affinitätschromatographie analogen Schritt angereichert werden. Dazu wird zunächst die Antikörperbibliothek durch die Zugabe eines Helferphagen in Phagenpartikel verpackt. Um den Selektionsdruck gegen erfolgreiche Rekombinanten zu vermindern, wird die Expression der an pIII fusionierten rekombinanten Antikörperfragmente dabei nur kurzzeitig induziert. Die dabei gebildeten Phagenpartikel tragen „ihr" Antikörperfragment auf der Oberfläche. Dadurch können sie mit Hilfe von Antigen von nicht bindenden Phagen abgetrennt werden, die weggewaschen werden. Im nächsten Schritt werden die Phagen durch sauren oder alkalischen pH oder mit Hilfe von Trypsin eluiert. Mit diesen angereicherten Antikörper-Phagen können erneut Bakterien infiziert werden, die anschließend die Phagenpartikel für die nächste Selektionsrunde produzieren. Diese Anreicherung ist nichts anderes ist als die gewünschte „klonale Selektion".

Anfangs benutzte man für die Anreicherungen noch Chromatographiematerial (Breitling et al., 1991), heute werden meist Polystyrol-Plastikgefäße (10 ml-Röhrchen oder sogar ELISA-Platten) benutzt. Den eigentlichen Selektionsvorgang nennt man auf englisch *panning*, abgeleitet von der Goldwäscher-Pfanne. Auch der Einsatz biotinylierter Antigene ist möglich, er gewährleistet eine Bindung vollständig in Lösung. Gebundene Phagenpartikel werden dann mit immobilisiertem Streptavidin vom Rest der Bibliothek abgetrennt und eluiert (Schier et al., 1996).

Diese neue Methode des Expressions-Screenings hat bereits in einer Vielzahl von Labors ihre Tauglichkeit zur Isolation neuer Antikörper bewiesen, wobei in der Anwendung momentan die Phagemid-Oberflächenexpressionsvektoren deutlich dominieren. Zitate zu einzelnen Beispielen entnehmen Sie bitte den Abschnitten über Bibliotheken in Abschnitt 2.2. Die größten bisher beschriebenen Antikörperbibliotheken haben mittlerweile eine Komplexität von ca. 10^{10} unabhängigen Antikörpergenen (Nissim et al., 1994). Aus diesen Antikörperbibliotheken sind bereits viele Antikörper auch ohne vorherige Immunisierung selektiert worden. Eine typische Antikörper-Selektion ist in Abb. 2.11 schematisch dargestellt. Ein ausführliches Protokoll für eine solche Selektion findet sich bei Dörsam et al. (1997).

Die biochemischen Bedingungen der Inkubation mit dem Antigen, des Waschens und der Elution können in vielfältiger Weise modifiziert werden, um die Eigenschaften der dann selektierten Antikörper zu beeinflussen, wie beispielsweise die *off-rate* oder

Antikörper-DNA (PCR-Produkte)
Restriktionsverdau / Ligation in
Expressionsphagemide

Genbibliothek in pSEX
Verpackung in Phagenpartikel

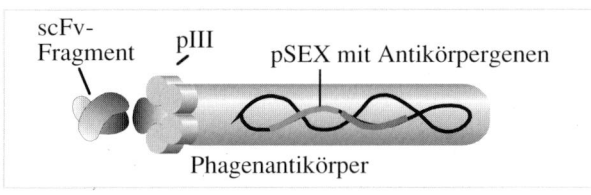

scFv-
Fragment   pIII   pSEX mit Antikörpergenen

Phagenantikörper

Test:
Titration

3-5 mal
wiederholen

Affinitätsanreicherung
an Antigen
(screening)
Waschen, Elution,
Reinfektion in *E. coli*

angereicherte Genbibliothek
Test:
polyklonaler   Isolation von Einzelklonen
Phagen-ELISA

Antikörperklon
Test: Klonierung in einen
Phagen-ELISA   Produktionsvektor

rekombinantes monoklonales
Antikörperfragment

2.11 Selektion von Phagen-Antikörpern aus einer Antikörperbibliothek.

Kreuzreaktivitäten. Auch ein differentielles Screening ist möglich, dabei werden zunächst ungewünschte Spezifitäten entfernt, und dann in einer weiteren Screening-Runde nach dem gewünschten Antigen gesucht (de Kruif et al., 1995a). Dies wird in der Zukunft vielleicht eine der wichtigsten Anwendungen der Antikörperbibliotheken sein, denn damit kann die Suche auf den Unterschied zwischen zwei Molekülen oder Zellen fokussiert werden. Besonders spannend ist dabei die Frage, ob es gelingen wird, damit neue tumorspezifische Antikörper zu gewinnen – Antikörper also, die nicht an die nahe verwandte Vorläuferzelle binden, aus der sich die Tumorzelle entwickelt hat.

2.3.5.1 Affinität und Antigen-Konzentration sind wichtige Parameter beim Durchsuchen hochkomplexer Antikörperbibliotheken

Die letzten Jahre ergaben eine eindeutige Korrelation zwischen dem Erfolg der Suche nach rekombinanten Antikörpern und der Größe von naiven Antikörperbibliotheken. Je komplexer die Antikörperbibliothek, desto eher konnten daraus rekombinante Antikörper beliebiger Spezifität isoliert werden und desto besser banden diese Antikörper an ihr Antigen. Die komplexesten bisher beschriebenen naiven Antikörper-Bibliotheken bestehen aus ursprünglich etwa 10^9 bis 10^{11} unabhängigen Transformanten. Alle diese Bibliotheken sind Phagemid-Bibliotheken. Die Komplexität liegt damit bereits nahe an der Zahl der handhabbaren Phagenpartikel. Pro Liter Übernachtkultur können etwa 10^{13} Phagemid-Partikel gewonnen werden. Schon in solch einer Bibliothek ist ein definierter Klon dann nur etwa 1 000-fach vertreten. Hinzu kommt, daß durch die Verpackung mit Wildtyp-Helferphagen ein Gemisch von Wildtyp-pIII Molekülen und Antikörper-pIII auf der Phagenoberfläche eingebaut wird. Dabei trägt nur jedes hundertste bis tausendste Phagenpartikel ein richtig gefaltetes Antikörperfragment auf seiner Oberfläche (Breitling und Dübel, unpubl.), so daß pro Liter Kulturmedium in einer so hoch komplexen Bibliothek sogar nur 1 bis 10 funktionelle Antikörper-Phagen einer bestimmten Spezifität gewonnen werden.

Diese geringe Zahl spezifischer Antikörperphagen bedeutet aber auch eine geringe Wahrscheinlichkeit, daß einer dieser Partikel tatsächlich an sein Antigen gebunden vorliegt, wie das folgende Rechenbeispiel verdeutlicht. Angenommen wird, daß ein Antikörperphage aus der Bibliothek an sein Antigen mit der Affinität von $10^7\,M^{-1}$ bindet. Die Konzentration des Antigens sei etwa $10^{-8}\,M$ (z. B.

zwei μg eines Proteins mit der Molekularmasse 200 000 Da in einem Milliliter). Eingesetzt in die Formel

Konz. des Antikörperphagen gebunden an sein Antigen (AB):
Konz. des ungebundenen Antikörperphagen (A) =
Affinitätskonstante × Konz. des Antigens (B)

ergibt das (AB) : (A) = (10^7 mol^{-1} l) (10^{-8} mol l^{-1}) = 10^{-1}, d. h. im gewählten Rechenbeispiel wird nur *einer von zehn* Phagen an sein Antigen gebunden vorliegen. Damit ist die Wahrscheinlichkeit gering, daß einer der wenigen ursprünglich eingesetzten Antikörperphagen die erste Selektionsrunde übersteht. Das Durchsuchen einer so hochkomplexen Bibliothek ist deshalb sehr aufwendig, da zumindest in der ersten Selektionsrunde entweder sehr große Mengen an Antikörperphagen oder an Antigen eingesetzt werden müssen.

Die zur Selektion, dem „Panning", verwendete Antigenmenge kann deshalb über den Erfolg des Screenings oder die Eigenschaften der selektierten Antikörper entscheiden. Im einfachsten Fall koppelt man große Mengen (über 20 μg) an die Plastikoberfläche, um trotz der geringen Zahl potentiell bindender Antikörperphagen das Reaktionsgleichgewicht auf Seiten des Bindungskomplexes zu bringen. Mit anderen Worten: Bei geringen Antigen-Konzentrationen läuft man Gefahr, vorhandene Antikörperphagen aus kinetischen Gründen zu verlieren. Diese Einschränkung erklärt auch, warum es trotz vieler Versuche anfangs nicht gelang, Phagenbibliotheken direkt auf Zelloberflächen zu selektieren. So gelang die erste Isolation von rekombinanten Antikörperfragmenten mit Hilfe der Phagenoberflächenexpression gegen Zelloberflächenantigene auf roten Blutkörperchen, deren Oberfläche eine sehr hohe Dichte der Antigene aufwies (Hughes-Jones et al., 1994).

Man kann sich diese Bedingungen aber auch zunutze machen: Durch eine Verringerung der Antigenkonzentration während des Screenings in einen Bereich hinein, in dem eine Kompetition der Phagenpartikel um die Antigene stattfinden kann, selektiert man auf diejenigen rekombinanten Antikörperfragmente mit der höchsten Affinität (Schier et al., 1996).

2.3.5.2 Nachweis spezifisch bindender Antikörper-Phagen

Ein erster Hinweis, ob aus der Antikörperbibliothek isolierte Antikörperfragmente tatsächlich spezifisch binden, ergibt sich aus der

Zahl der Phagenpartikel, die an dem immobilisierten Antigen „kleben" bleiben. Nimmt diese durch Titrierung bestimmbare Zahl mit den Selektionsrunden zu und bleiben an einem anderen Antigen sehr viel weniger Phagenpartikel „kleben", so ist dies ein gutes Zeichen für eine spezifische Bindung des Antikörper-Phagen an sein Antigen. Ein großer Vorteil dieser Methode ist dabei ihre ungeheure Empfindlichkeit. Ein Phagenpartikel, d. h. ein einziges „Molekül", führt zu einer sichtbaren antibiotikaresistenten Kolonie. In Abb. 2.12 ist eine typische Anreicherung gegen ein Antigen zu sehen.

Eine verläßlichere Aussage über die Spezifität eines angereicherten Phagen-Antikörpers ermöglicht der Phagen-ELISA. Hierbei wird, wie bei einem normalen ELISA auch, das Antigen auf einer Plastik-Oberfläche immobilisiert. Nach dem Absättigen unspezifischer Bindungen (Blocken) werden aus einem Gemisch oder von Einzelklonen abstammende Phagen-Antikörper zugegeben und nicht bindende Phagen weggewaschen. Die Phagen-Partikel wie-

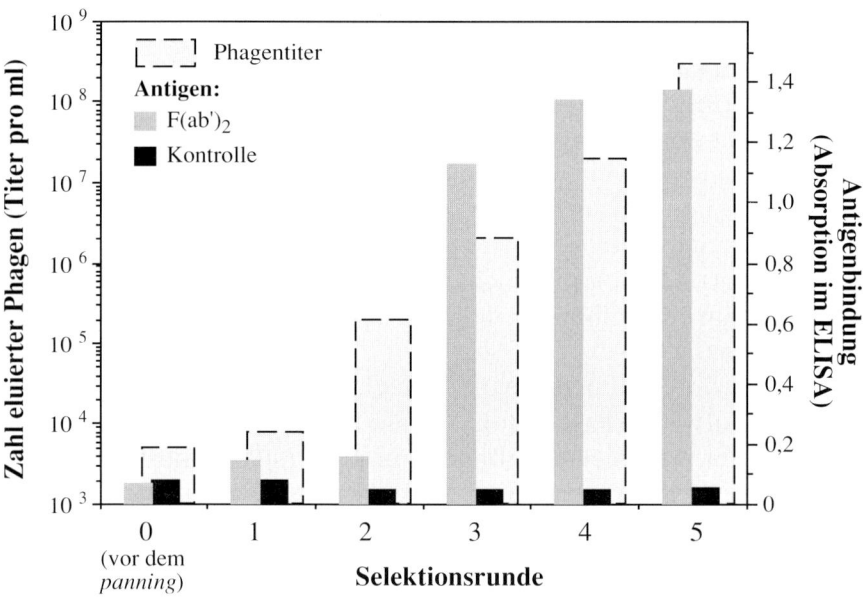

2.12 Die Anreicherung von Phagen-Antikörpern mit Hilfe von immobilisiertem Antigen. Gezeigt ist die Zunahme der an das Antigen gebundenen Zahl von Phagenpartikeln (Titer) mit jeder Wiederholung der Anreicherung, sowie die Zunahme der Antigenbindung der angereicherten Phagenpartikel-Fraktionen, gemessen im Phagen-ELISA. Beim Phagen-ELISA werden spezifisch bindende Antikörperphagen mit Hilfe von immobilisiertem Antigen nachgewiesen. Ein gegen das pVIII-Hüllprotein des Phagen gerichteter Antikörper erzeugt dann eine Farbreaktion. Nach M. Welschof und P. Terness, mit freundlicher Genehmigung.

derum können mit einem Serum gegen den Phagen nachgewiesen werden, wobei dessen Bindung zu einer Enzymreaktion und damit einer Farbreaktion führt. Noch spezifischer ist meist der Nachweis mit einem monoklonalen Antikörper gegen das pVIII der Phagenoberfläche (Micheel et al., 1994), der mittlerweile auch kommerziell erhältlich ist. Da das pVIII in Tausenden von Kopien vorliegt, erhält man damit eine beträchtliche Verstärkung des Signals. Die Empfindlichkeit dieses Phagen-ELISAs ist deshalb mit einer Nachweisgrenze von 10^6–10^7 Phagenpartikeln außerordentlich hoch. Neben einem ELISA können die Antikörperphagen auch für eine Reihe von anderen immunologischen Nachweisreaktionen verwendet werden, wie z. B. Immunoblot und Immunfluoreszenz.

Zur Kontrolle des Erfolgs einer Anreicherung kann zunächst mit Aliquots der gesamten Phagenpräparationen vor und nach jeder „panning"-Runde ein „polyklonaler" ELISA durchgeführt werden. Dadurch läßt sich bereits ohne Analyse von einzelnen Klonen feststellen, ob in dem Gemisch ein signifikanter Anteil spezifisch bindender Phagen vorliegt (Abb. 2.12). Erhält man ein deutliches Signal, werden 96 Einzelklone in einer hohen ELISA-Platte (1 ml/Vertiefung) kultiviert und durch Helferphagen-Zugabe wiederum Phagen-Antikörper hergestellt, die dann in eine zweite ELISA-Platte übertragen werden können, und auf Antigenbindung überprüft werden. Ausgewählte Klone werden dann zur Produktion größerer Mengen der rekombinanten Antikörperfragmente in Expressionsvektoren umkloniert. Eine detaillierte Anleitung für alle diese Experimente gibt Dörsam et al. (1997).

2.3.6 Oberflächenexpressionsvektoren ermöglichen die Herstellung humaner rekombinanter Antikörperfragmente

Eine wichtige Rolle spielen diese Selektionsmethoden bei der Entwicklung humaner Therapeutika, denn alternative Methoden, wie die bewährte Hybridomtechnologie, stehen für die Produktion menschlicher Antikörper nur in Ausnahmefällen zur Verfügung. Dies liegt daran, daß menschliche Hybridomzellen wesentlich instabiler als Maus-Linien sind – es ist nicht einfach, sie über längere Zeit in Kultur zu halten. Insbesondere für therapeutische Anwendungen aber sind menschliche Antikörper von großem Interesse, da sie vom menschlichen Immunsystem nicht als fremd erkannt werden sollten. Erst dies ermöglicht eine mehrfach wiederholte Anwendung als Therapeutikum, da ansonsten das menschliche Immunsystem die fremden Maus-Antikörper sehr schnell durch anti-Maus-Antikörper („HAMA"-Response) neutralisiert.

2.3.6.1 Rekombinante Antikörperfragmente können Viren neutralisieren

Für viele Viruserkrankungen gibt es bisher keine dem Penicillin vergleichbaren Antibiotika, die heutzutage den bakteriellen Infektionskrankheiten viel von ihrem Schrecken genommen haben. Der Mensch muß sich entweder rechtzeitig impfen lassen, wenn es eine solche Impfung denn gibt, oder er muß auf sein Immunsystem vertrauen. Letzteres kann besonders bei immunsupprimierten Menschen (z. B. Patienten mit AIDS oder einer Nierentransplantation) oder bei Neugeborenen schnell gefährlich werden. Besonders interessant für die Gentechnologen sind dabei Patienten, die eine virale Erkrankung bereits überstanden haben – in ihrem Blutserum lassen sich oft Antikörper nachweisen, die die Viren in Zellkultursystemen neutralisieren. Diese Antikörper sind von großem klinischen Interesse, denn sie könnten sich als wertvolle Therapeutika erweisen. Mit den in Kapitel 2.3.4 beschriebenen Suchsystemen lassen sie sich als rekombinante Antikörperfragmente gewinnen. Wieder benutzt man einen Oberflächenexpressionsvektor, in den diesmal die Antikörpergene eines Menschen mit erfolgreich überstandener Viruserkrankung einkloniert werden. Diejenigen rekombinanten Antikörper, die an Viruspartikel binden, können dann im Zellkultursystem auf ihre neutralisierende Wirkung untersucht werden – in einigen Fällen verhindern sie die Verschmelzung mehrerer infizierter Zellen miteinander, in anderen Fällen die Lyse. Mit einem kleinen Trick kann man dabei manchmal den Anteil der neutralisierenden rekombinanten Antikörper erhöhen. Bei der gerade beschriebenen Selektion der Phagenantikörper werden Antikörper (monoklonale Antikörper oder ein anderes Serum) mit hinzugegeben, die den Virus zwar binden, aber nicht neutralisieren. Damit werden für die Neutralisierung des Virus irrelevante Epitope abgedeckt und die Suche auf rekombinante Phagenantikörper fokussiert, die neutralisierende Epitope binden (Sanna et al., 1995). Mit dieser Methode wurden mittlerweise neutralisierende rekombinante Antikörper gegen eine Vielzahl von Viren aufgefunden (Williamson et al., 1993). Beispiele sind neutralisierende Antikörper gegen RSV, HSV Typ 1 und 2, CMV und HIV. Antikörperfragmente gegen HSV, RSV und HIV haben ihre neutralisierende Wirkung mittlerweile auch schon im Tiermodell bewiesen (Sanna et al., 1996; Parren et al., 1995; Crowe et al., 1994). Gegen einige weitere Viren (Rubella, Variecella zoster, Masern) existieren zwar rekombinante Antikörper, diese hatten aber entweder keine neutralisierende Wirkung in Zellkultur oder aber es existiert, wie bei Hepatitis B, bisher kein Zellkulturmodell (Zebedee et al., 1992).

Natürlich können rekombinante Antikörper nicht nur gegen Humanpathogene eingesetzt werden. Besonders interessant wäre auch die Bekämpfung von Pflanzenviren, denn transgene Nutzpflanzen, die ein neutralisierendes Antikörperfragment exprimieren, würden den Pflanzenvirus mit einer für ihn ungewohnten Situation konfrontieren – zum ersten Mal muß er sich mit einer Art spezifischem Immunsystem auseinandersetzen. Als erster Schritt in diese Richtung kann man die Herstellung einiger rekombinanter Antikörper ansehen, die gegen den *cucumber mosaic cucumovirus* gerichtet sind (Ziegler et al., 1995).

2.3.6.2 Rekombinante Antikörper gegen Autoantigene

Normalerweise zirkulieren nur wenige Plasmazellen im Blut, die Autoantiköper produzieren. Werden jedoch autoreaktive B-Lymphozyten aktiviert oder kommt es zur Bildung hochaffiner Autoantikörper, führt dies zu Autoimmunerkrankungen. Diese sind dadurch gekennzeichnet, daß das Immunsystem körpereigene Strukturen erkennt und angreift. Beispiele sind der juvenile Diabetes oder der Systemische Lupus Erythematosus, Erkrankungen, die oft tödlich verlaufen. Bei diesen Patienten, wie auch bei HIV-Infizierten, ist oftmals eine ganze Palette von Autoantikörpern im Blutserum nachweisbar. Dennoch ist es (bis auf Ausnahmen) erst mit den rekombinanten Methoden möglich, aus dem Blut dieser Patienten humane monoklonale Antikörperfragmente zu gewinnen. Aus den entsprechenden Patienten-Genbibliotheken wurde bereits eine Vielzahl von Autoantikörpern isoliert. Beispiele sind anti-Thyroglobulin-Antikörper oder anti-DNA-Antikörper (Hexham et al., 1994; Barbas et al. 1995), mit deren Hilfe vielleicht eines Tages die körpereigenen Strukturen vor dem Angriff des eigenen Immunsystems geschützt werden können.

In einigen Veröffentlichungen wurde gezeigt, daß es manchmal gar nicht nötig ist, auf die Antikörpergene von Autoimmunpatienten zurückzugreifen. Auch aus normalen universellen Antikörperbibliotheken konnten Autoantikörper isoliert werden, darunter rekombinante Antikörper gegen Integrine mit der erstaunlich hohen Affi-

nität von 10^{-10} M (Barbas et al., 1993). Vielleicht liegt der Grund für
diesen Erfolg in der zufälligen Neukombination der leichten und der
schweren Kette beim Bau dieser Antikörperbibliotheken. Im Gegensatz zum menschlichen Immunsystem, das solche „Selbst"-Anti-
körper in seiner Entwicklung aussortiert oder zumindest die Expression der Autoantikörper unterdrückt, können in Bakterien die
entsprechenden Autoantikörper produziert werden.

Es gibt aber auch Autoantikörper, die wichtige regulatorische
Funktionen in unserem Immunsystem ausüben. Als Beispiel soll ein
oligoklonaler anti-Ig-Antikörper dienen, den jeder Mensch besitzt.
Dieser Autoantikörper ist wahrscheinlich an der Regulation der B-
Zellantwort beteiligt (Süsal et al., 1992). Ein interessanter Befund
ergab sich bei Patienten mit autoimmunhämolytischer Anämie.
Große Mengen des anti-Ig-Antikörpers im Blutserum korrelieren
mit niedrigen Titern der pathogenen anti-Erythrocyten-Antikörper
und umgekehrt. Dies bedeutet wahrscheinlich, daß die autoreakti-
ven B-Lymphozyten durch den anti-Ig-Antikörper unterdrückt werden (Terness et al., 1995). Kürzlich wurde ein scFv-Fragment mit
diesen Bindeeigenschaften kloniert (Welschof et al., 1997a). Damit
besteht die Hoffnung, daß eines Tages ein Derivat dieses rekombinanten Antikörperfragments die Autoantikörperbildung bei Autoimmunerkrankungen vermindert, also als neuartiges Immunsup-
pressivum eingesetzt werden kann.

2.3.6.3 Therapeutisch interessante Antikörper

Ein besonderes Interesse besteht an tumorspezifischen Antikörpern
für die Krebstherapie. Einige solche Antikörper sind auch bereits
isoliert worden. Oft erkennen sie embryonale Antigene, die zumindest sehr viel häufiger auf den Tumorzellen exprimiert werden, als
auf normalem Gewebe. Einer dieser Antikörper erkennt das Car-
cino-Embryonale-Antigen (CEA). Das scFv-Fragment bindet sein
Antigen CEA mit besonders hoher Affinität (Chester et al., 1994).
Sicher wird dieses scFv-Fragment demnächst auf seine Eignung für
die Behandlung von Darmkrebs getestet. Aber auch Antikörper gegen Differenzierungsantigene wie CD19 (auf B-Lymphomas) können zur Tumorbekämpfung eingesetzt werden, da beispielsweise die
ausdifferenzierten B-Lymphozyten durch Stammzellen aus dem
Knochenmark wieder ersetzt werden können.

Ein weiterer Ansporn für die Suche nach tumorassoziierten Antigenen und den entsprechenden rekombinanten Antikörperfragmen-

ten beruht auf Therapieerfolgen beim Darmkrebs. Sie wurden mit Hilfe eines unkonjugierten monoklonalen Maus-Antikörpers erreicht (Holz et al., 1996). Auch einige rekombinante, humanisierte Antikörper befinden sich bereits in klinischen Tests. Ein Beispiel dafür ist der humanisierte anti-TAC-Antikörper (CAMPATH-1H), der zur Bekämpfung von T-Zell-Leukämien eingesetzt wird (Hale et al., 1988). Andere rekombinante Antikörper werden in Tiermodellen auf ihre Wirksamkeit getestet (Tsunenari et al., 1996), weitere Beispiele werden in Kapitel 3 besprochen. Aber auch andere therapeutisch wünschenswerte Effekte lassen sich mit Hilfe von rekombinanten Antikörpern vermitteln, z. B. können sie als Antagonisten für Rezeptoren eingesetzt werden, deren Aktivierung man kontrollieren möchte. Ein Beispiel ist ein scFv-Fragment, das die Cytotoxizität von Tumor-Nekrosefaktor (TNF) unterdrücken kann (Moosmayer et al., 1995).

2.3.7 Die Antigen-spezifische Infektion von Bakterien

Eine sehr elegante Verbesserung des Selektionssystems würde eine antigenspezifische Infektion bedeuten. In einem solchen System müßte das Überleben des Phagen davon abhängen, daß er mit Hilfe seines Antikörperanteils Bakterien infizieren kann. Dies kann erreicht werden, indem das pIII-Molekül auf der Phagenoberfläche in zwei Teile zerlegt wird. Der Teil, der die F-Pili bindet, wird in löslicher Form produziert und an das Antigen gekoppelt. Der Teil, der im Phagenpartikel verankert ist, wird an das rekombinante Antikörperfragment fusioniert. Nur bei Bindung des rekombinanten Antikörperfragments an das Antigen wird ein komplettes pIII wiederhergestellt (Abb. 2.13b) und nur dann kann das Phagenpartikel sein Wirtsbakterium infizieren. Dies ist gelungen (Krebber et al., 1995; Duenas und Borrebaeck, 1994), allerdings mit sehr geringer Effizienz. Diese geringe Effizienz beruht auf mehreren Faktoren. Erstens müssen hierbei drei verschiedene Reaktionspartner zusammenfinden. Dies bedeutet bei den oben geschilderten Molaritäten in komplexen Bibliotheken, daß sich die Bindepartner nur sehr selten treffen. Zweitens besitzt pIII eine extrem hohe Affinität für die F-Pili. Deshalb kann das lösliche pIII nur in sehr geringen Mengen eingesetzt werden, da es sonst sofort alle F-Pili absättigt. Diese werden anschließend offenbar von den Bakterien zurückgezogen – eine sehr effiziente Form von kompetitiver Inhibition. Dies wiederum bedeutet, daß nur sehr geringe Konzentrationen beider Bindungspartner eingesetzt werden können, d. h. Infektionsereignisse sind selten. Zum Screenen hochkomplexer Bibliotheken dürfte diese Methode also nicht geeignet sein. Sie könnte sich aber als ein gutes System zur Verbesserung der Affinität von rekombinanten Antikörperfragmenten erweisen, da die Zahl der Infektionsereignisse direkt proportional zur Affinität ist.

Eine Überwindung der oben genannten Beschränkungen könnte durch direkte Fusion des Antigens mit Proteinen des F-Pilus erreicht werden (Rondot et al., 1997). In diesem Fall sind nur zwei Bindepartner nötig, und eine Kompetition durch lösliches pIII findet nicht statt, da das System keines benötigen würde (Abb. 2.13c).

2.3.8 Andere prokaryontische Oberflächenexpressions- vektoren

Auch andere Expressionsvektoren wurden entwickelt, die die gewünschte Verknüpfung einer definierten Antikörperspezifität mit seinem Gen in einem physischen Partikel gewährleisten. So kann das Antikörperfragment an der Zellwand von *E. coli* verankert werden (Fuchs et al., 1991). Analog zum B-Lymphozyt befindet sich der Antikörper auf der Oberfläche des Bakteriums, das im Inneren das Gen für diesen Antikörper trägt. Ein antikörperpräsentierendes Bakterium kann dann mit Fluoreszenzfarbstoff markiertem Antigen gefärbt werden und anschließend mit Hilfe eines fluoreszenzabhängigen Zellseparators (= FACS, engl. *fluorescence activated cell sorter*) von den nichtleuchtenden Bakterien abgetrennt werden (Francisco et al., 1993; Fuchs et al., 1996).

Neben den bakteriellen Oberflächen xpressionsvektoren gibt es auch noch einige weitere Phagen-Hüllproteine, die als Anker für rekombinante Proteine dienen. Bei den filamentösen Phagen sind bisher neben dem oben besprochenen pIII die Hüllproteine pVI und pVIII als Fusionsanker für fremde Peptide verwendet worden. Das pVIII-Molekül kommt in einigen tausend Kopien auf der Phagenoberfläche vor, während von pIII und auch von pVI jeweils nur fünf Vertreter auf der Phagenoberfläche zu finden sind. Für die Verankerung von Antikörperfragmenten ist pVIII jedoch ungeeignet. Es existieren trotz der intensiv betriebenen Phagengenetik bisher keine Mutationen von pVIII, die zu lebensfähigen Phagenpartikeln führen. Dies bedeutet, daß pVIII-Fusionen nur als Gemisch mit Wildtyp-pVIII eingesetzt werden können. Dadurch ist nicht kontrol-

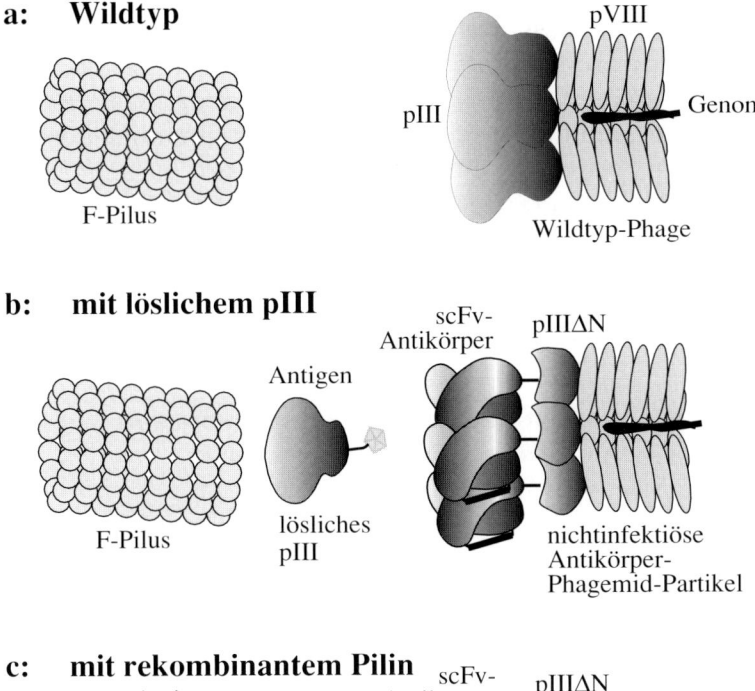

a: Wildtyp

F-Pilus

pVIII

pIII

Genom

Wildtyp-Phage

b: mit löslichem pIII

F-Pilus

Antigen

lösliches pIII

scFv-Antikörper

pIIIΔN

nichtinfektiöse Antikörper-Phagemid-Partikel

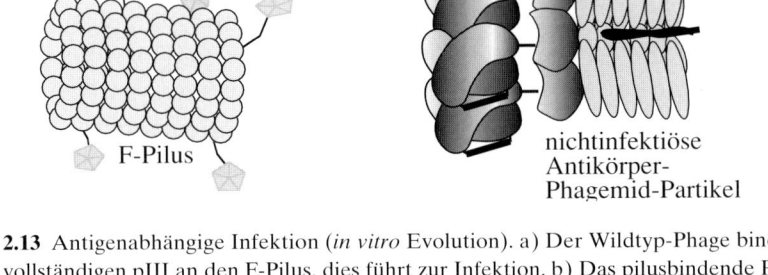

c: mit rekombinantem Pilin

Antigen

F-Pilus

scFv-Antikörper

pIIIΔN

nichtinfektiöse Antikörper-Phagemid-Partikel

2.13 Antigenabhängige Infektion (*in vitro* Evolution). a) Der Wildtyp-Phage bindet mit dem vollständigen pIII an den F-Pilus, dies führt zur Infektion. b) Das pilusbindende Phagenoberflächenprotein pIII wird durch die Deletion des Carboxyterminus in löslicher Form produziert (ΔCpIII) und mit Antigen verknüpft. Es vermittelt so die Bindung zwischen Pilus und Phagen-Antikörper. Nur spezifisch an das Antigen bindende Antikörperphagen können das Bakterium infizieren. c) Wird das Antigen direkt in die Pili eingebaut, kann auf das ΔCpIII verzichtet werden. Voraussetzung für (b) und (c) ist die Herstellung von Phagemid-Partikeln, die keine Wildtyp-Infektivität mehr besitzen. Dies wird durch die Verwendung von pIII ohne Aminoterminus (Antikörper-ΔNpIII-Fusionen) gewährleistet.

lierbar, ob und in welchem Maße das pVIII-Antikörper-Fusionsprotein in die Phagenpartikel eingebaut wird (Kang et al., 1991). An das Hüllprotein pVI der filamentösen Phagen sind bisher nur Peptide

fusioniert worden (Jespers et al., 1995), das Potential dieses Systems
für das Screening von Antikörperbibliotheken muß noch untersucht
werden. Kürzlich wurde auch ein auf dem T7-Phagen basierender
Oberflächenexpressionsvektor beschrieben (Rosenberg et al., 1996).
Für Antikörperfragmente ist dieses System wahrscheinlich deswegen nicht geeignet, weil die T7-Phagen im Cytoplasma zusammenge-
baut werden. Dies ist das falsche Kompartiment für den Bau von
Antikörperfragmenten, da sich dort aufgrund der reduzierenden Bedingungen die für die Antikörperfaltung wichtigen Disulfidbrücken
nicht im ausreichenden Maße ausbilden können.

2.3.9 Antikörper können auch auf der Oberfläche von eukaryontischen Viren verankert werden

Antikörper können auch auf der Oberfläche rekombinanter eukaryontischer Viren exprimiert werden. Oft geschieht dies mit dem
Ziel, ein spezifisches Vehikel für die somatische Gentherapie zu konstruieren. Der Antikörper soll dabei die Spezifität liefern, die es erlaubt, damit nur bestimmte Zellen zu transformieren (Russell et al.,
1993). Auch für das Screening einer Antikörperbibliothek wurden bereits eukaryontische Viren verwendet. Eine Bibliothek aus der Milz
immunisierter Mäuse wurde in Baculoviren eingesetzt. Aus dieser Bibliothek gelang die Isolation von Anti-Tetanus-Toxoid-Antikörper-
fragmenten (Ward et al., 1995). Der Vorteil der eukaryontischen Systeme liegt vor allem im Vorhandensein eines Faltungsapparats, der
für die funktionale Expression von Antikörperfragmenten sehr viel
geeigneter ist als das Periplasma von *E. coli*. Damit sollten aus solchen
Systemen auch Antikörper gewonnen werden können, die im Bakterium nur in unlöslicher Form produziert werden können. Ein metho-
discher Nachteil von eukaryontischen Systemen ist allerdings im Moment noch die beschränkte Zahl von Transformanten, die erreicht
werden kann, und die noch nicht den Einsatz hochkomplexer Antikörper-Genbibliotheken erlaubt. So enthielt die oben erwähnte Bibliothek nur 2×10^4 unabhängige Klone. Zudem sind die Kosten und
die experimentellen Anforderungen an die Sterilität höher als bei
bakteriellen Systemen. Die Anwendungen dieser Systeme dürften
deshalb auf sehr spezifische Fragestellungen beschränkt bleiben, bei
denen ein Einsatz von Bakterien nicht möglich ist.

2.4 Antikörper-Engineering

2.4.1 Warum Antikörper-Engineering?

Die beiden ersten Kapitel behandelten den Aufbau von Antikörperbibliotheken und Suchsystemen dafür. Im folgenden Kapitel geht es
im weitesten Sinne um die Verbesserung des Antikörpers. Verbesserung kann dabei die Spezifität, die Affinität, aber auch die Produzierbarkeit in heterologen Organismen wie *E. coli* betreffen. Es kann
auch bedeuten, daß die Spezifität eines Antikörpers auf mehrere An-
tigenvarianten ausgeweitet wird. Umgekehrt kann es hilfreich sein,
wenn z. B. bei einem tumorspezifischen Antikörper die Spezifität eingeengt wird und damit weniger gesundes Gewebe aufgrund dieses
Antikörpers zerstört wird. Für viele Anwendungen reicht es nicht
aus, nur die Affinität des Antikörpers zu verbessern. Für einige Anwendungen benötigt man besonders kleine Antikörperfragmente,
muß Maus-Antikörper in menschliche umwandeln, oder die Fal-
tungs- oder Proteasestabilität eines Antikörperfragments erhöhen.

Ein Beispiel soll dies verdeutlichen. Ausgangspunkt sei ein monoklonaler Maus-Antikörper, der spezifisch an einen soliden Tumor
bindet. Dies wäre ein idealer Kandidat für eine hochspezifische
Tumortherapie, wenn der Antikörper z. B. als Gifttransporter
(Immuntoxin) eingesetzt wird. Der komplette Antikörper erfüllt jedoch oft die in ihn gesetzten Hoffnungen nicht, da er zu groß ist und
deshalb nicht weit genug ins Tumorinnere diffundieren kann. Also
muß er verkleinert werden. Der beste Kandidat wäre das kleinste
Antikörperfragment, das noch an das Antigen binden kann, also das
Fv-Fragment dieses Antikörpers. Das Fv-Fragment jedoch ist nicht
stabil genug. Der Antikörpertransporter mit seiner Giftfracht würde
auseinanderbrechen, bevor er seine todbringende Fracht im Tumor
abladen kann. Es muß also erst stabilisiert werden. Auch sollte die
Affinität des Antikörpers möglichst hoch sein, denn je besser die
Antikörper ihr Antigen, den Tumor, erkennen, um so weniger Ge-
fahrguttransporte irren durch den menschlichen Körper und um so
mehr von ihnen gelangen an ihr Ziel. Aber auch das hilft alles nichts,
wenn das Immunsystem des Patienten beschließt, diesen Maus-Antikörper als fremd zu erkennen, denn nach wenigen Tagen verlegen
ihm dann menschliche anti-Maus-Antikörper den Weg zu seinem
Ziel, dem Tumor. Zur Lösung dieser Probleme schuf die Gentechnologie die technischen Voraussetzungen, da es damit möglich ist, Anti-

körpergene zu verändern und auf gewünschte Eigenschaften hin zu selektionieren. Heute erlaubt eine Vielzahl von Plasmidvektoren die Expression von Antikörpergenen in den unterschiedlichsten Zellinien. Ein großer Durchbruch war dabei sicherlich die erstmalige Produktion größerer Mengen funktionsfähiger Antikörperfragmente in *E. coli*, denn für diesen Organismus stehen mittlerweile ausgefeilte Techniken bereit, mit deren Hilfe nach Antikörperfragmenten mit vollkommen neuen Eigenschaften gesucht werden kann (Skerra und Plückthun, 1988; Better et al., 1988).

2.4.2 Maus-Mensch-Chimären

Eine Vielzahl von potentiell therapeutisch interessanten Hybridomantikörpern aus der Maus ist bereits vorhanden. Ein Problem bei ihrer therapeutischen Verwendung ist jedoch ihre Herkunft aus der Maus, denn Proteine aus einer fremden Spezies werden vom menschlichen Immunsystem als fremd erkannt (Courtenay Luck et al., 1986; Lamers et al., 1995). Das gilt auch für Antikörper aus der Maus. Es kommt zur Bildung der sogenannten „HAMA"-Immunantwort (humane anti-Maus-Antikörper). Diese innerhalb weniger Tage vom menschlichen Immunsystem gebildeten Antikörper neutralisieren in der Regel den therapeutisch eingesetzten Maus-Antikörper und machen ihn damit unwirksam (Abb. 2.14). Eine wiederholte Therapie ist dadurch nur sehr eingeschränkt möglich.

Die große Mehrzahl der HAMA-Antikörper sind gegen den konstanten Teil der Antikörper gerichtet. Dies gab den Ansporn zur Herstellung von *Antikörperchimären*. In Anlehnung an die griechische Mythologie sind dies Antikörpergene, die aus zwei unterschiedlichen Lebewesen zusammengemischt werden: Eine variable Maus-Antikörperdomäne wird gefolgt von den konstanten Antikörperdomänen aus dem Menschen (Review: Wright et al., 1992). Dazu wird zunächst ein menschliches Antikörpergen in einen Klonierungsvektor gesetzt. Die einzelnen Antikörperdomänen bilden kompakte Faltungseinheiten, die durch einen Peptidstrang untereinander verbunden sind. Beim Austausch ganzer Antikörperdomänen ist somit die Chance einer Störung der Antikörperfunktion am geringsten. Mit der Erfindung der Polymerase-Kettenreaktion ist es heutzutage kein Problem mehr, chimäre cDNAs herzustellen, da auf die Base genaue Klonierungen mit dieser Technik wesentlich vereinfacht werden. Die resultierenden „chimären" Antikörper

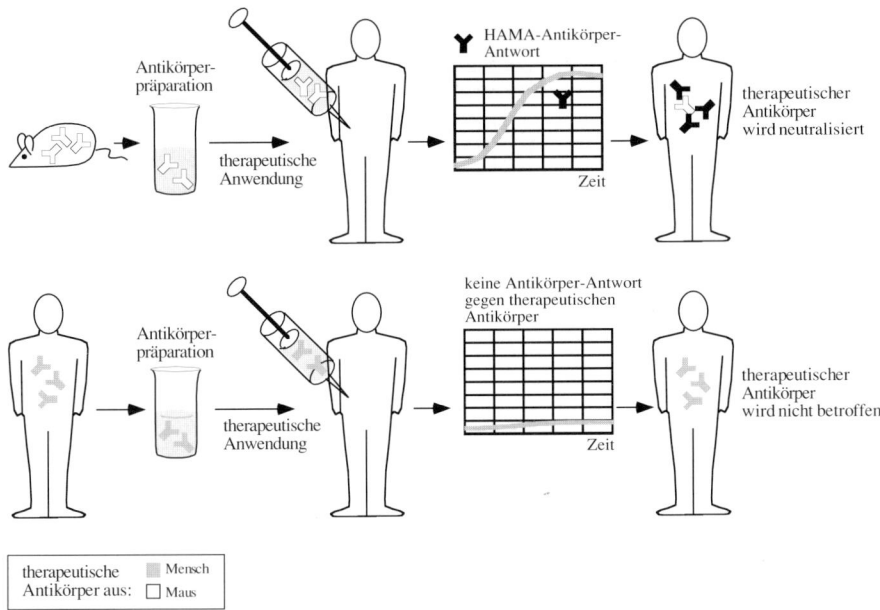

2.14 HAMA (Humane anti-Maus-Antikörper) werden vom menschlichen Immunsystem als Antwort gegen therapeutische oder diagnostische Maus-Antikörper gebildet. Nach wenigen Tagen wird deshalb der Maus-Antikörper neutralisiert und dadurch unwirksam. Die Verwendung menschlicher Antikörper für therapeutische oder diagnostische Zwecke reduziert diese Immunantwort drastisch.

(Abb. 2.15) binden immer noch spezifisch an das Antigen, die HAMA-Antwort ist allerdings deutlich herabgesetzt. Da nun die konstanten Domänen aus dem Menschen stammen, aktivieren diese chimären Antikörper auch einige Helferfunktionen des menschlichen Immunsystems, wie die antikörperabhängige zelluläre Zytotoxizität (ADCC), deutlich besser. Dies ist ein weiterer Grund, warum sich einige solcher humanisierten Antikörper bereits in klinischen Versuchen befinden (Review Winter und Harris, 1993).

2.4.3 Die Gerüstregionen der variablen Domänen von Maus-Antikörpern können humanisiert werden

Die im vorherigen Absatz beschriebene *Humanisierung* von Antikörpern vermindert die HAMA-Immunantwort zwar stark, einige HAMA-Antikörper werden aber auch gegen den verbliebenen

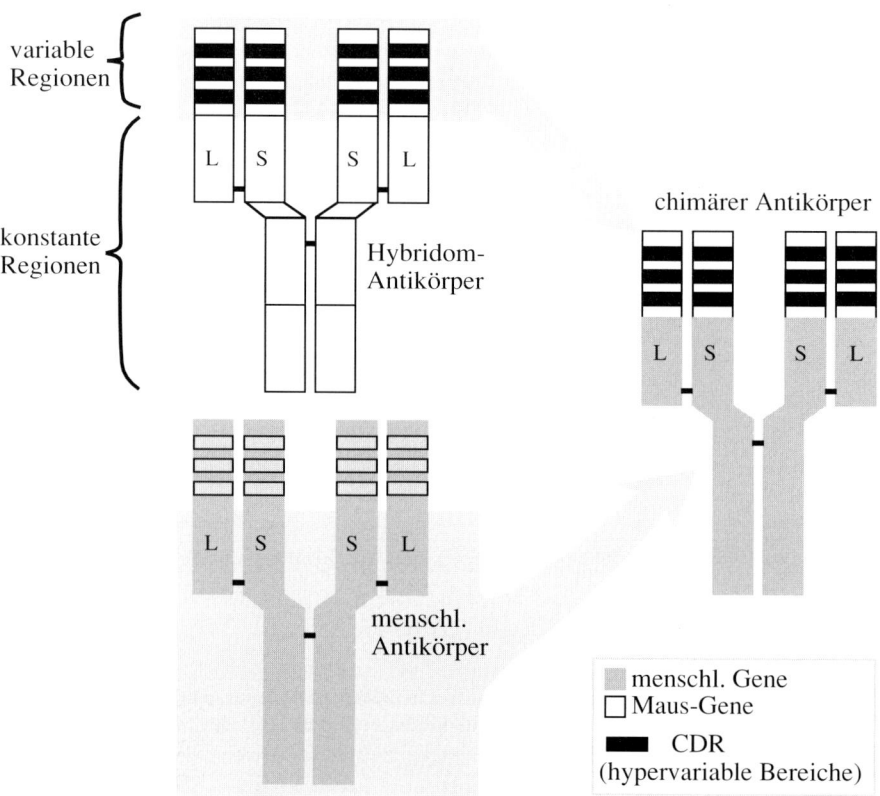

variable Regionen

konstante Regionen

L S   S L   Hybridom-Antikörper

chimärer Antikörper

L S   S L

L S   S L   menschl. Antikörper

menschl. Gene
Maus-Gene
CDR (hypervariable Bereiche)

2.15 Durch den Austausch der variablen Domänen entstehen chimäre Antikörpergene – eine Mixtur der Gene zweier unterschiedlicher Lebewesen. Damit kann der konstante (größere) Teil bereits vorhandener, klinisch interessanter Maus-Antikörper humanisiert und damit für das menschliche Immunsystem unsichtbar gemacht werden. So kann der Großteil der HAMA-Antikörper (s. Abb. 2.14) vermieden werden.

Mausanteil gebildet: die variablen Domänen. Diese wiederum gliedern sich in die hypervariablen Regionen (auch CDRs genannt, engl. *complementarity determining regions*) und die Gerüstregionen, die weniger variabel sind (vgl. Kap. 1). Verglichen mit den hypervariablen Bereichen sind die Gerüstanteile in den variablen Domänen konserviert. Es gibt eine begrenzte Zahl von Gerüstbereichen, die von einer Familie von nah verwandten Genen codiert werden. Dies führte zu der Idee, die hypervariablen Bereiche eines Maus-Antikörpers auf einen verwandten menschlichen Gerüstbereich zu übertragen, eine „CDR-Verpflanzung" (engl. CDR-*grafting*) durchzuführen (Abb. 2.16). Die ersten Versuche dieser Art führten zu Antikörpern, deren Affinität für das Antigen deutlich geringer war

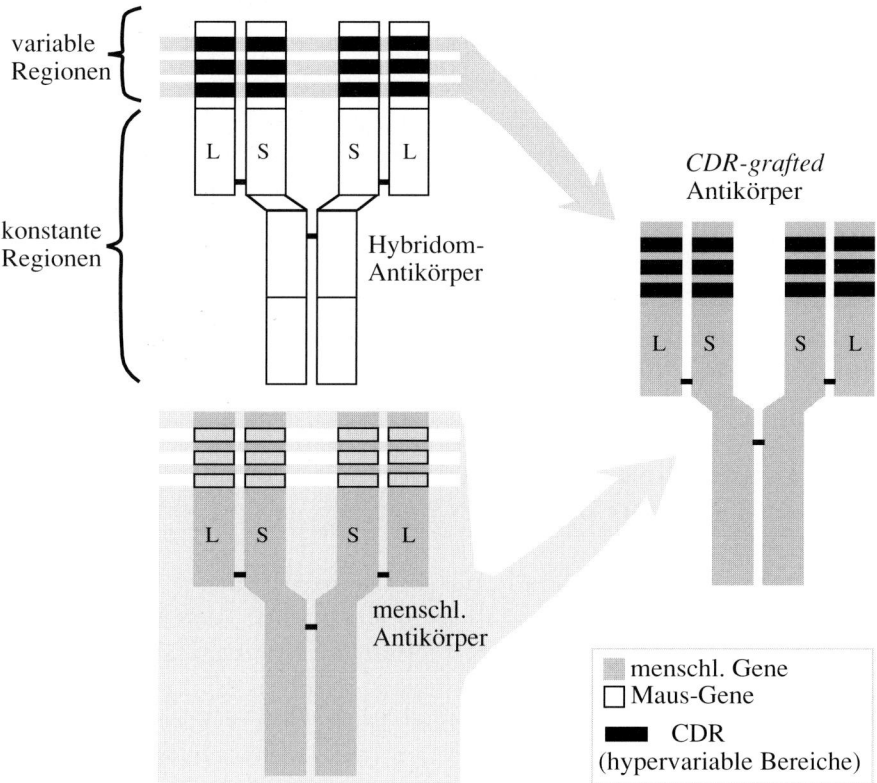

2.16 Durch das Verpflanzen der hypervariablen Bereiche aus einem Maus-Antikörper in einen menschlichen Antikörper entstehen vollständig humanisierte Antikörper. Abgesehen von den hypervariablen Bereichen enthalten diese Antikörper nichts mehr, was das menschliche Immunsystem als „fremd" erkennen könnte.

als die ihres Vorfahren, des Maus-Antikörpers. Doch mit dem rapide zunehmenden Wissen über die dreidimensionale Struktur vieler unterschiedlicher Antikörper verbesserten sich auch die Ergebnisse des CDR-Austauschs. Es gibt mittlerweile einige vollständig humanisierte Antikörper, deren Affinität sich von dem parentalen Maus-Antikörper kaum mehr unterscheidet (Foote und Winter, 1992; Riechmann et al., 1988; Studnicka et al., 1994). Bei einem therapeutischen Einsatz solcher Antikörper im Menschen sollte die HAMA jetzt keine Rolle mehr spielen.

Diese Versuche brachten auch einige grundlegende Erkenntnisse über die Wichtigkeit bestimmter Aminosäuren in den variablen Domänen der Antikörper. So weiß man heute, daß einige Aminosäurenpaare für die Stabilität und die richtige Faltung der variablen

Domänen unersetzlich sind. Die schweren variablen Domänen der Subgruppe III benötigen beispielsweise für das Glycin an der Position 9 ein Phenylalanin an der Position 67 als Partner. In den anderen Subgruppen korrelieren die Aminosäuren Prolin, Alanin oder Serin an der Position 9 mit einer nicht aromatischen Aminosäure an der Position 67 (Saul et al., 1993). Die Größe der Aminosäure an Position 71 bestimmt, welche von fünf verschiedenen Konformationen die CDR II der VH-Domäne einnimmt (Tramontano et al., 1990). Einige andere Aminosäuren verankern die hypervariablen Bereiche in den Gerüstregionen – diese Aminosäuren dürfen bei einer Humanisierung des Antikörpers nicht geändert werden.

2.4.4 Die dreidimensionale Struktur von Antikörpern kann am Computer modelliert werden

Unverzichtbar für die gerade beschriebene Methode war das Vorhandensein von Röntgenkristalldaten, die genaue Aussagen über die dreidimensionale Struktur ermöglichten. Mittlerweile sind viele unterschiedliche Antikörper kristallisiert (Braden et al., 1995). Beim Überlagern der alpha-C-Atome, d. h. des Rückgrats der Antikörperstruktur, sah man bald, daß sich die Gerüstregionen nach wenigen, untereinander sehr ähnlichen Modellen falten. Überraschenderweise gilt dasselbe auch für die meisten CDRs, man kann sie ebenfalls entsprechend solcher *canonical structures* einordnen (Chothia et al., 1992). Nur für die vom dritten hypervariablen Bereich der VH-Domäne codierte Aminosäurenschleife konnte bisher keine Konsensusstruktur definiert werden. Die vom ersten hypervariablen Bereich der VH-Domäne codierte Schleife faltet sich in eine von drei möglichen Konsensusstrukturen, während der zweite hypervariable Bereich eine von fünf verschiedenen Konsensusstrukturen codiert. Die Kombination dieser Konsensusstrukturen ergäbe 15 verschiedene Raumstrukturen allein für die Anordnung der beiden ersten hypervariablen Schleifen der VH-Domäne. Tatsächlich wurden bisher aber nur sieben dieser Kombinationen aufgefunden. Dies liegt vielleicht daran, daß sich die anderen Kombinationen sterisch behindern. Vielleicht ist es aber auch gar nicht nötig, alle Möglichkeiten auszuschöpfen – der Evolution genügten die verwendeten Strukturen für den Aufbau der Antikörpervielfalt. Kürzlich folgte eine Untersuchung, die auch noch die bekannten räumlichen Konsensusstrukturen der drei CDRs der leichten variablen Domäne mit einbezog. Basis waren dabei 381 bekannte Antikörpersequenzen. Von den 300 möglichen Konsensusstrukturen wurden nur 29 aufgefunden. Dabei konnte der Großteil (87 %) der untersuchten Antikörper sogar nur einer aus zehn dieser 29 Konsensusstrukturen zugeordnet werden (Vargas-Madrazo et al., 1995).

Dies macht die Antikörper zu idealen Kandidaten für das Verständnis der Prinzipien der Proteinfaltung, denn eine begrenzte Zahl von Konsensusstrukturen vereinfacht die Strukturvorhersage. Schon immer war es ein Traum vieler Molekularbiologen, aus der Proteinsequenz die dreidimensionale Struktur (und Funktion) des Proteins vorhersagen zu können. Die hypervariablen Regionen bieten ein Modellsystem, bei dem sich Strukturvorhersagen relativ leicht experimentell überprüfen lassen. Mittlerweile gibt es Computerprogramme, die ihre Treffergenauigkeit bei der Vorhersage der Faltung der verschiedenen hypervariablen Bereiche unter Beweis gestellt haben (Roberts et al., 1994; zugänglich über die WWW-Seite http://www.biochem.ucl.ac.uk/~martin/antibodies.html). Die erste publizierte Strukturvorhersage beispielsweise sagte die Struktur des Gerüstbereichs von vier der sechs hypervariablen Bereiche richtig voraus (Chothia et al., 1986).

Viele erfolgreiche Experimente basieren mittlerweile auf Antikörpermodellen aus dem Computer. Mit ihrer Hilfe wurden beispielsweise Fv-Fragmente durch zusätzliche Disulfidbrücken stabilisiert (Brinkmann et al., 1993; siehe auch Abschnitt 3.2). Oft zeigt sich der Wert der Computermodelle im Zusammenspiel mit experimentell ermittelten Daten über die 3D-Struktur. So kann man mit Hilfe von NMR die Aminosäuren des Fv-Fragments identifizieren, die an der Antigenbindung beteiligt sind, denn die Bindung an das Antigen vermindert spezifisch die Freiheitsgrade der an dieser Bindung beteiligten Aminosäuren. Mit diesem Wissen wurde dann ein Computermodell eines an sein Antigen Phenyloxazolon gebundenen scFv-Fragments erstellt. Aufgrund dieser Strukturvorhersage wurde dann eine einzelne Aminosäure geändert und damit die Affinität dieses scFv-Fragments um das dreifache erhöht (Riechmann et al., 1992). Dieses rationale Design könnte sich in der Zukunft als sehr wertvoll erweisen, wenn es darum geht, die Spezifität oder Affinität eines Fv-Fragments zu verbessern.

Der umfassendste Ansatz in dieser Richtung ist die *de novo*-Modellierung einer kompletten Antigenbindungsstelle am Computer. Schiweck und Skerra (1997) konstruierten einen Antikörper gegen Cystatin nur aufgrund von Kristallstrukturdaten. Dieser Ansatz erforderte mehrere Schritte der Annäherung an die gewünschte Struktur, die jeweils durch Kristallisation des Antikörper-Antigen-Komplexes überprüft wurden. Mit dem dabei gewonnenen Wissen ist es in Zukunft vielleicht möglich, auch Antikörper gegen Antigene zu designen, die auf „natürlichem" Wege nicht zu erhalten sind, z. B. wenn das Antigen hochgiftig ist. Computer-Modelling wird deshalb in Zukunft möglicherweise als Alternative zum Screening von Oberflächenexpressionsbibliotheken zur Verfügung stehen. Trotzdem ist man noch weit davon entfernt, die Bindungsaffinität eines Antikörpers an sein Antigen vorhersagen zu können, da geringste Abweichungen in der Strukturvorhersage große Unterschiede in der Bindung an das Antigen bewirken können. Darüber hinaus können Probleme mit der Expression in *E. coli* solche Designvorhaben stark verzögern.

2.4.5 Effiziente Suchsysteme helfen bei der Humanisierung von Antikörpern durch *chain shuffling*

Der im vorigen Kapitel beschriebene Ansatz setzt ein großes Wissen über die dreidimensionale Struktur der Antikörper voraus. Nicht ganz so offensichtlich ist, daß dabei auch viel Wissen über die Dynamik der Proteinfaltung notwendig ist. Oft genug scheitert daher dieses rationale Design, der Antikörper ist zwar humanisiert, wird aber nicht mehr richtig gefaltet oder bindet nicht mehr an sein Antigen. Eine alternative Humanisierungsstrategie bieten die in Abschnitt 2.3 vorgestellten effizienten Suchsysteme. Sie ermöglichen einen evolutiven Ansatz, bei dem aus vielen verschiedenen Möglichkeiten ein funktionierender Antikörper ausgewählt wird. Zunächst wird der Maus-Antikörper als Fv- oder Fab-Fragment in Phagenselektionsvektoren exprimiert. Das Gen für die leichte Kette (und in einem parallelen Ansatz dazu das Gen der schweren Kette) wird im nächsten Schritt gegen eine Bibliothek menschlicher Antikörpergene ausgetauscht. Dann wird nach Phagenantikörpern gesucht, die wieder an das Antigen binden können (Abb. 2.17). Diese Methode nennt man *chain shuffling*. Setzt man die so gefundenen menschlichen Antikörpergene für die leichte und schwere Kette zusammen, oder führt man diesen Vorgang nacheinander für beide V-Regionen durch, so erhält man einen humanisierten Antikörper, der dasselbe Epitop binden sollte, wie der Maus-Antikörper, von dem er abstammt (Jespers et al., 1994).

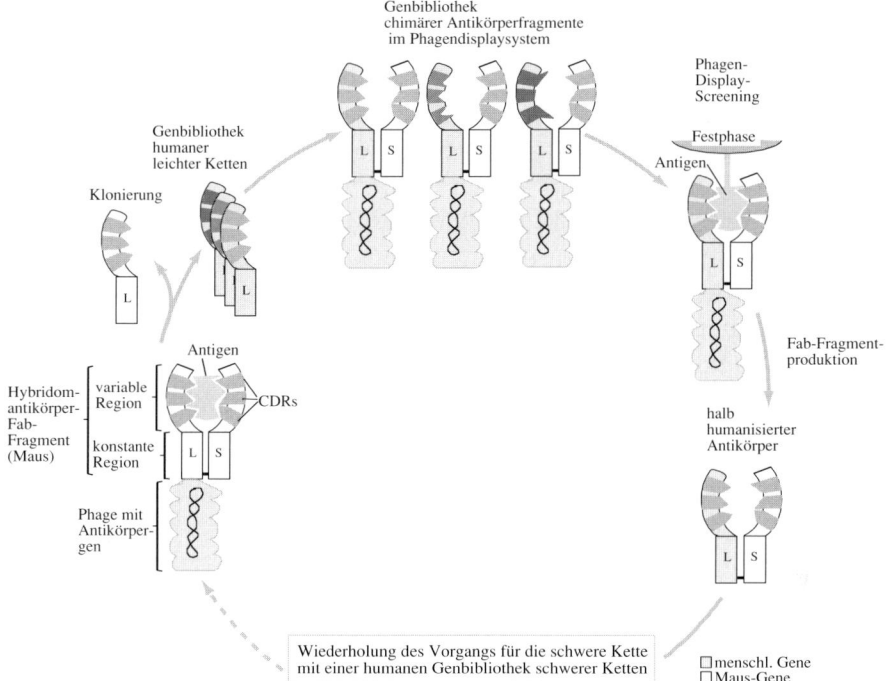

2.17 Humanisierung von Antikörpern durch *chain shuffling*. Mit Hilfe eines Oberflächenex-pressionssystems können Millionen von Phagenantikörpern gleichzeitig auf Antigenbindung untersucht werden. Wird eine bekannte V-Region des Antikörpers konstant gehalten, so wird die Suche nach humanisierten Antikörpern auf das ursprüngliche Epitop fokussiert. In der Ab-bildung ist die Humanisierung am Beispiel der leichten Kette eines Fab-Fragments gezeigt. Analog zur Humanisierung der leichten Kette kann auch die schwere Kette humanisiert wer-den. Die Kombination beider Ketten führt dann zu einem vollständig humanen Fab-Fragment.

2.4.5.1 Maus-Antikörper fokussieren die Suche nach humanisierten Antikörpern auf das ursprüngliche Epitop beim *chain shuffling*

Eine interessante Variante dieser Humanisierungsstrategie ist das *chain shuffling* auf Proteinebene. Ausgangspunkt sind Bibliotheken menschlicher Phagenantikörper, die diesmal keine vollständigen Fab-Fragmente auf ihrer Oberfläche tragen, sondern nur den von der schweren Kette codierten Teil des Fab-Fragments. Bei diesem Ansatz wird dann statt des Gens das *Protein* des Maus-Hybridom-Antikörpers verwendet, um sein menschliches Pendant aufzufinden. Zunächst wird dazu der Hybridom-Antikörper reduziert. Dadurch löst sich die Disulfidbrücke auf, die die Verbindung zwischen der leichten und der schweren Kette stabilisiert (siehe Abb. 2.18). Anschließend wird die leichte Kette mit den Phagen der menschlichen Teilbibliothek vermischt. Unter oxidierenden Bedingungen bildet sich eine Vielzahl von neu kombinierten Fab-Molekülen, die alle auf der Oberfläche eines Phagen präsentiert werden. Aus diesen Kombinationen sucht man sich die Phagen heraus, die an dasselbe Antigen binden wie der Maus-Antikörper und mit diesen hat man das menschliche Gen für eine schwere Kette in der Hand. Im nächsten Schritt kombiniert man diese schwere Kette mit einer Teilbibliothek von menschlichen leichten Ketten und erhält somit ein vollständig humanisiertes Fab-Fragment (Figini et al., 1994). Der Vorteil dieser Strategie liegt darin, daß es nicht nötig ist, zuerst einen rekombinanten Maus-Antikörper herzustellen und in Bakterien zu exprimieren. Anstelle des mühsamen Umbaus des Hybridom-Antikör-

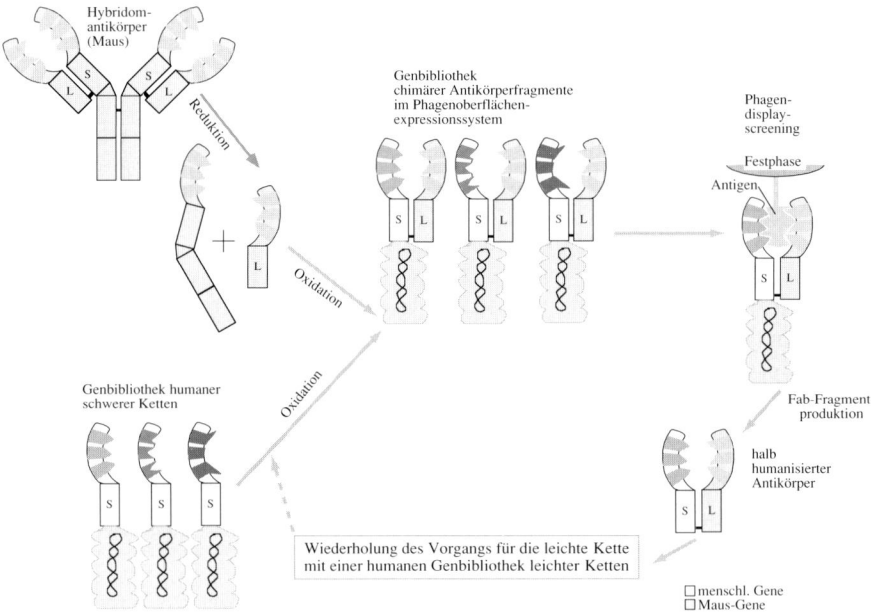

2.18 Humanisierung durch *chain shuffling* auf Proteinebene. Anstelle der mühsamen Neukonstruktion eines rekombinanten Maus-Phagen-Antikörpers aus den Genen des Hybridom-Antikörpers wird hier das Hybridom-Protein zum Auffinden des humanisierten Antikörpers verwendet. Wiederum wird eine Kette des Antikörpers konstant gehalten, so daß die Suche nach humanisierten Antikörpern auf das ursprüngliche Epitop fokussiert wird. In der Abbildung ist die Humanisierung am Beispiel der schweren Kette eines Fab-Fragments gezeigt. Parallel zur Humanisierung der schweren Kette kann auch die leichte Kette mit Hilfe eines Fd-Fragments humanisiert werden. Die Kombination beider Ketten führt dann zu einem vollständig humanen Fab-Fragment.

pers in einen rekombinanten Maus-Antikörper kann hier auf bereits Vorhandenes zurückgegriffen werden: das Antikörperprotein und zwei humane Antikörper-Teilbibliotheken.

2.4.6 Die Affinität der rekombinanten Antikörper kann durch Wiederholung von Mutation und Selektion erhöht werden

Mit den gerade beschriebenen Techniken läßt sich ein Antikörper nicht nur humanisieren, sie können auch verwendet werden, um seine Affinität für das Antigen zu erhöhen (Figini et al., 1994). Wieder kann dafür die Natur zum Vorbild genommen werden. In unserem Immunsystem setzen sich aus einer Vielzahl von zufällig geschaffenen Varianten die besser bindenden durch. Entscheidend ist dabei, daß viele Antikörper um wenig Antigen konkurrieren müssen. Dies läßt sich im Experiment meist leicht bewerkstelligen, es muß nur eine große Zahl von Phagenantikörpern um die Bindung an wenig Antigen konkurrieren. Dabei kann sogar unterschieden werden, ob die Affinität oder ob nur die Dissoziationskonstante des Phagenantikörpers verbessert werden soll. Im ersten Fall läßt man die Phagenantikörper um eine geringe Menge biotinyliertes Antigen konkurrieren. Die Zahl der Antigenmoleküle sollte dabei zwar über der Zahl der Phagenantikörper liegen, aber die Konzentration des Antigens sollte etwas unterhalb der Dissoziationskonstanten liegen. Mutierte Phagenantikörper mit erhöhter Affinität binden damit überwiegend an das biotinylierte Antigen, während der größte Teil der schwächer affinen Phagenantikörper ungebunden ist. Mit Hilfe von Streptavidin können also die höher affinen, mutierten Phagenantikörper aus der Mischung angereichert werden (Schier et al., 1996).

Für manche therapeutische Anwendungen ist es wünschenswert, vor allem die Dissoziation vom Antigen zu verlangsamen. Dies gilt beispielsweise für einen Antikörper, der sich über mehrere Tage im Tumorgewebe anreichern soll. Dafür werden die Phagenantikörper zunächst an biotinyliertes Antigen gebunden und anschließend mit einem Überschuß von nicht biotinyliertem Antigen versetzt. Wartet man nun eine Weile, so werden überwiegend die Phagenantikörper mit niedriger Dissoziationskonstante mit Streptavidin gefischt werden (Hawkins et al., 1992).

Voraussetzung für all das ist natürlich eine möglichst große Zahl von Antikörpervarianten, aus denen dann ausgewählt werden kann.

Das Immunsystem gewährleistet dies durch die somatische Hypermutation (siehe Kapitel 1.1). Gentechnologen haben mehrere Techniken entwickelt, um die entsprechenden Mutationen im Reagenzglas zu erzeugen. Zunächst einmal kann das oben beschriebene
chain shuffling eingesetzt werden. Hierbei wird eine Bibliothek von
unterschiedlichen leichten bzw. schweren Ketten verwendet, die zu
besser bindenden Varianten führen kann. Die Affinitäten verschiedener Antikörper wurden mit dieser Methode bis zu 20-fach erhöht
(Marks et al., 1992).

Noch näher am Vorbild der Natur ist der Einsatz eines Mutator-
stammes, d. h. einer *E. coli*-Zellinie mit stark erhöhter Mutationsrate. Aus Phagemidantikörpern, die durch diesen Stamm geschleust
wurden, konnte eine Mutante mit 100-fach erhöhter Affinität für das
Antigen isoliert werden (Low et al., 1996). Es bleibt aber abzuwar-
ten, ob sich dies als Routinemethode durchsetzen kann, da die erhöhte Mutationsrate zu technischen Problemen führen kann.

2.4.7 Antikörpergene können durch Gensynthese oder mit Hilfe der Polymerase-Kettenreaktion mutiert werden

Man kann allerdings auch Mutationen selektiv in das Antikörpergen
einführen, z. B. mit Hilfe der Polymerase-Kettenreaktion (PCR). Dabei
werden Versuchsbedingungen gewählt, bei denen die Fehlerrate der
Polymerase beim Einbau von Nucleotiden künstlich erhöht wird, z. B.
durch suboptimale Salzkonzentrationen (Abb. 2.19). Dann wird wiederum die Mischung der so mutierten Antikörpergene in einen Oberflächenexpressionsvektor gesetzt und wie oben beschrieben nach besser bindenden Phagenantikörpern gesucht. Diese Vorgehensweise ist
bereits sehr nahe am Vorbild der Natur, hier wie dort wird von einem
schon bindenden Antikörper ausgegangen, der nur durch kleine Veränderungen in seiner Affinität verbessert wird (Hawkins et al., 1992).

Alternativ kann der Antikörper auch nur in seinen CDR-Regio-
nen mutiert werden (Barbas et al., 1994; Deng et al., 1995). In den
Abschnitten 2.2.8 und 2.2.9 wurde die Methodik dazu bereits vorgestellt: Die CDR-Region wird durch synthetische Oligonucleotide mit
Zufallssequenzen ersetzt. Eine besonders eindrucksvolle Affinitätsverbesserung wurde damit bei einem HIV-1 neutralisierenden Antikörper erzielt. Zunächst wurde nur der CDR I-Bereich der VH-
Domäne gegen Zufallsnucleotide ausgetauscht. Dann wurden die
mutierten Antikörpergene mit Hilfe des Oberflächenexpressionsvek-

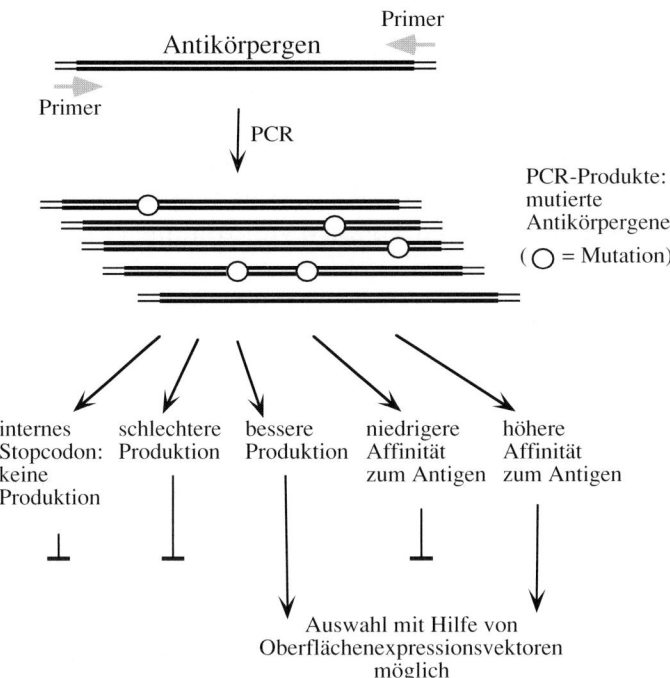

2.19 Zufallsmutationen können in Antikörpergenen mit Hilfe der Polymerase-Kettenreaktion eingeführt werden. Aus einer möglichst großen Zahl der mutierten Antikörpergene wird anschließend mit Hilfe von Oberflächenexpression auf die gewünschten Eigenschaften selektiert. Damit werden Antikörper ausgewählt, die das Bakterium besser produzieren kann oder die eine höhere Affinität an das Antigen haben.

tors nach besser bindenden Varianten durchsucht und im nächsten Schritt der CDR III-Bereich der VH-Domäne gegen Zufallsnucleotide ausgetauscht. Wieder wurde nach den besten Bindern gesucht und dieser Vorgang mit drei weiteren CDRs wiederholt. Dies ergab mehrere unterschiedliche rekombinante Antikörper, die im Vergleich zum Ausgangsantikörper ihr Antigen bis zu 96-fach besser banden. Die nächste Frage war dann, ob die Kombination einiger dieser Mutationen die Affinität des Antikörpers für sein Antigen noch weiter verbessern. In der Regel war das zwar nicht der Fall, doch für eine der Kombinationen mehrerer Mutationen ließ sich eine im Vergleich zum Ausgangsantikörper 420-fach verbesserte Affinität ermitteln. Die so erreichte Affinität von 15 pM zu seinem Antigen gp120 ist für einen Antikörper beachtlich, derart hochaffine Antikörper werden in der Natur nur äußerst selten aufgefunden (Yang et al., 1995) .

Eine solche Kombination verschiedener Mutationen ist allerdings ein sehr mühevolles Unterfangen. Der Arbeitsaufwand, um alle möglichen Kombinationen von nur 20 verschiedenen Mutationen herzustellen ist bereits sehr groß. Besser ist es deshalb, die somatische Hypermutation auf möglichst wenige sinnvolle Aminosäuren innerhalb des (bereits funktionierenden) Antikörpergens zu beschränken. Damit besteht die Chance gleich von Anfang an aus dieser Antikörperbibliothek hochaffine Antikörperfragmente zu isolieren. Der Grund dafür ist, daß wahrscheinlich viele Kombinationen von sinnvollen (d. h. Affinitäts-erhöhenden) Mutationen in dieser Bibliothek schon vorliegen, während ansonsten die Chance, daß zwei zufällige Mutationen innerhalb des Antikörpergens zu einer Affinitätserhöhung beitragen, äußerst gering ist.

Welche Aminosäurenreste eines Antikörpers sollte man mutieren, um die Affinität dieses Antikörpers für sein Antigen zu erhöhen? Natürlich sind die ersten Kandidaten dafür die Aminosäurenreste, die an der Bindung an das Antigen beteiligt sind. Zunächst müssen also, z. B. mit Hilfe von NMR, die Aminosäurenreste des Fv-Fragments identifiziert werden, die an der Antigenbindung beteiligt sind (vgl. auch Abschnitt 4.1.1). Die Codons dafür können dann mit Hilfe von Oligonucleotiden gegen Zufallssequenzen ausgetauscht werden. Anschließend wird eine Phagenantikörperbibliothek nach den besten Bindern durchsucht. Mit dieser Technik konnte die Affinität eines scFv-Fragments an sein Antigen Phenyloxazolon um das 11- bis 14-fache erhöht werden (Riechmann und Weill, 1993). Dieses sogenannte semirationale Design kombiniert Strukturvorhersage, 3D-Information aus NMR und Oberflächenexpression, um die Affinität eines Fv-Fragments zu verbessern.

2.4.8 Die „sexuelle" PCR kombiniert mehrere Mutationen

Mit den im vorangegangenen Kapitel beschriebenen Methoden erhält man eine Vielzahl von Antikörpervarianten, die dann erst mühevoll miteinander kombiniert werden müssen. Die Kombination zweier Varianten, die jede für sich eine höhere Affinität haben mögen, führt dabei keineswegs zwangsläufig zu einem noch weiter verbesserten Fv-Fragment – im Gegenteil, das ist nur selten der Fall. Es gibt jedoch eine Möglichkeit, viele Mutationen mit einem einfachen Experiment miteinander zu kombinieren. Oben wurde bereits besprochen, daß durch die Polymerase-Kettenreaktion Zufallsmutationen in die Antikörpergene eingeführt werden können. Entsteht jetzt beispielsweise nach dem 5. Zyklus die Mutation A in einem DNA-Molekül, so vererbt sich diese Mutation an ihre Nachkommen, die in den folgenden Zyklen entstehen. Normalerweise wird diese Mutation aber nicht mit einer anderen Mutation B kombiniert werden, die z. B. nach dem 7. Zyklus in einem anderen DNA Molekül entstanden ist. Auch diese Mutation wird an ihre Nachkommen weitergegeben, so daß nach 20 Zyklen viele Moleküle mit der Mutation A vorliegen und gleichzeitig viele Moleküle mit der Mutation B vorhanden sind. Es ist jedoch sehr unwahrscheinlich, daß eines der Antikörpergene beide Mutationen trägt, da bis dahin alle Mutationen voneinander getrennt an ihre Nachkommen weitergegeben wurden. Die Evolution hat eine sehr erfolgreiche Lösung für dieses immer wieder auftretende Problem gefunden: die sexuelle Rekombination. Voraussetzung für eine Imitation einer entsprechenden Neukombination der Mutationen *in vitro* ist zunächst eine Fragmentierung der DNA-Moleküle. Dafür setzt man mit DNaseI einige wenige Schnitte pro DNA-Molekül, d. h. jeder DNA-Strang wird dadurch fragmentiert. Noch sind die Fragmente mit den unterschiedlichen Mutationen nicht durchmischt, doch nach Erhitzen und anschließendem Abkühlen werden die unterschiedlichen Fragmente zufällig aneinander hybridisieren, d. h. es findet eine Rekombination statt. Dann wird die durch den DNaseI-Verdau unterbrochene PCR einige Zyklen weiter fortgesetzt (Abb. 2.20). Diese Methode nennt man deshalb auch „sexuelle" PCR (Stemmer, 1994). Die mutierten und anschließend durchmischten Antikörpergene können dabei wieder komplette Antikörpergene bilden, bei denen aber nun alle Mutationen zufällig zusammengemischt wurden. Nach Klonierung in einen Oberflächenexpressionsvektor kann die so hergestellte Genbibliothek wie oben beschrieben nach höher affinen oder besser produzierten Antikörpern durchsucht werden.

Einfacher noch wäre natürlich die Kombination schon vorhandener Antikörpervarianten miteinander. Die gerade beschriebene sexuelle PCR wird dazu einfach mit einer Mischung der DNA der vorher selektionierten Antikörpervarianten (siehe vorhergehendes Kapitel) durchgeführt. Diese Vorgehensweise besitzt einen sehr großen Vorteil, denn sie baut auf bereits verbesserten Antikörperfragmenten auf. Damit wird die Zahl an sinnvollen Kombinationen im Vergleich zur Kombination von Zufallsmutationen stark erhöht. Man wird wahrscheinlich aus einer solchen Bibliothek einen höher affinen Antikörper auffinden, als aus einer Bibliothek, die aus der

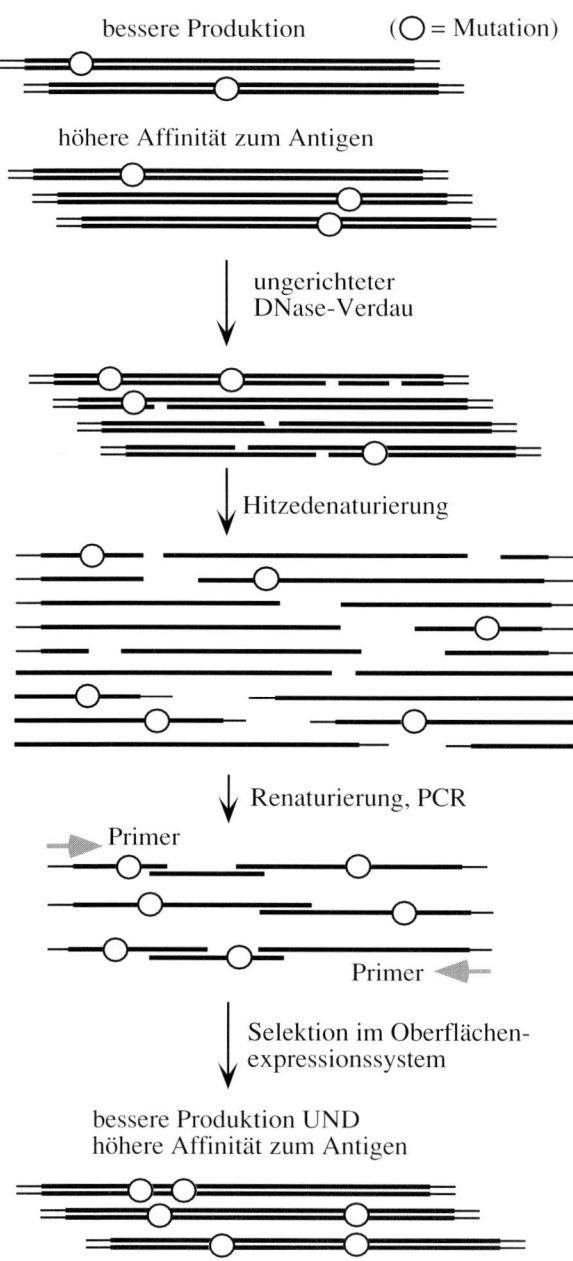

2.20 Mit Hilfe der „sexuellen" PCR können mehrere Mutationen innerhalb eines Gens zufällig miteinander kombiniert werden. Voraussetzung ist die Fragmentierung des Gens durch die Einwirkung des Enzyms DNaseI. Nach Hitzedenaturierung hybridisieren unterschiedliche Fragmente aneinander, die durch Fortführung der PCR repariert und vermehrt werden. Mit einem effizienten Suchsystem kann anschließend nach den gewünschten veränderten Eigenschaften des Gens gesucht werden.

Kombination von nicht vorselektionierten Zufallsmutationen besteht.

2.4.9 Fv-Fragmente werden durch eine Peptidverbindung zwischen den variablen Domänen stabilisiert

Fv-Fragmente sind nur halb so groß wie die entsprechenden Fab-Fragmente und um ein vielfaches kleiner als ein IgG (siehe Abb. 1.1 und 1.2). Dieser Größenunterschied ist für viele Anwendungen der entscheidende Vorteil der Fv-Fragmente. Kleinere Moleküle können beispielsweise tiefer in einen soliden Tumor eindringen, denn die Eindringtiefe wird in diesem Fall normalerweise durch die Diffusion begrenzt. Andererseits sind Fv-Antikörper so klein, daß sie durch die Niere ausfiltriert werden. Beides zusammen ist für die Tumordarstellung bei der Immunscintigrafie wünschenswert (Ausführliches dazu im Abschnitt 3.1). Viele Fv-Fragmente sind jedoch nicht sehr stabil, ihre beiden Untereinheiten, die VH- und die VL-Domäne dissoziieren leicht. Die publizierten Affinitäten der beiden variablen Domänen zueinander streuen in einem weiten Bereich zwischen etwa 10^{-5} M bis etwa 10^{-8} M (Glockshuber et al., 1990). Offensichtlich wirkt kein sonderlich großer Selektionsdruck auf eine hohe Affinität zwischen der VH- und der VL-Domäne hin. Der Grund liegt wohl darin, daß natürliche Immunglobuline keine zusätzliche Stabilisierung durch die variablen Domänen benötigen. Sie werden durch die Bindung der konstanten Domänen aneinander und durch eine S=S-Brücke zwischen der leichten und der schweren Kette bereits ausreichend stabilisiert. Die künstlichen Fv-Fragmente aber müssen zusätzlich stabilisiert werden. Eine Möglichkeit besteht darin, die variablen Domänen der schweren und der leichten Kette mit Hilfe eines kurzen Peptids miteinander zu verknüpfen. Dadurch entsteht ein Einzelkettenantikörper (*single chain*-Antikörper, scFv). Ein schöner Nebeneffekt ist dabei, daß so aus den zwei Genen für die leichte und die schwere Kette ein einziges Gen entsteht. Damit wird die Transfektion eines funktionellen Antikörperfragments in eukaryontische Zellen erleichtert – es besteht nicht mehr die Gefahr, daß die leichte und die schwere Kette an unterschiedlichen Orten ins Genom integrieren und anschließend unterschiedliche Mengen der entsprechenden Proteine gebildet werden; auch in *E. coli* wird die Expression gleicher Mengen beider Regionen gewährleistet.

Die vorhandenen Daten über die dreidimensionale Struktur vieler Antikörperfragmente zeigen, daß der Peptidlinker in einem scFv-Fragment die Entfernung von 35 bis 40 Å überbrücken muß. Dabei ist die Entfernung vom C-Terminus der VH-Domäne zum N-Terminus der VL-Domäne etwas kürzer als die umgekehrte Verknüpfung – der C-Terminus der VL-Domäne verbunden mit dem N-Terminus der VH-Domäne. Ausgehend von diesen Strukturdaten sind mittlerweile sehr unterschiedliche Peptidverbindungen publiziert worden, meist mit einer Länge von 15–20 Aminosäuren (Bird et al., 1988; Huston et al., 1988). Auch längere Linker sind möglich: Ein natürliches Linker-peptid von 28 Aminosäurenresten, das flexibel zwei Domänen der *Trichoderma reesei* Cellobiohydrolase I verbindet, wurde erfolgreich zur Verbindung von VH- und VL-Region benutzt (Takkinen et al., 1991). In anderen Studien wurde eine Mindestlänge von nur 12 Aminosäuren bestimmt (Pantoliano et al., 1991; Alfthan et al., 1995), oder ein *tag* (vgl. Abschnitt 4.4.4.2) in den Linker mit eingefügt (Breitling et al., 1991). Alle diese Peptidverbindungen ergeben funktionstüchtige scFv-Antikörper, ein eigentlich erstaunliches Ergebnis in Anbetracht der relativ großen Entfernung der N- und C-Termini voneinander. Sowohl NMR-Daten wie auch die erfolgreiche Strukturaufklärung einiger scFv-Fragmente zeigen, daß die Aminosäuren in der Peptidverbindung zwischen den variablen Domänen sehr flexibel sind. Sie konnten keiner eindeutig festgelegten dreidimensionalen Struktur zugeordnet werden (Raag und Whitlow, 1995). In einem Fall verringerte jedoch die Einführung eines Linkers in ein Fv-Fragment dessen Affinität zum Antigen um das 2 – 3-fache (Mallender et al., 1996).

Ein überraschendes Ergebnis brachte die Suche nach höher affinen scFv-Antikörpern mit Hilfe eines der oben beschriebenen Suchsysteme. Nach der Selektion wurde bei einigen der besser bindenden Phagenantikörper eine auf wenige Aminosäuren verkürzte Peptidverbindung zwischen den variablen Domänen beobachtet. Aufgrund der nun zu kurzen Peptidverbindung konnten sich diese Fv-Antikörper nicht mehr als Monomer falten, je zwei von ihnen lagerten sich zu einem Dimer zusammen. Diese Verdopplung der Bindungsstellen, und damit eine höhere apparente Affinität durch Aviditätseffekte (vgl. Abschnitt 4.1.2.6) an das Antigen war der Grund für die Selektion dieser sogenannten „Diabodies", die in Abschnitt 3.2.2.1 näher behandelt werden (Schier et al., 1996).

Die Diabodies führen auf die Spur eines großen Problems bei der Produktion der scFv-Fragmente. Mittlerweile haben viele Labors beschrieben, daß die scFv-Fragmente bei hohen Konzentrationen

(1–5 mg/ml) aggregieren. Offensichtlich ist der Grund für diese Aggregation die meist niedrige Affinität der VH- und der VL-Domäne zueinander. Dadurch besitzt ein Großteil der scFv-Fragmente reaktionsfähige variable Domänen, d. h. die VH-Domäne eines scFv-Fragments kann sich mit der VL-Domäne eines anderen scFv-Fragments zusammenlagern, wodurch Dimere, Oligomere und schließlich unlösliche Aggregate entstehen. Diese Aggregatbildung kann durch die Zugabe von Antigen, L-Arginin, niedrigem pH-Wert oder niedrigen Temperaturen manchmal reduziert werden, sie bleibt aber dennoch ein großes Problem. ScFv-Fragmente können nicht stark konzentriert werden, ihre Produktion ist mühsam und die Spezifität der Erkennung des Antigens wird durch unspezifisch abgelagerte Aggregate vermindert. Interessanterweise zeigte ein Vergleich unterschiedlich langer Peptidverbindungen (15 AS, 20 AS, 25 AS, 30 AS), daß die längeren Peptidverbindungen deutlich weniger Dimere bildeten als der 15 AS lange Linker (Raag und Whitlow, 1995).

Ein anderer Weg zur Milderung dieses Problems ist der Einsatz der oben beschriebenen Oberflächenexpressionssysteme. Nicht nur höher affine Antikörperfragmente können so gefunden werden, gleichzeitig wird immer auch auf bessere Produktion und Löslichkeit in E. coli selektiert: Wenn eine Mutation die Produktion und die Löslichkeit des scFv-Fragments in E. coli verbessert, wird dieses mutierte scFv-Fragment mit einer größeren Wahrscheinlichkeit auf der Oberfläche eines Phagen eingebaut. Unter geeigneten Selektionsbedingungen setzen sich diese Antikörperphagen dann gegenüber ihren Vorläufern durch. In einem Beispiel bewirkte die Mutation des Ile77 in der VH-Domäne zu einem Threonin, daß die Produktion des scFv-Fragments in E. coli um das zehnfache und gleichzeitig die Löslichkeit des scFv-Fragments um das vierfache stieg. Die Affinität des mutierten scFv-Fragments dagegen hatte sich nicht geändert (Deng et al., 1994). Mit einem solchen Suchsystem lassen sich auch besser geeignete Linkersequenzen auffinden – statt einer definierten DNA-Sequenz werden Zufallsoligonucleotide zwischen die beiden variablen Domänen eines bekannten Fv-Fragments eingebaut und anschließend mit Hilfe von Antigen die scFv-Antikörperphagen mit der besten Löslichkeit, der geringsten Tendenz zur Aggregation und natürlich auch mit der besten Affinität selektiert (Stemmer et al., 1993). Offenbar sind jedoch in E. coli viele gleichwertige Lösungen für die Wahl des Linkers möglich. In der wohl systematischsten Arbeit wurden außer einem konservierten Prolin an zweiter Position nach Ende der schweren Kette kaum Einschränkungen der möglichen Sequenzen gefunden (Tang et al., 1996).

2.4.10 Fv-Fragmente können durch interne Disulfidbrücken stabilisiert werden

Wenngleich die scFv-Fragmente stabiler sind als Fv-Fragmente ohne stabilisierenden Linker, so sind sie in diesem Punkt einem Fab oder gar IgG noch immer weit unterlegen. Ihre Halbwertszeit im Blutserum bei 37 °C liegt bei etwa 2 Stunden, verglichen mit mehr als 14 Stunden für das entsprechenden Fab-Fragment und mehreren Tagen für den IgG-Antikörper. Viel besser sieht es aus, wenn die Fv-Fragmente statt mit einem Peptidlinker mit Hilfe einer internen Disulfidbrücke stabilisiert werden. Diese Disulfidbrücke wird in die Interphase zwischen VH und VL eingeführt, und zwar durch den Austausch anderer Aminosäuren durch Cystein an dieser Position (Abb. 2.21). Die dabei entstehenden

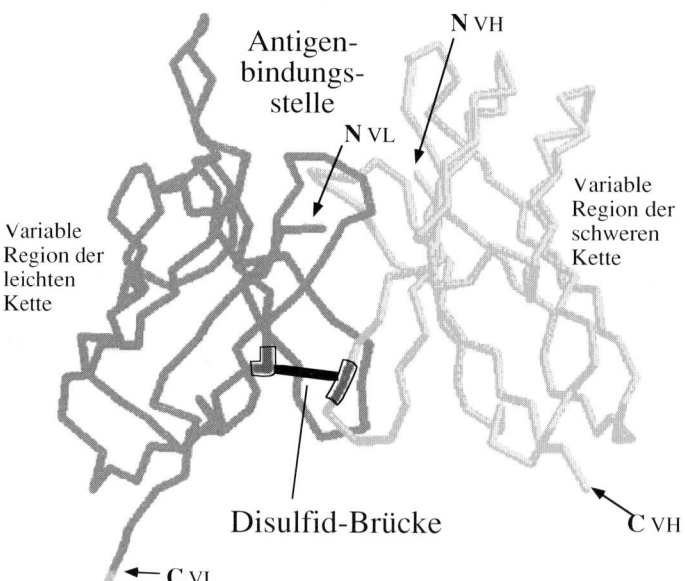

2.21 DsFv-Antikörperfragmente. Anstelle einer Peptidverbindung zwischen den beiden variablen Domänen kann zur Stabilisierung des Fv-Fragments eine Disulfidbrücke an der Kontaktfläche zwischen den beiden variablen Domänen verwendet werden. Im Blutserum sind solchermaßen stabilisierte Fv-Fragmente ähnlich stabil wie die entsprechenden Fab-Fragmente, eine Eigenschaft, die für therapeutische Anwendungen von großem Nutzen ist.

sogenannten dsFv-Fragmente (ds für disulfid-stabilisiert) unterscheiden sich in ihrer Halbwertszeit meist nicht mehr von einem Fab-Fragment (Review Brinkmann, 1996).

Auch ansonsten sind die dsFv-Fragmente erstaunlich stabile Moleküle, sie können erst durch 7 M Harnstoff irreversibel denaturiert werden, verglichen mit weniger als 0,5 M für das entsprechende scFv-Fragment. Die verbesserte Stabilität der dsFv-Fragmente hat eine Reihe weniger offensichtlicher Konsequenzen. Sie aggregieren nicht so leicht wie die scFv-Fragmente, wodurch meist die Ausbeute dieser Fragmente in *E. coli* erhöht wird (Reiter et al., 1994). Wichtiger noch ist diese Eigenschaft bei einer therapeutischen oder diagnostischen Anwendung der dsFv-Fragmente. Hier wären aggregierte Antikörper meist sehr störend, da damit in der Regel die Spezifität der Antikörperfragmente herabgesetzt wird. In der Tumortherapie würde damit eine todbringende Fracht am falschen Ort abgeladen.

Auch beim Bau der dsFv-Fragmente half das Wissen über die dreidimensionale Struktur der Antikörper. Dadurch konnten bei einigen Antikörpern, mit aufgeklärter Kristallstruktur die Abstände zwischen den einzelnen Aminosäuren innerhalb des fertig gefalteten Antikörpers genau vermessen werden. Mit dieser Information konnten einige Aminosäuren identifiziert werden, die umgewandelt in Cysteine genau die richtige Entfernung zueinander haben, um S=S-Brücken auszubilden (Glockshuber et al., 1990). Mit Hilfe von Strukturvorhersagen sind mittlerweile sogar konservierte Aminosäurenpositionen innerhalb der Gerüstregionen entdeckt worden, die ausgetauscht gegen Cystein jeden bisher getesteten Antikörper durch eine interne Disulfidbrücke stabilisieren (Reiter et al., 1994; Jung et al., 1994). In Tabelle 2.2 werden acht verschiedene dieser dsFv-Fragmente mit den entsprechenden scFv-Fragmenten verglichen. Dabei war in zwei Fällen die Affinität der dsFv-Fragmente deutlich geringer, in weiteren zwei Fällen war sie etwa gleich. Überraschenderweise jedoch erhöhte sich die Affinität an das Antigen bei vier der untersuchten scFv-Fragmente durch den Einbau der Disulfidbrücke. Wieder zeigt sich damit, daß geringe Verschiebungen im Proteingerüst zu großen Veränderungen in der Affinität des Antikörpers führen können.

**Tabelle 2.2 Vergleich der Affinitäten von acht verschiedenen dsFv-Fragmenten
und den entsprechenden scFv-Fragmenten, Fab-Fragmenten und IgGs.**
Die verwendeten scFv- und dsFv-Fragmente sind in diesem Fall an verschiedene Versionen
des *Pseudomonas*-Exotoxin fusioniert worden (nach Reiter et al., 1996).

Antikörper	Spezifität	Konstrukt	Affinität (nM)
B3	Lewis^y	IgG	200
		Fab	1 400
		scFv-PE38	1 300
		d sFv-PE38	24 000
B1	Lewis^y	IgG	100–200
		scFv-PE38	1 000
		dsFv -PE38	4 000
anti-Tac	IL2R	IgG	1,2
		scFv-PE38K	1,4
		dsF v-PE38K	1,1
e23	erbB2	IgG	3
		Fab	8
		scFv-PE38K	40
		dsFv-PE38K	10
55.1	Mucin Carbohydrat	IgG	3
		scFv-PE38	120
		dsFv -PE38	80
HB21	Transferrinrezeptor	IgG	20–25
		scFv-PE38KDEL	20–25
		dsFv-PE38KDEL	25–35
Y10	mutierter EGFR	IgG	10
		scFv-PE38K	450
		dsF v-PE38K	150
RFB4	CD22	IgG	10
		scFv-PE38	90
		dsFv -PE38	10

2.4.11 Kamelantikörper enthalten nur eine variable Domäne

Seit einigen Jahrzehnten gibt es immer wieder Berichte, daß die VH-
Domäne alleine zur Antigenbindung ausreicht (Utsumi und Karush,
1964; Ward et al., 1989).

Seltener ist dies für die VL-Domäne alleine beschrieben worden.
Im Prinzip sollte es also möglich sein, die Fv-Fragmente noch weiter
zu verkleinern. Einige Arbeitsgruppen waren auch tatsächlich erfolgreich in diesem Bemühen, aber meist waren die verkleinerten Antikörperfragmente relativ unlöslich. Dies führte zu Aggregaten und
damit zu unspezifischen Bindungen. Im bisher radikalsten Ansatz
wurde eine VH-Domäne auf 61 Aminosäuren verkleinert, d. h. im
Vergleich zum Fv-Antikörper fehlt nicht nur die VL-Domäne son-

dern auch noch der CDR3 und die Gerüstregion 4 der VH-Domäne. Mit Hilfe der oben beschriebenen Oberflächenexpression auf Phagenpartikeln wurden diese „minibodies" mutiert und in ihrer Löslichkeit verbessert. Anschließend wurden die CDR1- und CDR2-Bereiche gegen Zufallsbereiche ausgetauscht und aus der resultierenden Phagemidbibliothek ein Interleukin-6-Antagonist isoliert (Pessi et al., 1993; Martin et al., 1994).

Wieder hatte die Natur ein ähnliches Experiment schon lange vorher gemacht: Ein Großteil der Antikörper von Kamelen und ihrer Verwandten besitzt nur eine variable Domäne. Die variable Domäne der leichten Kette fehlt vollkommen. Auch die CH1-Domäne der schweren Kette ist deletiert (Hamers-Casterman et al., 1993; Desmyter et al., 1996). Trotzdem besitzt das Kamel ganz offensichtlich funktionierende Antikörper in ausreichender Vielfalt. Es müßte also wirklich möglich sein, universelle Bindemoleküle herzustellen, die nur halb so groß sind wie die an sich schon sehr kleinen Fv-Fragmente. Aber auch dieses Bindefragment sollte möglichst vom menschlichen Immunsystem nicht als fremd erkannt werden, d. h. es sollte menschlichen Antikörpersequenzen möglichst ähnlich sein. Diese Überlegungen waren der Ausgangspunkt zum Bau einer VH-Phagemidbibliothek. Hierbei wird nur noch die menschliche VH-Domäne auf der Oberfläche der Phagenpartikel präsentiert. Die VL-Domäne fehlt völlig. Tatsächlich konnten aus einer solchen Bibliothek mit den in Abschnitt 2.3.5 beschriebenen Suchverfahren spezifisch bindende Antikörperfragmente gegen eine Reihe von Antigenen wie Lysozym oder das Hapten Phenyloxazolon aufgefunden werden. Neben ihrer spezifischen Bindung banden diese VH-Fragmente allerdings alle auch unspezifisch, vor allem an hydrophobe Materialien. Verantwortlich für diese unspezifische Bindeaktivität der VH-Fragmente war der Bereich, der normalerweise zur Bindung der VL-Domäne dient (Davies und Riechmann, 1995).

Ein Vergleich mit den Kamelantikörpern, denen natürlicherweise die VL-Domäne fehlt, half da weiter. Einige Aminosäuren, die in menschlichen VH-Domänen die Kontake zur VL-Domäne herstellen, sind in den VH-Domänen des Kamels mutiert. Meist wurde eine hydrophobe Aminosäure dabei in eine hydrophile Aminosäure umgewandelt. Es gibt noch einige weitere Unterschiede, so fehlt im CDR3 der Kamel VH-Domäne die Salzbrücke zwischen Arg94 und Asp101. Besonders auffällig ist, daß die CDR3-Region des Kamels verglichen mit menschlichen Sequenzen wesentlich heterogener ist. Die Länge der Region variiert sehr viel stärker und außerdem findet sich häufig ein Cystein sowohl im CDR1 wie auch im CDR3. Diese beiden Cysteine können eine zusätzliche Disulfidbrücke ausbilden, die die ausgedehntere Antigenbindestelle der Kamel-VH-Domäne zusätzlich stabilisiert (Muyldermans et al., 1994; Desmyter et al., 1996; Spinelli et al., 1996).

All diese Unterschiede wurden beim Aufbau einer Kamel-ähnlichen menschlichen VH-Domänenbibliothek berücksichtigt. Aus etwa 2×10^6 unterschiedlichen VH-Fragmenten auf der Oberfläche von filamentösen Phagen konnten mehrere antigenspezifische VH-Fragmente isoliert werden. Diese Fragmente zeigten kaum mehr unspezifische Bindung, außerdem waren sie erstaunlich stabil, erst bei etwa 72 °C verloren sie ihre Bindeaktivität (Davies und Riechmann, 1996). Neben den oben erwähnten „minibodies" stellen diese Fragmente momentan die kleinsten bekannten universellen menschlichen Bindemoleküle dar. Aufgrund ihrer kleinen Größe könnten sie besonders für die Therapie von soliden Tumoren eines Tages eine große Bedeutung erlangen.

2.4.12 Antikörper können die Funktion von Enzymen übernehmen

Schon vor vielen Jahren postulierte Linus Pauling, daß Antikörper prinzipiell in der Lage sein sollten, die Funktion von Enzymen zu übernehmen – dann nämlich, wenn sie durch ihre Bindung den Übergangszustand eines Moleküls bei der Reaktion vom Zustand A zum Zustand B stabilisieren (Abb. 2.22). Natürlich kann ein Enzym oder ein katalytischer Antikörper nur solche Reaktionen beschleunigen, die Energie freisetzen. Sie setzen dabei die für die Reaktion benötigte Aktivierungsenergie herab (Schultz und Lerner, 1995).

Enzyme (und katalytische Antikörper) können die Aktivierungsenergie auf unterschiedliche Weise verringern, beispielsweise indem sie dem Molekül eine Entscheidungshilfe geben, welchen von vielen möglichen Reaktionswegen es einschlagen soll. Wie sieht solch eine Entscheidungshilfe auf molekularer Ebene aus? Ein organisches Molekül hat meist sehr viele Möglichkeiten, seine Atome im dreidimensionalen Raum anzuordnen. Durch die Brown'sche Molekularbewegung und Molekülschwingungen ändert sich diese Anordnung zudem ständig. Nur wenige dieser Konformationen aber werden eine Reaktion des Moleküls in eine bestimmte Richtung ermöglichen, d. h. zu einem gegebenen Zeitpunkt sind nur wenige Moleküle

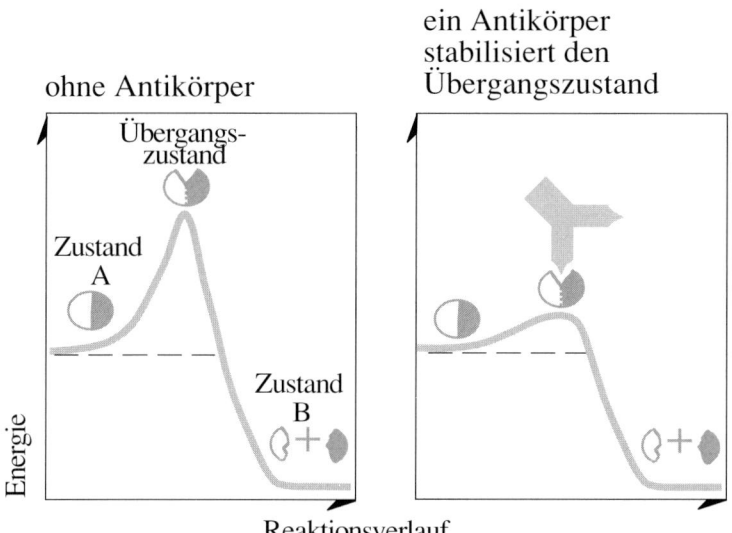

2.22 Antikörper können die Funktion von Enzymen übernehmen. Sie stabilisieren den Übergangszustand einer Reaktion und erniedrigen dadurch die benötigte Aktivierungsenergie, um diesen Übergangszustand zu erreichen. Dadurch beschleunigen sie den Reaktionsverlauf.

überhaupt in der Lage dazu, diese Reaktionsrichtung einzuschlagen. Durch die Bindung an einen Partner wird die Zahl der möglichen Konformationen stark eingeschränkt, da bei vielen der möglichen Konformationen der Bindungspartner im Weg ist und für die Auflösung dieser Bindung Energie aufgewendet werden müßte. Enzyme oder katalytische Antikörper als Bindungspartner beeinträchtigen nun vorzugsweise die Konformationen, die keine Reaktion des Moleküls zum Zustand B ermöglichen. Andererseits werden möglichst wenige der Konformationen, die eine Reaktion ermöglichen, behindert. Damit allein schon erhöhen sie die Reaktionsgeschwindigkeit oft beträchtlich.

Eine zweite Möglichkeit ist es, der Reaktion einen Weg zu bahnen. Ein katalytischer Antikörper (oder ein Enzym) bietet dem Molekül also einen alternativen Weg an, beispielsweise indem er es (und sich selbst) ein wenig verändert. Anschließend nutzt er die freie Energie, die bei der Reaktion entsteht, um seine alte Konformation wiederzugewinnen.

Hat die gewünschte Reaktion nun stattgefunden, so sollte das Endprodukt den katalytischen Antikörper möglichst schnell wieder verlassen können, damit der Reaktionszyklus mit einem neuen Molekül möglichst sofort wieder beginnen kann. Dieser Schritt bestimmt wesentlich die Umsatzrate der Reaktion.

Wie findet man unter den vielen Milliarden verschiedenen Antikörpern diejenigen mit katalytischer Aktivität heraus? Die schon von L. Pauling vorausgesagten Wirkprinzipien wiesen dabei den Weg. Er postulierte, daß Antikörper mit katalytischer Aktivität den Übergangszustand einer Reaktion stabilisieren (Abb. 2.2.). Wenn es nun gelingt, ein möglichst genaues, stabiles Abbild des Übergangszustands zu synthetisieren, so müßte man eine Maus damit immunisieren können. Das Immunsystem der Maus bildet dann Antikörper gegen diesen Übergangszustand. Unter diesen Antikörpern wiederum sollten sich auch die gewünschten katalytischen Antikörper befinden (Lerner et al., 1991). Eine Voraussetzung ist dabei natürlich, daß der Übergangszustand überhaupt bekannt ist und ein Analogon des Übergangszustands synthetisiert werden kann. Oft gibt die Natur dabei wieder einen Fingerzeig, denn man weiß heute, daß viele Inhibitoren von Enzymen dem Übergangszustand der katalysierten Reaktion ähneln. Das Enzym bindet mit hoher Affinität an den Inhibitor, der im Gegensatz zu dem Substrat nicht umgesetzt wird und damit die Enzymaktivität blockiert. Nachdem eine Maus mit einem Inhibitor des Enzym Ferrochelatase immunisiert wurde, bildete sie tatsächlich katalytische Antikörper mit Ferrochelatase-Aktivität (Cochran und Schultz, 1990). Einer der dabei gewonnenen monoklonalen Antikörper hatte dabei eine katalytische Aktivität, die sich durchaus mit dem entsprechenden Enzym messen kann.

Auch bei den katalytischen Antikörpern hat die Technologie der rekombinanten Antikörper Einzug gehalten (Gibbs et al., 1991), was die mühevolle Suche nach katalytischen Antikörpern in Zukunft beschleunigen könnte. So wurden mittlerweile Enzyme auf der Oberfläche von Phagen präsentiert und mit Hilfe eines Selbstmord-Inhibitors aufgrund ihrer katalytischen Aktivität angereichert (Soumillion et al., 1994). In einem anderen Ansatz wurde nach Phagemidantikörpern gesucht, die über eine Disulfidbrücke mit dem Substrat verbunden waren. Eluiert wurden die Phagemidantikörper anschließend durch das reduzierende Agens DTT. Der Trick war nun, daß im Substrat eigentlich gar keine freie SH-Gruppe zur Verfügung stand, dazu mußte erst eine im Substrat vorhandene Disulfidbrücke gespalten werden, d. h. es mußte eine Katalyse stattfinden (Janda et al., 1994). Vielleicht gibt es in der Zukunft katalytische Antikörper, die nach einem ähnlichen Prinzip mit sehr reaktiven Substraten reagieren und dabei Energie „auftanken". Sie könnten diese Energie dann nützen, um an sich unfreiwillig ablaufende Reaktionen zu katalysieren, ganz ähnlich wie dies bei vielen Reaktionen in der Zelle geschieht, die nur durch die gleichzeitige Hydrolyse von ATP ablaufen können (Wirsching et al., 1995).

Noch wesentlich eleganter ist die Kombination der rekombinanten Antikörper mit einer positiven Selektion – der katalytische Antikörper verhilft den Bakterien oder Hefen zum Überleben. Bisher sind zwei funktionierende Modellsysteme dafür beschrieben worden. In der Hefe wurde ein katalytischer Antikörper im Cytoplasma exprimiert, der die Vorstufe Chorismat in Prephenat spaltet, das für die Biosynthese der aromatischen Aminosäuren Phenylalanin und Tyrosin benötigt wird. Der katalytische Antikörper übernimmt damit die Arbeit des in diesem Hefestamms defekten Enzyms Chorismatmutase (EC 5.4.99.5). Damit verhilft er dem für die Synthese dieser Aminosäuren auxotrophen Hefestamm zum Wachstum auf einem Mangelmedium, das diese Aminosäuren nicht enthält (Tang et al., 1991).

Nach dem gleichen Prinzip funktioniert ein in *E. coli* exprimierter katalytischer scFv-Antikörper. Er ersetzt das Enzym Orotidin-5'-Monophosphat Decarboxylase (OMP, EC 4.1.1.23). Dieses Enzym ist für die Pyrimidinsynthese essentiell. Die spezifische Aktivität des katalytischen scFv-Antikörpers war zwar etwa zehnmillionenfach schlechter als die Aktivität der OMP-Decarboxylase, andererseits lag sie etwa hundertmillionenfach über dem Hintergrund. Diese katalytische Aktivität war ausreichend, um dem Bakterium das Überleben auf einem Pyrimidinmangelmedium zu ermöglichen (Smiley et al., 1994).

Momentan können bereits mehr als 60 verschiedene Reaktionswege durch katalytische Antikörper beschleunigt werden, darunter so exotische Katalysen wie die Hydrolyse von Kokain (Landry et al., 1993). Mit einer humanisierten Form dieses katalytischen Antikörpers könnten in Zukunft akute Kokainvergiftungen behandelt werden. Katalytische Antikörper können auch in der Tumortherapie eingesetzt werden, indem sie am Tumorort eine relativ ungiftige Vorstufe in ein giftiges Molekül überführen – ein Prinzip, das in Abschnitt 3.3.2.5 genauer beschrieben wird. Bisher existieren zwei Modellsysteme: Einmal wird aus einer Vorstufe durch den katalytischen Antikörper Senfgas abgespalten (Wentworth et al., 1996), zum anderen entsteht das Antibiotikum Chloramphenicol (Miyashita et al., 1993). Der große Vorteil eines katalytischen Antikörpers ist dabei sein zumindest potentiell humaner Ursprung, der ihn von den sonst verwendeten bakteriellen Enzymen unterscheidet.

Warum gibt es darüber hinaus ein so großes Interesse an katalytischen Antikörpern? Bestenfalls erreichen sie bisher Katalyseraten, die mit den entsprechenden Enzymen vergleichbar sind, doch wird es wohl selten gelingen, Enzyme zu übertreffen, die in Milliarden von Jahren durch Evolution optimiert wurden. Die Antwort liegt darin, daß die Evolution nur eine begrenzte Zahl von Katalysen erfinden mußte, für viele interessante Reaktionswege gibt es daher keine Katalysen. Antikörper dagegen sollten auch neue und „unnatürliche" Reaktionswege katalysieren können. Damit besteht die Hoffnung auf neuartige katalytische Aktivitäten. Sie könnten z. B. spezifisch Viren inaktivieren oder das Alzheimerpeptid auflösen. Sie könnten neuartige Synthesen in der organischen Chemie ermöglichen, die zu tausendfach verkleinerten Mikroprozessoren führen oder Giftstoffe im Blut neutralisieren.

Einige kleine Schritte in diese Zukunft sind schon gemacht. Es gibt tatsächlich schon katalytische Antikörper, die solche neuartigen Katalysen ermöglichen. Als Beispiel dient eine spezifische Peptidsynthese (Hirschmann et al., 1994; Jacobsen und Schultz, 1994). Vielleicht gibt es eines Tages auch eine spezifische Peptidhydrolyse durch katalytische Antikörper, die biochemische Analysen stark vereinfachen würde. Antikörper mit Serin-Proteaseaktivität sind bereits beschrieben (Zhou et al., 1994).

Für etwas Ernüchterung dürfte allerdings die Publikation von Hollfelder et al. (1996) sorgen. Sie beschreiben darin, daß einfaches Rinderserumalbumin eine Reaktion ähnlich gut (oder besser: ähnlich schlecht) katalysierte, wie ein zuvor publizierter katalytischer Antikörper.

Eine weitere Beschränkung liegt außerdem noch in der Synthese des Übergangszustands. Nicht alle Reaktionen sind gut genug verstanden, um den Übergangszustand zu definieren. Oft geht dies auch rein technisch nicht – der Übergangszustand ist zwar bekannt, doch gibt es keine Möglichkeit, ein stabiles Molekül zu synthetisieren, das diesem Übergangszustand entspricht.

Überraschenderweise stellte sich vor kurzem heraus, das auch natürlich vorkommende Antikörper katalytische Aktivität haben können. Wie man bereits seit langem weiß, ist die Autoimmunkrankheit Systemischer Lupus Erythematosus (SLE) mit dem Auftreten DNA-bindender Antikörper korreliert. Diese anti-DNA-Antikörper binden die DNA oft nicht nur, sondern hydrolysieren sie darüber hinaus, und das mit einer Umsatzrate, die sich durchaus mit der von Restriktionsendonucleasen wie EcoRI messen kann (Shuster et al., 1992). Andere natürlich vorkommende katalytische Antikörper hydrolysieren natürlich vorkommende Peptide (Paul et al., 1989; Li et al., 1995). Offen bleibt bisher allerdings die Frage, welche physiologische Relevanz diese katalytischen Antikörper besitzen.

2.5 Zusammenfassung

Schon seit vielen Millionen Jahren betreibt das Immunsystem der höheren Wirbeltiere Antikörper-Engineering. Aus einer großen Zahl nach dem Zufallsprinzip gebildeter Antikörper werden geeignete Antikörper ausgewählt, einen Vorgang den man *klonale Selektion* nennt. Diese Antikörper werden in weiteren Auswahlrunden verbessert. Zufällig in den Antikörpergenen gesetzte Mutationen führen bei einigen Varianten zu besser bindenden Antikörpern. Gedächtniszellen, die diese besser bindenden Antikörper codieren, überleben in Konkurrenz zu Zellen, die schlechter bindende Varianten auf ihrer Oberfläche präsentieren. Diesen Vorgang nennt man *somatische Hypermutation*.

Die Molekularbiologie macht sich diese Prinzipien beim Antikörper-Engineering zunutze. Eine große Zahl nach dem Zufallsprinzip gebildeter Antikörper wird auf der Oberfläche von Bakterien oder von Bakteriophagen verankert. Anschließend erfolgt eine Auswahl der gewünschten Antikörper durch die Bindung an das Antigen, ein Vorgang, der beliebig oft wiederholt werden kann. Eine zwischengeschaltete Mutation der Antikörpergene analog zur somatischen Hypermutation führt dabei zur Auswahl besser bindender Antikörper. Mit Hilfe dieser Methode können Bibliotheken, die Milliarden verschiedener Antikörper enthalten, nach den gewünschten Antikörpern durchsucht werden.

Bereits vorhandene, klinisch interessante Antikörper können auf gleiche Weise für den Einsatz in Patienten humanisiert werden. Alternativ wird dies durch *rationales Design* versucht. Hierbei wird das große Wissen über die Kristallstrukturen vieler verschiedener Antikörper ausgenützt. So können die Grundgerüste eines Maus-Antikörpers gegen ein ähnliches menschliches Grundgerüst ausgetauscht werden. Diesen Vorgang nennt man *CDR-Verpflanzung*.

Ein großer Vorteil von rekombinanten Antikörpern ist ihre Manipulierbarkeit. Sie können verkleinert werden, die Affinität kann erhöht werden, sie können durch zusätzliche S=S-Brücken in den Grundgerüsten der variablen Domänen stabilisiert werden und sie können durch die Fusion mit anderen Proteinen neue Eigenschaften gewinnen. Diese veränderten Antikörperfragmente besitzen eine große Zukunft in der Diagnostik und Therapie von Krankheiten. Sie können Viren neutralisieren, Tumoren aufspüren und Giftstoffe neutralisieren. Katalytische Antikörper können die Funktionen von Enzymen ausüben. Die meisten katalytischen Antikörper wirken durch die Stabilisierung des Übergangszustands.

Literatur

Akamatsu, Y.; Cole, M. S.; Tso, J. Y.; Tsurushita, N. (1993) Construction of a Human Ig combinatorial library from genomic V segments and synthetic CDR3 fragments. In: *J. of Immunol.* 151, S. 4651–4659.

Alfthan, K.; Takkinen, K.; Sizmann, D.; Soderlund, H.; Teeri, T. T. (1995) Properties of a single chain antibody containing different linker peptides. In: *Protein Eng.* 8, S. 725–731.

Ames, R. S.; Tornetta, M. A.; McMillan, L. J.; Kaiser, K. F.; Holmes, S. D.; Appelbaum, E.; Cusimano, D. M.; Theisen, T. W.; Gross, M. S.; Jones, C. S. (1995) Neutralizing murine monoclonal antibodies to human IL 5 isolated from hybridomas and a filamentous phage Fab display library. In: *J. Immunol.* 154, S. 6355–6364.

Andersen, P. S.; Stryhn, A.; Hansen, B. E.; Fugger, L.; Engberg, J.; Buus, S. (1996) A recombinant antibody with the antigen-specific, major histocompatibility complex-restricted specificity of T cells. In: *Proc. Natl. Acad. Sci. USA* 93, S. 1820–1824.

Arkin, A. P., Youvan, D. C. (1992) Optimizing nucleotide mixtures to encode specific subsets of amino acids for semi random mutagenesis. In: *Biotechnology* 10, S. 297–300.

Barbas, C. F. 3d; Bain, J. D.; Hoekstra, D. M.; Lerner, R. A. (1992) Semisynthetic combinatorial antibody libraries: a chemical solution to the diversity problem. In: *Proc. Natl. Acad. Sci. USA* 89, S. 4457–4461.

Barbas, C. F. 3d; Languino, L. R.; Smith, J. W. (1993) High affinity self reactive human antibodies by design and selection: targeting the integrin ligand binding site. In: *Proc. Natl. Acad. Sci. USA* 90, S. 10003–10007.

Barbas, C. F. 3rd; Hu, D.; Dunlop, N.; Sawyer, L.; Cababa, D.; Hendry, R. M.; Nara, P. L.; Burton, D. R. (1994) *In vitro* evolution of a neutralizing human antibody to human immunodeficiency virus type 1 to enhance affinity and broaden strain cross reactivity. In: *Proc. Natl. Acad. Sci. USA* 91, S. 3809–3813.

Barbas, III, C. F., Kang, A. S.; Lerner, R. A.; Benkovic, S. J. (1991) Assembly of combinatorial antibody libraries on phage surfaces: The gene III site. In: *Proc. Natl. Acad. Sci. USA* 88, S. 7978–7982.

Barbas, S. M.; Ditzel, H. J.; Salonen, E. M.; Yang, W. P.; Silverman, G. J.; Burton, D. R. (1995) Human autoantibody recognition of DNA. In: *Proc. Natl. Acad. Sci. USA* 92, S. 2529–2533.

Better, M.; Chen, C. P.; Robinson, R. R.; Horowitz, A. H. (1988) *Escherichia coli* secretion of an active chimeric antibody fragment. In: *Science* 240, S. 1041–1043.

Bird, R. E.; Hardman, K. D.; Jacobson, J. W.; Johnson, S.; Kaufman, B. M.; Lee, S. M.; Lee, T.; Pope, S. H.; Riordan, G. S.; Whitlow, M. (1988) Single chain antigen binding proteins. In: *Science* 242, S. 423–426.

Bornemann, K. D.; Brewer, J. W.; Beck Engeser, G. B.; Corley, R. B.; Haas, I. G.; Jack, H. M. (1995) Roles of heavy and light chains in IgM polymerization. In: *Proc. Natl. Acad. Sci. USA* 92, S. 4912–4916.

Braden, B. C.; Poljak, R. J. (1995) Structural features of the reactions between antibodies and protein antigens. In: *FASEB J.* 9, S. 9–16.

Braunagel, M. (1995) Konstruktion und Screening einer synthetischen Antikörperbibliothek. Dissertation, Universität Heidelberg.

Breitling, F.; Dübel, S. (1997) Cloning and Expression of Single Chain Fragments (scFv) from Mouse and Rat Hybridomas. In: Molecular Biology Based Methods in Clinical Diagnosis in der Serie „Methods in Molecular Medicine" hrsg. von J. M. Walker, Humana Press Inc.

Breitling, F.; Dübel, S.; Seehaus, T.; Klewinghaus, I.; Little, M. (1991) A surface expression vector for antibody screening. In: *Gene* 104, S. 147–153.

Brinkmann, U. Recombinant immunotoxins: protein engineering for cancer therapy. In: *Mol. Med. Today* 2, S. 439–446.

Brinkmann, U.; Reiter, Y.; Jung, S. H.; Lee, B.; Pastan, I. (1993) A recombinant immunotoxin containing a disulfide stabilized Fv fragment. In: *Proc. Natl. Acad. Sci. USA* 90, S. 7538–7542.

Campbell, M. J.; Zelenetz, A. D.; Levy, S.; Levy, R. (1992) Use of family specific region primers for PCR amplification of the human heavy chain variable region gene repertoire. In: *Molecular Immunology* 29, S. 193–203.

Chester, K. A.; Begent, R. H.; Robson, L.; Keep, P.; Pedley, R. B.; Boden, J. A.; Boxer, G.; Green, A.; Winter, G.; Cochet, O.; et al. (1994) Phage libraries for generation of clinically useful antibodies. In: *Lancet* 343, S. 455–456.

Chothia, C.; Lesk, A. M.; Gherardi, E.; Tomlinson, I. M.; Walter, G.; Marks, J. D.; Llewelyn, M. B.; Winter, G. (1992) Structural repertoire of the human VH segments. In: *J. Mol. Biol.* 227, S. 799–817.

Chothia, C.; Lesk, A. M.; Levitt, M.; Amit, A. G.; Mariuzza, R. A.; Phillips, S. E.; Poljak, R. J. (1986) The predicted structure of immunoglobulin D1.3 and its comparison with the crystal structure. In: *Science* 233, S. 755–758.

Cochran, A. G.; Schultz, P. G. (1990) Antibody catalyzed porphyrin metallation. In: *Science* 249, S. 781–783.

Cook, G. P.; Tomlinson, I. M. (1995) The human immunoglobulin VH repertoire. In: *Immunol. Today* 16, S. 237–242.

Courtenay Luck, N. S.; Epenetos, A. A.; Moorre, R.; Larche, M.; Pectasides, D.; Dhokia, B.; Ritter, M. (1986) Development of primary and Secondary Immune Responses to Mouse Monoclonal Antibodies Used in the Diagnosis and Therapy of Malignant Neoplasms. In: *Cancer Res.* 46, S. 6489–6493.

Crowe, J. E. Jr; Murphy, B. R.; Chanock, R. M.; Williamson, R. A.; Barbas C. F. 3rd; Burton, D. R. (1994) Recombinant human respiratory syncytial virus (RSV) monoclonal antibody Fab is effective therapeutically when introduced directly into the lungs of RSV infected mice. In: *Proc. Natl. Acad. Sci. USA* 91, S. 1386–1390.

Cwirla, S. E.; Peters, E. A.; Barrett, R. W.; Dower, W. J. (1990) Peptides on phage: a vast library of peptides for identifying ligands. In: *Proc. Natl. Acad. Sci. USA* 87, S. 6378–6382.

Davies, E. L.; Smith, J. S.; Birkett, C. R.; Manser, J. M.; Anderson Dear, D. V.; Young, J. R. (1995) Selection of specific phage display antibodies using libraries derived from chicken immunoglobulin genes. In: *J. Immunol. Methods* 186, S. 125–135.

Davies, J.; Riechmann, L. (1995) Antibody VH Domains as Small Recognition Units. In: *Biotechnology* 13, S. 475–479.

Davies, J., Riechmann, L. (1996) Single antibody domains as small recognition units: design and *in vitro* antigen selection of camelized, human VH domains with improved protein stability. In: *Protein Engineering* 9, S. 531–537.

de Kruif, J.; Boel, E.; Logtenberg, T. (1995a) Selection and application of human single chain Fv antibody fragments from a semi synthetic phage antibody display library with designed CDR3 regions. In: *J. Mol. Biol.* 248, S. 97–105.

de Kruif, J.; Terstappen, L.; Boel, E.; Logtenberg, T. (1995b) Rapid selection of cell subpopulation specific human monoclonal antibodies from a synthetic phage antibody library. In: *Proc. Natl. Acad. Sci. USA* 92, S. 3938–3942.

de Kruif, J.; van der Vuurst de Vries, A. R.; Cilenti, L.; Boel, E.; van Ewijk, W.; Logtenberg, T. (1996) New perspectives on recombinant human antibodies. In: *Immunol. Today* 17, S. 453–455.

de Wildt, R. M.; Finnern, R.; Ouwehand, W. H., Griffiths, A. D.; van Venrooij, W. J.; Hoet, R. M. (1996) Characterization of human variable domain antibody fragments against the U1 RNA associated A protein, selected from a synthetic and patient derived combinatorial V gene library. In: *Eur. J. Immunol.* 26, S. 629–639.

Deng, S. J.; MacKenzie, C. R.; Hirama, T.; Brousseau, R.; Lowary, T. L.; Young, N. M.; Bundle, D. R.; Narang, S. A. (1995) Basis for selection of improved carbohydrate binding single chain antibodies from synthetic gene libraries. In: *Proc. Natl. Acad. Sci. USA* 92, S. 4992–4996.

Deng, S. J.; MacKenzie, C. R.; Sadowska, J.; Michniewicz, J.; Young, N. M.; Bundle, D. R.; Narang, S. A. (1994) Selection of antibody single chain variable fragments with improved carbohydrate binding by phase display. In: *J. Biol. Chem.* 269, S. 9533–9538.

Desmyter, A.; Transue, T. R.; Ghahroudi, M. A.; Thi, M. H. D.; Poortmans, F.; Hamers, R.; Muyldermans, S.; Wyns, L. (1996) Crystal structure of a camel single domain VH antibody fragment in complex with lysozyme. In: *Nature Structural Biology* 3, S. 803–811.

Devlin, J. J.; Panganiban, L. C.; Devlin, P. E. (1990) Random peptide libraries: a source of specific protein binding molecules. In: *Science* 249, S. 404–406.

Dinh, Q.; Weng, N. P.; Kiso, M.; Ishida, H.; Hasegawa, A.; Marcus, D. M. (1996) High affinity antibodies against Lex and sialyl Lex from a phage display library. In: *J. Immunol.* 157, S. 732–738.

Dörsam, H.; Braunagel, M.; Kleist, C.; Moynet, D.; Welschof, M. (1997) Screening of phage displayed antibody libraries. In: „Molecular Biology Based Methods in Clinical Diagnosis" in der Serie „Methods in Molecular Medicine" hrsg. von J. M. Walker. Humana Press.

Dübel, S.; Breitling, F.; Kontermann, R.; Schmidt, T.; Skerra, A.; Little, M. (1995) Bifunctional and multimeric complexes of streptavidin fused to single chain antibodies (scFv). In: *J. Immunol. Methods* 178, S. 201–209.

Dübel, S.; Breitling, F.; Fuchs, P.; Zewe, M.; Gotter, S.; Moldenhauer, G.; Little, M. (1994) Isolation of IgG antibody Fv DNA from various mouse and rat hybridoma cell lines using the polymerase chain reaction with a simple set of primers. In: *J. Imm. Methods* 175, S. 89–95.

Duchosal, M. A.; Eming, S. A.; Fischer, P.; Leturcq, D.; Barbas, C. F. 3d; McConahey, P. J.; Caothien, R. H.; Thornton, G. B.; Dixon, F. J.; Burton, D. R. (1992) Immunization of hu PBL SCID mice and the rescue of human monoclonal Fab fragments through combinatorial libraries. In: *Nature* 355, S. 258–262.

Duenas, M.; Borrebaeck, C. (1994) Clonal Selection and Amplification of Phage Displayed Antibodies by Linking Antigen Recognition and Phage Replication. In: *Bio/Technology* 12, S. 999–1002.

Dziegiel, M.; Nielsen, L. K.; Andersen, P. S.; Blancher, A.; Dickmeiss, E.; Engberg, J. (1995) Phage display used for gene cloning of human recombinant antibody against the erythrocyte surface antigen, rhesus D. In: *J. Immunol. Methods* 182, S. 7–19.

Embleton, M. J.; Gorochov, G.; Jones, P. T.; Winter, G. (1992) In cell PCR from mRNA: amplifying and linking the rearranged immunoglobulin heavy and light chain V genes within single cells. In: *Nucleic Acids Res.* 20, S. 3831–3837.

Figini, M.; Marks, J. D.; Winter, G.; Griffiths, A. D. (1994) *In vitro* assembly of repertoires of antibody chains on the surface of phage by renaturation. In: *J. Mol. Biol.* 239, S. 68–78.

Foote, J.; Winter, G. (1992) Antibody framework residues affecting the conformation of the hypervariable loops. In: *J. Mol. Biol.* 224, S. 487–499.

Francisco, J. A.; Campbell, R.; Iverson, B. L.; Georgiou, G. (1993) Production and fluorescence activated cell sorting of *Escherichia coli* expressing a functional antibody fragment on the external surface. In: *Proc. Natl. Acad. Sci. USA* 90, S. 10444-10448.

Frippiat, J. P.; Williams, S. C.; Tomlinson, I. M.; Cook, G. P.; Cherif, D.; Le Paslier, D.; Collins, J. E.; Dunham, I.; Winter, G.; Lefranc, M. P. (1995) Organization of the human immunoglobulin lambda light chain locus on chromosome 22q11.2. In: *Hum Mol Genet* 4, S. 983–991.

Fuchs, P.; Breitling, F.; Little, M.; Dübel, S. (1997) Primary structure and functional scFv antibody expression of an antibody against the human protooncogen c myc. In: *Hybridoma* 16, S. 227–233.

Fuchs, P.; Breitling, F.; Dübel, S.; Seehaus, T.; Little, M. (19919 Targeting recombinant antibodies to the surface of *E. coli:* Fusion to a peptidoglycan assiciated Lipoprotein. In: *Bio/Technology* 9, S. 1369–1372.

Fuchs, P.; Dübel, S.; Breitling, F.; Braunagel, M.; Klewinghaus, I.; Little, M. (1992) Recombinant human monoclonal antibodies: Basic principles of the immune system transferred to *E. coli.* In: *Cell Biophysics* 21, S. 81–92.

Fuchs, P.; Weichel, W.; Dübel, S.; Breitling, F.; Little, M. (1996) Specific selection of *E. coli* expressing functional cell wall bound antibody fragments by FACS. In: *Immunotechnol.* 2, S. 97–102.

Geoffroy, F.; Sodoyer, R.; Aujame, L. A. (1994) New phage display system to construct multicombinatorial libraries of very large antibody repertoires. In: *Gene* 151, S. 109–113.

Gibbs, R. A.; Posner, B. A.; Filpula, D. R.; Dodd, S. W.; Finkelman, M. A.; Lee, T. K.; Wroble, M.; Whitlow, M.; Benkovic, S. J. (1991) Construction and characterization of a single chain catalytic antibody. In: *Proc. Natl. Acad. Sci. USA* 88, S. 4001-4004.

Glockshuber, R.; Malia, M.; Pfitzinger, I.; Plückthun, A. (1990) A comparison of strategies to stabilize immunoglobulin Fv fragment. In: *Biochemistry* 29, S. 1362–1367.

Gouverneur, V. E.; Houk, K. N.; de Pascual Teresa, B.; Beno, B.; Janda, K. D.; Lerner, R. A. (1993) Control of the exo and endo pathways of the Diels Alder reaction by antibody catalysis. In: *Science* 262, S. 204–208.

Gram, H.; Marconi, L. A.; Barbas, C. F. 3d; Collet, T. A.; Lerner, R. A.; Kang, A. S. (1992) *In vitro* selection and affinity maturation of antibodies from a naive combinatorial immunoglobulin library. In: *Proc. Natl. Acad. Sci. USA* 89, S. 3576–3580.

Griffin, H. M.; Ouwehand, W. H. (1995) A human monoclonal antibody specific for the leucine 33 (P1A1, HPA 1a) form of platelet glycoprotein IIIa from a V gene phage display library. In: *Blood* 86, S. 4430–4436.

Griffiths, A. D.; Malmqvist, M.; Marks, J. D.; Bye, J. M.; Embleton, M. J.; McCafferty, J.; Baier, M.; Holliger, K. P.; Gorick, B. D.; Hughes Jones, N. C.; Winter, G. (1993) Human anti self antibodies with high specificity from phage display libraries. In: *EMBO J.* 12, S. 725-734.

Griffiths, A. D.; Williams, S. C.; Hartley, O.; Tomlinson, I. M.; Waterhouse, P.; Crosby, W. L.; Kontermann, R. E.; Jones, P. T.; Low, N. M.; Allison, T. J. (1994) Isolation of high affinity human antibodies directly from large synthetic repertoires. In: *EMBO J.* 13, S. 3245–3260.

Grosjean, H.; Fiers, W. (1982) Preferential codon usage in prokaryotic genes: the optimal codon anticodon interaction energy and the selective codon usage in efficiently expressed genes. In: *Gene* 18, S. 199–209.

Hale, G.; Dyer, M. J.; Clark, M. R.; Phillips, J. M.; Marcus, R.; Riechmann, L.; Winter, G.; Waldmann, H. (1988) Remission induction in non Hodgkin lymphoma with reshaped human monoclonal antibody CAMPATH 1H. In: *Lancet 2*, S. 1394–1399.

Hamers Casterman, C.; Atarhouch, T.; Muyldermans, S.; Robinson, G.; Hamers, C.; Songa, E. B.; Bendahman, N.; Hamers, R. (1993) Naturally occurring antibodies devoid of light chains. In: *Nature* 363, S. 446–448.

Hawkins, R. E.; Russell, S. J.; Winter, G. (1992) Selection of phage antibodies by binding affinity. Mimicking affinity maturation. In: *J. Mol. Biol.* 226, S. 889–896.

Hayashi, N.; Welschof, M.; Zewe, M.; Braunagel, M.; Dübel, S.; Breitling, F.; Little, M. (1994) Simultaneous mutagenesis of antibody CDR regions by overlap extension and PCR. In: *BioTechniques* 17, S. 310–313.

Hayden, M. S.; Gilliland, L. K.; Ledbetter, J. A. (1997) Antibody engineering. In: *Current Opinion in Immunology* 9, S. 201–212.

Hexham, J. M.; Partridge, L. J.; Furmaniak, J.; Petersen, V. B.; Colls, J. C.; Pegg, C.; Rees Smith, B.; Burton, D. R. (1994) Cloning and characterisation of TPO autoantibodies using combinatorial phage display libraries. In: *Autoimmunity* 17, S. 167–179.

Hirschmann, R.; Smith, A. B. 3rd.; Taylor, C. M.; Benkovic, P. A.; Taylor, S. D.; Yager, K. M.; Sprengeler, PO. A.; Benkovic, S. J. (1994) Peptide synthesis catalyzed by an antibody containing a binding site for variable amino acids. In: *Science* 265, S. 234–237.

Hollfelder, F.; Kirby, A. J.; Tawfik, D. S. (1996) Off-the-shell proteins that rival tailor-made antibodies as catalysts. In: *Nature* 383, S. 60–62.

Holz, E.; Raab, R.; Riethmuller, G. (1996) Antibody based immunotherapeutic strategies in colorectal cancer. In: *Recent Results Cancer Res.* 142, S. 381–400.

Hoogenboom, H. R.; Griffiths, A. D.; Johnson, K. S.; Chiswell, D. J.; Hudson, P.; Winter, G. (1991) Multi subunit proteins on the surface of filamentous phage: methodologies for displaying antibody (Fab) heavy and light chains. In: *Nucl. Acids Res.* 19, S. 4133–4137.

Hughes Jones, N. C.; Gorick, B. D.; Bye, J. M.; Finnern, R.; Scott, M. L.; Voak, D.; Marks, J. D.; Ouwehand, W. H. (1994) Characterization of human blood group scFv antibodies derived from a V gene phage display library. In: *Br. J. Haematol.* 88, S. 180–186.

Huse, W. D.; Sastry, L.; Iverson, S. A.; Kang, A. S.; Alting Mees, M.; Burton, D. R.; Benkovic, S. J.; Lerner, R. A. (1989) Generation of a large combinatorial library of the immunoglobulin repertoire in phage lambda. In: *Science* 246, S. 1275–1281.

Huston, J. S.; Levinson, D.; Mudgett Hunter, M.; Tai, M. S.; Novotny, J.; Margolies, M. N.; Ridge, R. J.; Bruccolery, R. E.; Haber, E.; Crea, R.; Oppermann, H. (1988) Protein engineering of antibody binding sites: recovery of specific activity in an anti digoxin single chain Fv analogue produced in *E. coli*. In: *Proc. Natl. Acad. Sci. USA* 85, S. 5879–5883.

Jacobsen, J. R.; Schultz, P. G. (1994) Antibody catalysis ofpeptide bond formation. In: *Proc. Natl. Acad. Sci. USA* 91, S. 6888–5892.

Jakobovits, A. (1995) Production of fully human antibodies by transgenic mice. In: *Curr. Opin. Biotechnol.* 6, S. 561–566.

Janda, K. D.; Lo, C. H.; Li, T.; Barbas, C. F. 3rd.; Wirsching, P.; Lerner, R. A. (1994) Direct selection for a catalytic mechanism from combinatorial antibody libraries. In: *Proc. Natl. Acad. Sci. USA* 91, S. 2532–2536.

Jespers, L. S.; Roberts, A.; Mahler, S. M.; Winter, G.; Hoogenboom, H. R. (1994) Guiding the selection of human antibodies from phage display repertoires to a single epitope of an antigen. In: *Biotechnology NY* 12, S. 899–903.

Jespers, L. S.; Messens, J. H., De Keyser, A.; Eeckhout, D.; Van Den Brande, I.; Gansemans, Y. G.; Lauwereys, M. J.; Vlasuk, G. P.; Stanssens, P. E. (1995) Surface Expression and Ligand Based Selection of cDNAs Fused to Filamentous Phage Gene VI. In: *Bio/Technology* 13, S. 378–381.

Jung, S. H.; Pastan, I.; Lee, B. (1994) Design of interchain disulfide bonds in the framework region of the Fv fragment of the monoclonal antibody B3. In: *Proteins* 19, S. 35–47.

Kabat, E. A.; Wu, T. T.; Reid Miller, M.; Perry, H. M.; Gottesman, K. S. (1987) Sequences of Proteins of Immunological Interest. U.S. Department of Health and Human Services, Public Health Service National Institutes of Health.

Kang, A. S.; Barbas, C. F.; Janda, K. D.; Benkovic, S. J.; Lerner, R. A. (1991) Linkage of recognition and replication functions by assembling combinatorial antibody Fab libraries along phage surfaces. In: *Proc. Natl. Acad. Sci. USA* 88, S. 4363–4366.

Kirkpatrick, R. B.; Ganguly, S.; Angelichio, M.; Griego, S.; Shatzman, A.; Silverman, C.; Rosenberg, M. (1995) Heavy chain dimers as well as complete antibodies are efficiently formed and secreted from Drosophila via a BiP mediated pathway. In: *J. Biol. Chem.* 270, S. 19800–19805.

Krebber, C.; Spada, S.; Desplacq, D.; Plückthun, A. (1995) Co selection of cognate antibody antigen pairs by selecively infective phages. In: *FEBS Letters* 377, S. 227–231.

Lamers, C. H.; Gratama, J. W.; Warnaar, S. O.; Stoter, G.; Bolhuis, R. L. (1995) Inhibition of bispecific monoclonal antibody (bsAb) targeted cytolysis by human anti mouse antibodies in ovarian carcinoma patients treated with bsAb targeted activated T lymphocytes. In: *Int. J. Cancer* 60, S. 450–457.

Landry, D. W.; Zhao, K.; Yang, G. X.; Glickman, M.; Georgiadis, T. M. (1993) Antibody catalyzed degradation of cocaine. In: *Science* 259, S. 1899–1901.

Lang, I. M.; Barbas, C. F. 3rd.; Schleef, R. R. (1996) Recombinant rabbit Fab with binding activity to type 1 plasminogen activator inhibitor derived from a phage display library against human alpha granules. In: *Gene* 172, S. 295–298.

Lerner, R. A.; Benkovic, S. J.; Schultz, P. G. (1991) At the crossroads of chemistry and immunology: catalytic antibodies. In: *Science* 252, S. 659–667.

Lerner, R. A.; Kang, A. S.; Bain, J. D.; Burton, D. R.; Barbas, C. F. 3rd. (1992) Antibodies without immunization. In: *Science* 258, S. 1313–1314.

Li, L.; Paul, S.; Tyutyulkova, S.; Kazatchkine, M. D.; Kaveri, S. (1995) Catalytic activity of anti thyroglobulin antibodies. In: *J. Immunol.* 154, S. 3328–3332.

Lonberg, N.; Huszar, D. (1995) Human antibodies from transgenic mice. In: *Int. Rev. Immunol.* 13, S. 65–93.

Low, N. M.; Holliger, P.; Winter, G. (1996) Mimicking Somatic Hypermutation: Affinity Maturation of Antibodies Displayed on Bacteriophage Using a Bacterial Mutator Strain. In: *J. Molec. Biol.* 260, S. 359–368.

Lyttle, M. H.; Napolitano, E. W.; Calio, B. L.; Kauvar, L. M. (1995) Mutagenesis using trinucleotide beta cyanoethyl phosphoramidites. In: *Biotechniques* 19, S. 274–281.

Mallender, W. D.; Carrero, J.; Voss, E. W. JR (1996) Comparative properties of the single chain antibody and Fv derivatives of mAb 4 4 20. Relationship between interdomain interactions and the high affinity for fluorescein ligand. In: *J. Biol. Chem.* 271, S. 5338–5346.

Marks, J. D.; Griffiths, A. D.; Malmqvist, M.; Clackson, T. P.; Bye, J. M.; Winter, G. (1992) By passing immunization: building high affinity human antibodies by chain shuffling. In: *Biotechnology NY* 10, S. 779–783.

Marks, J. D.; Hoogenboom, H. R.; Bonnert, T. P.; McCafferty, J.; Griffiths, A. D.; Winter, G. (1991b) By passing immunization. Human antibodies from V gene libraries displayed on phage. In: *J. Mol. Biol.* 222, S. 581–597.

Marks, J. D.; Ouwehand, W. H.; Bye, J. M.; Finnern, R.; Gorick, B. D.; Voak, D.; Thorpe, S. J.; Hughes Jones, N. C.; Winter, G. (1993) Human antibody fragments specific for human blood group antigens from a phage display library. In: *Bio/Technology* 11, S. 1145–1149.

Marks, J. D.; Tristem, M.; Karpas, A.; Winter, G. (1991a) Oligonucleotide primers for polymerase chain reaction amplification of human immunoglobulin variable genes and design of family specific oligonucleotide probes. In: *Eur. J. Immunol.* 21, S. 985–991.

Martin, F.; Toniatti, C.; Salvati, A. L.; Venturini, S.; Ciliberto, G.; Cortese, R.; Sollazzo, M. (1994) The affinity selection of a minibody polypeptide inhibitor of human interleukin 6. In: *EMBO J.* 13, S. 5305–5309.

McCafferty, J.; Griffiths, A. D.; Winter, G.; Chiswell, D. J. (1990) Phage antibodies: filamentous phage displaying antibody variable domains. In: *Nature* 34, S. 552–554.

Merz, D. C.; Dunn, R. J.; Drapeau, P. (1995) Generating a phage display antibody library against an identified neuron. In: *J. Neurosc. Methods.* 62, S. 213–219.

Micheel, B.; Heymann, S.; Scharte, G.; Böttger, V.; Vogel, F.; Dübel, S.; Breitling, F.; Little, M.; Behrsing, O. (1994) Production of monoclonal antibodies against epitopes of the main coat protein of filamentous fd phages. In: *J. Imm. Methods* 171, S. 103–109.

Miyashita, H.; Karaki, Y.; Kikuchi, M.; Fujii, I. (1993) Prodrug activation via catalytic antibodies. In: *Proc. Natl. Acad. Sci. USA* 90, S. 5337–5340.

Moosmayer, D.; Dübel, S.; Brocks, B.; Watzka, H.; Hampp, C.; Scheurich, P.; Little, M.; Pfizenmaier, K. (1995) A single chain TNF receptor antagonist is an effective inhibitor of TNF mediated cytotoxicity. In: *Ther. Immunol.* 2, S. 31–40.

Mullis, K.; Faloona, F.; Scharf, S.; Saiki, R.; Horn, G.; Erlich, H. (1992) Specific enzymatic amplification of DNA *in vitro:* the polymerase chain reaction. In: *Biotechnology* 24, S. 17–27.

Muyldermans, S.; Atarhouch, T.; Saldanha, J.; Barbosa, J. A.; Hamers, R. (1994) Sequence and structure of VH domain from naturally occurring camel heavy chain immunoglobulins lacking light chains. In: *Protein Eng.* 7, S. 1129–1135.

Nelson, F. K.; Friedman, S. M.; Smith, G. P. (1981) Filamentous phage DNA cloning vectors: a noninfective mutant with a nonpolar deletion in gene III. In: *Virology* 108, S. 338–350.

Newton, C. R.; Graham, A. (1994) PCR. Spektrum Akademischer Verlag, Heidelberg.

Nissim, A.; Hoogenboom, H. R.; Tomlinson, I. M.; Flynn, G.; Midgley, C.; Lane, D.; Winter, G. (1994) Antibody fragments from a 'single pot' phase display library as immunochemical reagents. In: *EMBO J.* 13, S. 692–698.

Orlandi, R.; Güssow, D. H.; Jones, P. T.; Winter, G. (1989) Cloning immunoglobulin variable domains for expression by the polymerase chain reaction. *Proc. Natl. Acad. Sci. USA* 86, S. 3833–3837.

Ørum, H.; Andersen, P. S.; Øster, A.; Johansen, L. K.; Riise, E.; Bjørnvad, M.; Svendsen, I.; Engberg, J. (1993) Efficient method for constructing comprehensive murine Fab antibody libraries displayed on phage. In: *Nucl. Acid. Res.* 21, S. 4491–4498.

Pantoliano, M. W.; Bird, R. E.; Johnson, S.; Asel, E. D.; Dodd, S. W.; Wood, J. F.; Hardman, K. D. (1991) Conformational stability, folding, and ligand binding affinity of single chain Fv immunoglobulin fragments expressed in *Escherichia coli.* In: *Biochemistry* 30, S. 10117–10125.

Parmley, S. F.; Smith, G. P. (1988) Antibody selectable filamentous fd phage vectors: affinity purification of target genes. In: *Gene* 73, S. 305–318.

Parren, P. W.; Ditzel, H. J.; Gulizia, R. J.; Binley, J. M.; Barbas, C. F. 3rd.; Burton, D. R.; Mosier, D. E. (1995) Protection against HIV 1 infection in hu PBL SCID mice by passive immunization with a neutralizing human monoclonal antibody against the gp120 CD4 binding site. In: *AIDS* 9, S. 1–6.

Paul, S.; Volle, D. J.; Beach, C. M.; Johnson, D. R.; Powell, M. J.; Massey, R. J. (1989) Catalytic hydrolysis of vasoactive intestinal peptide by human autoantibody. In: *Science* 243, S. 1158–1162.

Pessi, A.; Bianchi, E.; Crameri, A.; Venturini, S.; Tramontano, A.; Sollazzo, M. A. (1993) Designed metal binding protein with a novel fold. In: *Nature* 362, S. 367–369.

Portolano, S.; McLachlan, S. M.; Rapoport, B. (1993) High affinity, thyroid specific human autoantibodies displayed on the surface of filamentous phage use V genes similar to other autoantibodies. In: *J. Immunol.* 151, S. 2839–2851.

Powers, J. E.; Machbank, M. T.; Deutscher, S. L. (1995) The isolation of U1 RNA binding antibody fragments from autoimmune human derived bacteriophage display libraries. In: *Nucleic Acids Symp. Ser.* 33, S. 240–243.

Raag, R.; Whitlow, M. (1995) Single chain Fvs. In: *FASEB J.* 9, S. 73–80.

Rasched, I.; Oberer, E. (1986) Ff coliphages: Structural and functional relationships. In: *Microbiological Reviews* 50, S. 401–427.

Reiter, Y.; Brinkmann, U.; Kreitman, R. J.; Jung, S. H.; Lee, B.; Pastan, I. (1994) Stabilization of the Fv Fragments in Recombinant Immunotoxins by Disulfide

Bonds Engineered into Conserved Framework Regions. In: *Biochemistry* 33, S. 5451–5459.

Reiter, Y., Brinkmann, U.; Lee, B.; Pastan, I. (1996) Engineering antibody Fv-fragments for cancer detection and therapy: Disulfide-stabilized Fv-fragments. In: *Nature Biotechnology* 14, S. 1239–1245.

Ridder, R.; Schmitz, R.; Legay, F.; Gram, H. (1995) Generation of Rabbit Monoclonal Antibody Fragments from a Combinatorial Phage Display Library and Their Production in the Yeast *Pichia pastoris*. In: *Bio/Technology* 13, S. 255–260.

Riechmann, L.; Clark, M.; Waldmann, H.; Winter, G. (1988) Reshaping human antibodies for therapy. In: *Nature* 332, S. 323–327.

Riechmann, L.; Weill, M. (1993) Phage display and selection of a site directed randomized single chain antibody Fv fragment for its affinity improvement. In: *Biochemistry* 32, S. 8848–8855.

Riechmann, L.; Weill, M.; Cavanagh, J. (1992) Improving the antigen affinity of an antibody Fv fragment by protein design. In: *J. Mol. Biol.* 224, S. 913–918.

Roberts, V. A.; Stewart, J.; Benkovic, S. J.; Getzoff, E. D. (1994) Catalytic antibody model and mutagenesis implicate arginine in transition state stabilization. In: *J. Mol. Biol.* 235, S. 1098–1116.

Rondot, S.; Anthony, K.; Dübel, S.; Ida, N.; Beyreuther, K.; Frost, L.; Little, M.; Breitling, F. (1997) Epitopes fused to F Pilin are incorporated into functional recombinant pili. Zur Veröffentlichung eingereicht.

Rosenberg, A.; Griffin, K.; Studier, E. W.; McCormick, M.; Berg, J.; Novy, R.; Mierendorf, R. (1996) T7Select Phage Display System: A powerful new protein display system based on bacteriophage T7. In: *in-Novations* 6, S. 2–7.

Russell, S. J.; Hawkins, R. E.; Winter, G. (1993) Retroviral vectors displaying functional antibody fragments. In: *Nucleic Acids Res.* 21, S. 1081–1085.

Sanna, P. P.; De Logu, A.; Williamson, R. A.; Hom, Y. L.; Straus, S. E.; Bloom, F. E.; Burton, D. R. (1996) Protection of nude mice by passive immunization with a type common human recombinant monoclonal antibody against HSV. In: *Virology* 215, S. 101–106.

Sanna, P. P.; Williamson, R. A.; De Logu, A.; Bloom, F. E.; Burton, D. R. (1995) Directed selection of recombinant human monoclonal antibodies to herpes simplex virus glycoproteins from phage display libraries. In: *Proc. Natl. Acad. Sci. USA* 92, S. 6439–6445.

Saul, F. A.; Poljak, R. J. (1993) Structural paterns at residue positions 9, 18, 67 and 82 in the VH framework regions of human and murine immunoglobulins. In: *J. Mol. Biol.* 230, S. 15–20.

Schier, R.; Bye, J.; Apell, G.; McCall, A.; Adams, G. P.; Malmqvist, M.; Weiner, L. M.; Marks, J. D. (1996) Isolation of high affinity monomeric human anti c erbB 2 single chain Fv using affinity driven selection. In: *J. Mol. Biol.* 255, S. 28–43.

Schiweck, W.; Skerra, A. (1997) The rational Construction of an Antibody against Cystatin: Lessons from the Crystal Structure of an Artificial Fab Fragment. In: *J. Mol. Biol.* 269, S. 1–18.

Schnee, J. M.; Runge, M. S.; Matsueda, G. R.; Hudson, N. W.; Seidman, J. G.; Haber, E.; Quertermous, T. (1987) Construction and expression of a recombinant antibody targeted plasminogen activator. In: *Proc. Natl. Acad. Sci. USA* 84, S. 6904–6908.

Schultz, P. G.; Lerner, R. A. (1995) From molecular diversity to catalysis: lessons from the immune system. In: *Science* 269, S. 1835–1842.

Scott, J. K.; Smith, G. P. (1990) Searching for peptide ligands with an epitope library. In: *Science* 249, S. 386–390.

Shuster, A. M.; Gololobov, G. V.; Kvashuk, O. A.; Bogomolova, A. E.; Smirnov, I. V.; Gabibov, A. G. (1992) DNA hydrolyzing autoantibodies. In: *Science* 256, S. 665–667.

Skerra, A.; Dreher, M. L.; Winter, G. (1991) Filter screening of antibody Fab fragments secreted from individual bacterial colonies: specific detection of antigen binding with a two membrane system. In: *Anal. Biochem.* 196, S. 151–155.

Skerra, A.; Plückthun, A. (1988) Assembly of a functional immunoglobulin Fv fragment in *Escherichia coli.* In: *Science* 240, S. 1038–1041.

Smiley, J. A.; Benkovic, S. J. (1994) Selection of catalytic antibodies for a biosynthetic reaction from a combinatorial cDNA library by complementation of an auxotrophic *Escherichia coli*: antibodies for orotate decarboxylation. In: *Proc. Natl. Acad. Sci. USA* 91, S. 8319–8323.

Smith, G. P. (1985) Filamentous fusion phage: novel expression vectors that display cloned antigens on the virion surface. In: *Science* 228, S. 1315–1317.

Soderlind, E.; Vergeles, M.; Borrebaeck, C. A. (1995) Domain libraries: synthetic diversity for de novo design of antibody V regions. In: *Gene* 160, S. 269–272.

Sondek, J.; Shortle, D. A. (1992) General strategy for random insertion and substitution mutagenesis: substoichiometric coupling of trinucleotide phosphoramidites. In: *Proc. Natl. Acad. Sci. USA* 89, S. 3581–3585.

Song, Z.; Cai, Y.; Song, D.; Xu, J.; Yuan, H.; Wang, L.; Zhu, X.; Lin, H.; Breitling, F.; Dübel, S. (1997) Primary structure and functional expression of heavy- and light-chain variable region genes of a monoclonal antibody specific for human fibrin. In: *Hybridoma* 16, S. 235–241.

Songsivilai, S.; Bye, J. M.; Marks, J. D.; Hughes Jones, N. C. (1990) Cloning and sequencing of human lambda immunoglobulin genes by the polymerase chain reaction. In: *Eur. J. Immunol.* 20, S. 2661–2666.

Soumillion, P.; Jespers, L.; Bouchet, M.; Marchand Brynaert, J.; Winter, G.; Fastrez, J. (1994) Selection of beta lactamase on filamentous bacteriophage by catalytic activity. In: *J. Mol. Biol.* 237, S. 415–422.

Spinelli, S.; Frenken, L.; Bourgeols, D.; deRou, L.; Bos, W.; Verrips, T.; Anquille, C.; Cambillan, C.; Tegoni, M. (1996) The crystal structure of allame heavy chain variable domain. In: *Nat. Structural Biology* 3, S. 752–757.

Stemmer, W. P. (1994) Rapid evolution of a protein *in vitro* by DNA shuffling. In: *Nature* 370, S. 389–391.

Stemmer, W. P.; Morris, S. K.; Wilson, B. S. (1993) Selection of an active single chain Fv antibody from a protein linker library prepared by enzymatic inverse PCR. In: *Biotechniques* 14, S. 256–265.

Stryhn, A.; Andersen, P. S.; Pedersen, L. O.; Svejgaard, A.; Holm, A.; Thorpe, C. J.; Fugger, L.; Buus, S.; Engberg, J. (1996) Shared fine specifity between T-cell receptors and an antibody recognizing a peptide/major histocompatibility class I complex. In: *Proc. Natl. Acad. Sci. USA*, S. 10338–10342.

Studnicka, G. M.; Soares, S.; Better, M.; Williams, R. E.; Nadell, R.; Horwitz, A. H. (1994) Human engineered monoclonal antibodies retain full specific binding activity by preserving non CDR complementarity modulating residues. In: *Protein Eng.* 7, S. 805–814.

Süsal, C.; Groth, J.; Oberg, H. H.; Terness, P.; May, G.; Opelz, G. (1992) The association of kidney graft outcome with pretransplant serum IgG anti F(ab')2 gamma activity. In: *Transplantation* 54, S. 632–635.

Takkinen, K.; Laukkanen, M. L.; Sizmann, D.; Alfthan, K.; Immonen, T.; Vanne, L.; Kaartinen, M.; Knowles, J. K.; Teeri, T. T. (1991) An active single chain antibody containing a cellulase linker domain is secreted by *Escherichia coli*. In: *Protein Eng.* 4, S. 837–841.

Tang, Y.; Hicks, J. B.; Hilvert, D. (1991) *In vivo* catalysis of a metabolically essential reaction by an antibody. In: *Proc. Natl. Acad. Sci. USA* 88, S. 8784–8786.

Tang, Y.; Jiang, N.; Parakh, C.; Hilvert, D. (1996) Selection of linkers for a catalytic single chain antibody using phage display technology. In: *J. Biol. Chem.* 271, S. 15682–15686.

Terness, P.; Kirschfink, M., Navolan, D.; Dufter, C.; Kohl, I.; Opelz, G.; Roelcke, D. (1995) Striking inverse correlation between IgG anti F(ab')2 and autoantibody production in patients with cold agglutination. In: *Blood.* 85, S. 548–551.

Tomlinson, I. M.; Cox, J. P.; Gherardi, E.; Lesk, A. M.; Chothia, C. (1995) The structural repertoire of the human V kappa domain. In: *EMBO J.* 14, S. 4628–4638.

Tramontano, A.; Chothia, C.; Lesk, A. M. (1990) Framework residue 71 is a major determinant of the position and conformation of the second hypervariable region in the VH domains of immunoglobulins. In: *J. Mol. Biol.* 215, S. 175–182.

Tsunenari, T.; Akamatsu, K.; Kaiho, S.; Sato, K.; Tsuchiya, M.; Koishihara, Y.; Kishimoto, T.; Ohsugi, Y. (1996) Therapeutic potential of humanized anti interleukin 6 receptor antibody: antitumor activity in xenograft model of multiple myeloma. Anticancer Res. 16, S. 2537–2544.

Tsurushita, N.; Fu, H.; Warren, C. (1996) Phage display vectors for *in vivo* recombination of immunoglobulin heavy and light chain genes to make large combinatorial libraries. In: *Gene* 172, S. 59–63.

Utsumi, S.; Karush, F. (1964) Subunits of purified rabbit antibody. In: *Biochemistry* 3, S. 1329–1338.

Vargas-Madrazo, E.; Lara Ochoa, F.; Almagro, J. C. (1995) Canonical structure repertoire of the antigen binding site of immunoglobulins suggests strong geometrical restrictions associated to the mechanism of immune recognition. In: *J. Mol. Biol.* 254, S. 497–504.

Virnekas, B.; Ge, L.; Plückthun, A.; Schneider, K. C.; Wellnhofer, G.; Moroney, S. E. (1994) Trinucleotide phosphoramidites: ideal reagents for the synthesis of mixed oligonucleotides for random mutagenesis. In: *Nucleic Acids Res.* 22, S. 5600–5607.

Ward, E. S.; Gussow, D.; Griffiths, A. D.; Jones, P. T.; Winter, G. (1989) Binding activities of a repertoire of single immunoglobulin variable domains secreted from *Escherichia coli*. In: *Nature* 341, S. 544–546.

Ward, V. K.; Kreissig, S. B.; Hammock, B. D.; Choudary, P. V. (1996) Generation of an expression library in the baculovirus expression vector system. In: *J. Virol. Methods* 53, S. 263–272.

Webster, R. E.; Lopez, J. (1985) Structure and assembly of the class 1 filamentous bacteriophage. In: Virus Structure and Assembly, Casjens, S. (Hrsg.), Jones and Bartlett Inc.; Boston/Portala Valley, USA, S. 235–267.

Welschof, M.; Little, M.; Dörsam, H. (1997b) Production of a human antibody library in the phage-display vector pSEX81. In: „Molecular Biology Based Methods in Clinical Diagnosis" in the series „Methods in Molecular Medicine", hrsg. von J. M. Walker, Humana Press.

Welschof, M., Terness, P.; Kipriyanov, S.; Stanescu, D.; Breitling, F.; Dorsam, H.; Dübel, S.; Little, M.; Opelz, G. (1997a) The antigen binding domain of a human IgG anti F(ab')2 autoantibody. In: *Proc. Natl. Acad. Sci. USA* 94, S. 1902–1907.

Welschof, M.; Terness, P.; Kolbinger, F.; Zewe, M.; Dübel, S.; Dörsam, H.; Hain, Ch.; Finger, M.; Jung, M.; Moldenhauer, G.; Hayashi, N.; Little, M.; Opelz, G. (1995) Amino acid sequence based PCR primers for amplification of rearranged human heavy and light chain immunoglobulin variable region genes. In: *J. Immunol. Meth.* 179, S. 203–214.

Wentworth, P.; Datta, A.; Blakey, D.; Boyle, T.; Partridge, L. J.; Blackburn, G. M. (1996) Toward antibody directed „abzyme" prodrug therapy ADAPT: carbamate prodrug activation by a catalytic antibody and its *in vitro* application to human tumor cell killin. In: *Proc. Natl. Acad. Sci. USA* 93, S. 799–803.

Williams, M. N.; Freshour, G.; Darvill, A. G.; Albersheim, P.; Hahn, M. G. (1996) An antibody Fab selected from a recombinant phage display library detects deesterified pectic polysaccharide rhamnogalacturonan II in plant cells. In: *Plant Cell* 8, S. 673–685.

Williamson, R. A.; Burioni, R.; Sanna, P. P.; Partridge, L. J.; Barbas, C. F. 3d.; Burton, D. R. (1993) Human monoclonal antibodies against a plethora of viral pathogens from single combinatorial libraries. In: *Proc. Natl. Acad. Sci. USA* 90, S. 4141–4145.

Winter, G.; Griffiths, A. D.; Hawkins, R. E.; Hoogenboom, H. R. (1994) Making antibodies by phage display technology. In: *Annu. Rev. Immunol.* 12, S. 433-455.

Winter, G.; Harris, W. J. (1993) Humanized antibodies. In: *Immunol. Today* 14, S. 243–246.

Wirsching, P.; Ashley, J. A.; Lo, C. H.; Janda, K. D.; Lerner, R. A. (1995) Reactive immunization. In: *Science* 270, S. 1775–1782.

Wright, A.; Shin, S. U.; Morrison, S. L. (1992) Genetically engineered Antibodies: Progress and Prospects. In: *Critical Rev. Immunol.* 12, S. 125–168.

Yamanaka, H. I.; Inoue, T.; Ikeda Tanaka, O. (1996) Chicken monoclonal antibody isolated by a phage display system. In: *Immunol.* 157, S. 1156–1162.

Yang, W. P.; Green, K.; Pinz Sweeney, S.; Briones, A. T.; Burton, D. R.; Barbas, C. F. 3rd. (1995) CDR walking mutagenesis for the affinity maturation of a potent human anti HIV 1 antibody into the picomolar range. In: *J. Mol. Biol.* 254, S. 392–403.

Zebedee, S. L.; Barbas, C. F. 3d.; Hom, Y. L.; Caothien, R. H.; Gaff, R.; DeGraw, J.; Pyati, J.; LaPolla, R.; Burton, D. R.; Lerner, R. A. (1992) Human combinatorial antibody libraries to hepatitis B surface antigen. In: *Proc. Natl. Acad. Sci. USA* 89, S. 3175–3179.

Zhou, G. W.; Guo, J.; Huang, W.; Fletterick, R. J.; Scanlan, T. S.; (1994) Crystal structure of a catalytic antibody with a serine protease active site. In: *Science* 265, S. 1059–1064.

Ziegler, A.; Torrance, L.; Macintosh, S. M.; Cowan, G. H.; Mayo, M. A. (1995) Cucumber mosaic cucumovirus antibodies from a synthetic phage display library. In: *Virology* 214, S. 235–238.

3.
Antikörper mit erweiterten Funktionen

3.1 Warum bispezifische und bifunktionelle Antikörper?

Schon lange sind polyklonale und monoklonale Antikörper in der Diagnose unverzichtbar. Aufgrund ihrer hohen Spezifität können mit ihrer Hilfe eine Vielzahl von Krankheiten und Infektionen diagnostiziert werden. So basierten z. B. die ersten HIV-Tests auf der Bindung von monoklonalen Antikörpern an das Virusantigen. Es gibt jedoch bisher keinen vergleichbaren Siegeszug der Antikörper in der Therapie von Krankheiten, obwohl sie wegen ihrer phantastischen Unterscheidungsfähigkeit bei vielen Krankheiten geradezu ideale Therapeutika wären.

Teilweise liegt dies sicherlich daran, daß die Antigenbindung alleine nur in wenigen Fällen ausreicht, um einen therapeutischen Effekt zu erzielen. Beispiele für solche Ausnahmen: ein Antikörperfragment gegen den Tumornekrosefaktor (Orfanoudakis et al., 1993) oder seinen Rezeptor (Moosmayer et al., 1995) kann als Antagonist der Signalübertragung wirken und damit potentiell lebensbedrohliche Entzündungsreaktionen einschränken. Ein Antikörper gegen Myelin-assoziierte Neuriten-Wachstumsinhibitoren stimuliert die Nervenregeneration durch Neutralisierung der Inhibitoren (Bandtlow et al., 1996). Ein scFv-Antikörper gegen die antidepressive Droge Desipramin kann zur Neutralisation des Arzneimittels im Blutkreislauf eingesetzt werden (Shelver et al., 1996). Zum Problem können allerdings die großen absoluten Mengen von Antikörperfragmenten werden, die zu solchen Neutralisations-Anwendungen benötigt werden (Keyler et al., 1994). Die meisten therapeutischen Ansätze benutzen allerdings modifizierte Antikörper, in denen die Antikörperdomäne nur als Suchkopf, nicht als Effektor dient.

Insbesondere tumorspezifische Antikörper (siehe Abschnitt 2.3.6.3) könnten sehr wertvoll werden, wenn es gelänge, mit ihrer Hilfe ein giftiges Prinzip selektiv zum Tumor zu leiten. Je besser der Antikörper dabei das normale Gewebe von dem sehr ähnlichen Tumor unterscheiden kann, desto geringer ist der Schaden für das gesunde Gewebe. Dies wiederum bedeutet, daß der Krebs effizienter bekämpft werden kann, da mehr vom Therapeutikum an den Tumor gelangt. Damit wiederum steigen die Heilungschancen (Bodey et al., 1996).

Erst die Technologie rekombinanter Antikörper ermöglichte es, größere Mengen an menschlichen Antikörpern herzustellen (siehe auch Abschnitt 2.3.6). Dementsprechend wurden bisher fast ausschließlich Maus-Antikörper in der Krebstherapie eingesetzt, mit all den Nachteilen den der Einsatz dieses Fremdproteins beim Menschen mit sich bringt (siehe auch Abschnitt 2.4.2). Dies ist sicher einer der wichtigsten Gründe für den häufigen Mißerfolg von Antikörpertherapien. Wahrscheinlich gibt es jedoch noch einen weiteren, tiefer liegenden Grund dafür. Offensichtlich lösen viele Tumore eine deutliche und spezifische Immunantwort aus, wobei die Krebspatienten Antikörper gegen tumorassoziierte Antigene bilden (Sahin et al., 1995). Trotzdem wächst bei diesen Patienten der Tumor weiter. Diese Antikörper sind offenbar alleine nicht in der Lage, den Tumor erfolgreich zu bekämpfen. Der Grund dafür könnte darin liegen, daß außer der Antigenbindung noch weitere Signale für eine erfolgreiche Zerstörung notwendig sind. So benötigt eine cytotoxische T-Zelle mindestens zwei Signale, bevor sie eine Zielzelle zerstört. Das erste, spezifische Signal ist das Erkennen des Antigens durch den T-Zellrezeptor, aber erst dann, wenn gleichzeitig auch ein costimulatorisches Molekül wie CD28 von der Zielzelle gebunden wird, wird die cytotoxische T-Zelle aktiviert (Überblick bei: Janeway und Travers, 1997). Diese Rückversicherung des Immunsystems macht Sinn, denn sonst wäre der Schaden nicht zu begrenzen, den einzelne B- oder T-Zellklone anrichten könnten, die z. B. mit körpereigenen Antigenen kreuzreagieren.

Nicht zuletzt deswegen richten sich große Hoffnungen auf die Therapie mit Hilfe von rekombinanten Antikörpern, denn diese können durch molekularbiologische Techniken vergleichsweise einfach verändert werden. Mit modernen gentechnologischen Methoden können vollkommen unterschiedliche Moleküle miteinander verknüpft werden, welche dem rekombinanten Antikörper fast beliebige zusätzliche Eigenschaften verleihen (Abb. 3.1). Dies ermöglicht es, die benötigten zusätzlichen Signale mit dem rekombinanten Antikörperfragment zu verbinden, oft in der Hoffnung, damit das Immunsystem spezifisch gegen eine Tumorzelle zu aktivieren (Abb. 3.2; Bohlen et al., 1993b; Hartmann et al., 1996).

Die vorherigen Kapitel beschäftigten sich mit den Eigenschaften der Antigenbindungsstelle: Bindungsspezifität, Affinität, Größe und Stabilität. In den folgenden Kapiteln stehen die meist medizinischen Anwendungen dieser Fragmente im Vordergrund, d. h. die Bindungsspezifität der Antikörperfragmente soll ausgenutzt werden, um den Zielort zu markieren oder zu zerstören, ihn einzukapseln, zurückzuhalten oder zu verändern.

Da ein Antikörper nur selten alleine aufgrund seiner Bindung an das Antigen wirkt, haben auch schon die normalen in unserem Immunsystem gebildeten Antikörper mindestens zwei Funktionen, sie sind *bifunktionell*. Die eine Funktion ist das spezifische Erkennen des Antigens und wurde in Kapitel 2 besprochen. Die zweite Funktion dagegen aktiviert das Immunsystem. Die konstanten Bereiche unserer Antikörper rufen das Immunsystem zu Hilfe, wobei interes-

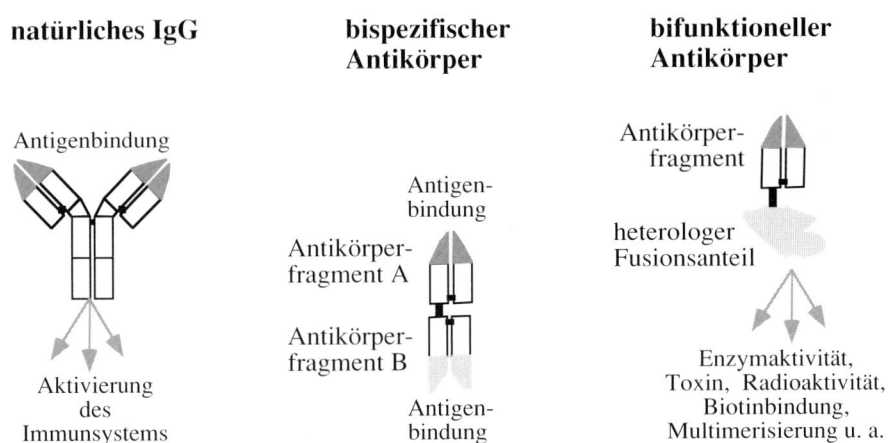

3.1 Natürliche Immunglobuline sind im Grunde auch bifunktionelle Antikörper, denn sie können nicht nur ihr Antigen binden, sondern mit ihren konstanten Teilen auch weitere Funktionen, wie die Komplementaktivierung, vermitteln. Der Begriff *bifunktionelle Antikörper* hat sich allerdings für künstlich hergestellte Konstrukte eingebürgert. *Bispezifische* Antikörper können gleichzeitig zwei unterschiedliche Antigene binden. *Bifunktionelle* Antikörper besitzen Aktivitäten, die natürlichen Immunglobulinen nicht zur Verfügung stehen.

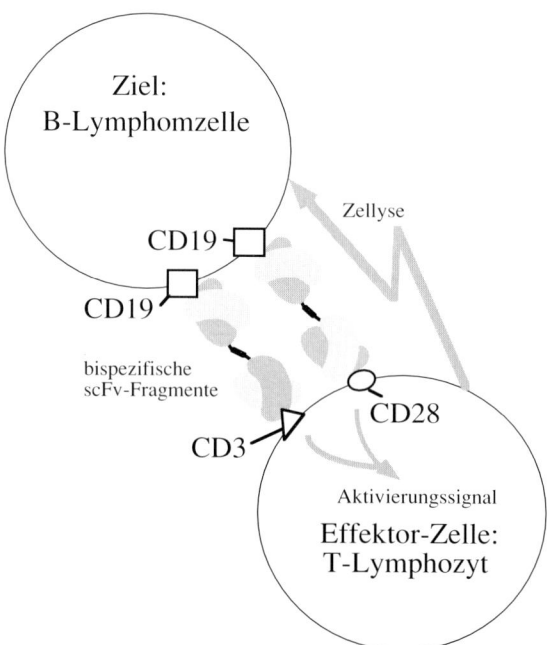

3.2 Bispezifische Antikörper mobilisieren die T-Lymphozyten-Abwehr. Im abgebildeten Beispiel ist ein B-Zell-Lymphom dargestellt, das das Differenzierungsantigen CD19 exprimiert. Ein bispezifischer Antikörper leitet durch die Kombination von anti-CD19-anti-CD3- und anti-CD19-anti-CD28-Antikörpern die cytotoxische Aktivität einer T-Zelle auf die Zielzellen.

santerweise unterschiedliche konstante Bereiche unterschiedliche Teilsysteme des Immunsystems aktivieren (siehe Tab. 3.1).

Das rekombinante Antikörperfragment bewirkt in der Regel die spezifische Erkennung des Ziels, der Fusionspartner die gewünschte zweite Funktion. Einige Beispiele, die im einzelnen später behandelt werden: Der Fusionspartner kann ein zweites, anderes Antikörperfragment sein. Solche *bispezifischen* Konstrukte können es z. B. T-Lymphozyten ermöglichen, Tumorzellen zu lysieren (Abb. 3.2). Aber auch heterologe Fusionspartner, d. h. solche aus anderen Organismen oder mit anderer Aufgabe, können mit rekombinanten Antikörperfragmenten zu *bifunktionellen* Antikörpern fusioniert werden. Eine Fusion an ein Toxin ergibt ein spezifisch bindendes Zellgift. Ein radioaktives Atom als Bindungspartner offenbart durch seinen Zerfall die genaue Lage des Tumors und seiner Metastasen in der Immun-Szintigrafie. Aber auch ein Enzym kann durch ein Antikörperfragment zum Ort des Tumors transportiert werden. Dort kann es dann eine ungiftige Vorläufersubstanz in eine giftige Substanz

Tabelle 3.1: Struktur und Effektorfunktionen der Immunglobulinklassen

Klasse	schwere Kette	Antigen-bindungs-stellen	Wirkort	Funktionen
IgM	μ	10	Blutstrom	Primäre Immunantwort; Komplementaktivierung, Agglutinierung
IgG	γ	2	Blutstrom	Sekundäre Immunantwort; Komplementaktivierung, Neutralisierung, Opsonierung
IgA	α	2, 4 oder 6	Sekrete, Muttermilch	Neutralisierung an der Körperoberfläche, intestinale Immunität der Neugeborenen
IgE	ε	2	subkutan, submucosal	Sensibilisierung von Mastzellen, Aktivierung eosinophiler Zellen
IgD	δ	2	Oberfläche der B-Zellen	Rezeptor für die Stimulierung der B-Zelle durch das Antigen

umwandeln und damit auch benachbarte Tumorzellen töten. Rekombinante Antikörper können sogar innerhalb von Zellen exprimiert werden und so die Zellen vor Viren wie HIV schützen.

3.2 Neue Funktionen durch homologe Fusionspartner: Bispezifische Antikörper

3.2.1 Bispezifische Antikörper vereinigen die Bindungs-eigenschaften von zwei unterschiedlichen monoklonalen Antikörpern in einem Molekül

Mit der Einführung der Hybridom-Technologie durch Köhler und Milstein im Jahr 1975 standen Moleküle zur Verfügung, die hochselektiv an Zielmoleküle binden konnten. Verbindet man nun zwei solcher monoklonaler Antikörper durch chemische Kopplung oder durch die Fusion zweier Hybridomazellen, so erhält man *bispezifische Antikörper*. Diese Hybridmoleküle vereinigen die Bindungseigenschaften von zwei unterschiedlichen monoklonalen Antikörpern in einem Molekül. Es sind künstliche Moleküle, die in der Natur nicht vorkommen.

Schon vor über 30 Jahren wurden bispezifische F(ab')$_2$-Fragmente durch die Oxidation von monovalenten F(ab')-Fragmenten hergestellt (Nisonoff und Rivers, 1961). Bispezifische Antikörper können aber auch direkt von Zellen synthetisiert werden. Im Jahr 1983 fusionierten Milstein und Cuello (1983) dazu erstmals zwei unterschiedliche Hybridomzellinien miteinander. Die eine Hybridomzelle sezernierte einen anti-Peroxidase-Antikörper, die andere einen anti-Somatostatin-Antikörper. Die resultierende *Hybrid-Hybridoma-* (oder *Quadroma-*) Zelle produzierte neben dem gewünschten bispezifischen Antikörper allerdings noch neun andere Varianten, die von dem gewünschten bispezifischen Molekül abgetrennt werden müssen (Abb. 3.3). Dies ist oft schwierig, da die verschiedenen Moleküle einander meist sehr ähnlich sind, so daß oft nur eine Affinitätsreinigung mit immobilisiertem Antigen das gewünschte Produkt bringt. Damit verteuert sich die Produktion solcher bispezifischer Antikörper enorm. Dennoch überwogen die Vorteile dieser Methode gegenüber der chemischen Kopplung zweier Antikörper, denn der Ort und die Stöchiometrie der Kopplung ist festgelegt, und es besteht

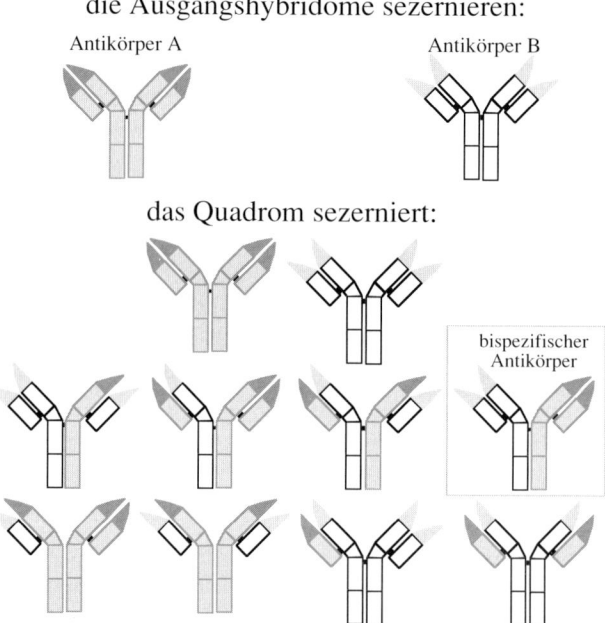

3.3 Unter der Voraussetzung, daß keine Bevorzugung in der Kettenpaarung stattfindet, sekretieren Quadroma- (Hybrid-Hybridoma-) Zellen zehn verschiedene IgG-Varianten. Nur eine dieser Varianten ist dabei der gewünschte bispezifische Antikörper.

keine Gefahr, daß für die Antigenbindung wichtige Bereiche in den hypervariablen Regionen durch kovalente Modifikation inaktiviert werden.

Warum besteht nun aber ein so großes Interesse an diesen Molekülen?

3.2.1.1 Bispezifische Antikörper können unterschiedliche Zellen oder Moleküle selektiv miteinander verbinden

Bispezifische Antikörper können zwei Partner, Zellen oder Moleküle, hochspezifisch miteinander verbinden. Damit besteht z. B. die Möglichkeit, in die gestörte Kommunikation zwischen Tumorzellen und dem Immunsystem einzugreifen. Offensichtlich werden einige Tumoren vom Immunsystem toleriert, obwohl sie tumorassoziierte Antigene besitzen und die Patienten Antikörper gegen diese Antigene besitzen (Sahin et al., 1995). In vielen Modellsystemen ist es mittlerweile gelungen, diese Toleranz gegen den Tumor durch den Einsatz von bispezifischen Antikörpern zu durchbrechen. Dabei wird ein tumorspezifischer Antikörper mit einem oder mehreren Antikörpern verbunden, die das Immunsystem aktivieren. Als Zielstrukturen kommen dabei Oberflächenmoleküle, wie CD2, CD3 und CD28 auf T-Zellen oder CD16 auf NK-Zellen, in Betracht. Makrophagen können auch durch die Bindung an CD64 aktiviert werden (Hartmann et al., 1996; Demanet et al., 1996; Fanger et al., 1994; Fanger, 1995).

Die rekombinanten Techniken der Molekularbiologie ermöglichen dabei ein Baukastensystem. Ein tumorspezifischer Antikörper kann auch mit anderen Partnern verbunden werden, beispielsweise mit einem Antikörper, der ein radioaktives Hapten erkennt (Lollo et al., 1994). Analog kann auch der „Suchkopf" ausgetauscht werden und somit ein funktionierendes Effektorsystem mit Hilfe verschiedener Antikörper an unterschiedliche Tumore geleitet werden.

In einer weiteren Anwendung wird die rezeptorvermittelte Endocytose ausgenützt, um eine Giftfracht ins Innere der Tumorzelle zu transportieren. Dabei bindet ein Arm des bispezifischen Antikörpers an den Rezeptor, während der andere Arm eine Fracht bindet, die durch den internalisierenden Rezeptor ins Innere der Zelle transportiert wird. Als ein Beispiel unter vielen sei hier der Transport von Saporin ins Zellinnere von neoplastischen T-Zellen erwähnt. Der Rezeptor war in diesem Fall das T-Zellantigen CD25. Saporinkonzentrationen von $< 10^{-11}$ M reichten dabei für eine 50 % Inaktivierung der Ribosomen aus (Tazzari et al., 1993).

Daneben gibt es noch eine Fülle von anderen Anwendungen für bispezifische Antikörper (Fanger, 1995). Mit ihrer Hilfe kann beispielsweise die Reifung der T-Zellen untersucht werden. T-Zellen werden offensichtlich durch den Kontakt mit bestimmten Zellen im Thymus verändert. Welche Kontakte dabei wichtig sind und in welcher Reihenfolge, kann mit Hilfe von bispezifischen Antikörpern sehr elegant untersucht werden (Müller und Kyewski, 1995).

3.2.1.2 Mit bispezifischen Antikörpern können Tumore besser dargestellt werden

Das Grundproblem bei der Diagnose von Tumoren ist dasselbe wie bei einer Behandlung – der Tumor muß möglichst spezifisch erkannt werden. Wegen ihrer hohen Spezifität sind Antikörper potentiell dafür sehr geeignet. Für einige Tumordiagnosen stehen mittlerweile ausreichend spezifische Antikörper zur Verfügung. Dabei muß ein mittlerweile schon mehrfach angesprochenes Problem überwunden werden – der Antikörper muß ins Tumorinnere diffundieren können. Für diese Diffusion wird Zeit benötigt. Möglichst mehrere Tage lang muß im Blutserum des Patienten eine hohe Konzentration des tumorspezifischen Antikörpers aufrecht erhalten werden, damit genügend Antikörper in das Tumorinnere diffundieren können und sich dort aufgrund ihrer spezifischen Bindung festhalten können. Wenn nun diese ganze lange Zeit über der Antikörper mit einem radioaktiven Nuklid (für die Diagnose) oder gar mit einem Gift (für die Therapie) beladen ist, so kann das zu schweren, nicht tolerierbaren Nebenwirkungen für den Patienten führen.

Mit einem Trick läßt sich dieses Problem umgehen. Zunächst wird dem Patienten der tumorspezifische Antikörper über längere Zeit in hohen Konzentrationen gegeben. Der für den Patienten unschädliche Antikörper reichert sich daraufhin in den Tumoren an. Verwendet man einen bispezifischen Antikörper dafür, so steht noch eine zweite Bindespezifität zur Verfügung, die gegen ein kleines Hapten gerichtet sein kann. Dieses Hapten nun kann mit einem Gift oder einem radioaktiven Nuklid beladen werden. Das entstehende Molekül kann sehr klein sein und somit sehr schnell in den Tumor eindiffundieren. Für die Tumordiagnose wird das Hapten mit einem kurzlebigen radioaktiven Nuklid verbunden und reichert sich nach wenigen Stunden oder gar Minuten an dem Tumor an, während ungebundenes Hapten (und die Radioaktivität) schnell durch die Niere ausgeschieden wird. In der Immunszintigrafie verrät die radioaktive Markierung dann die genaue Lage des Tumors und seiner Metastasen. Der Patient wird so nur kurz durch die Radioaktivität belastet (Peltier et al., 1993; Somasundaram et al., 1993; Schuhmacher et al., 1995). Auch die Größe des Antikörpers verändert seine pharmakologischen Eigenschaften, Details dazu im Abschnitt 4.2.1.2.

3.2.1.3 Bispezifische Antikörper können Tumorzellen bekämpfen

In vielen Zellkultursystemen haben bispezifische Antikörper mittlerweile auch bereits ihre Fähigkeit bewiesen, Tumorzellen selektiv abzutöten (Zhu et al., 1995; Kurucz et al., 1995; Bohlen et al., 1993a). Ein Arm des bispezifischen Antikörpers hat dabei die Aufgabe der spezifischen Tumorerkennung (Link et al., 1993; Holliger et al., 1996; Bohlen et al., 1993b).

Die Effektorfunktionen werden durch den zweiten Arm vermittelt, wobei zur Zeit zwei unterschiedliche Ansätze favorisiert werden. Das Effektormolekül kann ein Krebsgift sein, das von außen zugegeben wird – dies wird im Kapitel bifunktionelle Antikörper näher beschrieben. Oder aber es wird ein Effektormolekül verwendet, das das Immunsystem des Patienten aktiviert, wodurch die von dem bispezifischen Antikörper markierten Zellen zerstört werden. Ein gangbarer Weg ist dabei die Aktivierung cytotoxischer T-Lymphozyten durch einen anti-CD3-Antikörper in Kombination mit einem anti-CD28-Antikörper (Bohlen et al., 1993a; siehe auch Abb. 3.2). Mit einem anderen Effektorarm können über das CD16 Antigen aber auch *natural killer*-Zellen, Granulozyten und Makrophagen aktiviert werden (Segal et al., 1995; Kurucz et al., 1995; Ely et al., 1996). Diese *in vitro*-Versuche könnten ein wichtiger Meilenstein auf dem Weg zu einer selektiveren Tumortherapie sein, die dem Patienten vielleicht eines Tages die relativ unspezifisch wirkende Chemotherapie erspart (Holliger und Winter, 1993; Bodey et al., 1996).

Für einige bispezifische Antikörper existieren auch bereits Tiermodelle (Weiner et al., 1995a; Bakacs et al., 1995). In einem besonders beeindruckenden Beispiel wurde ein Hodgkin-Lymphom durch den Einsatz von bispezifischen Antikörpern erfolgreich bekämpft. Als tumorspezifischer Arm diente in diesem Fall ein Antikörper, der gegen das Oberflächenmolekül CD30 auf den Tumorzellen des Hodkin-Lymphoms gerichtet war. Ein bispezifischer anti-CD30-anti-CD3-Antikörper war für sich alleine nicht in der Lage, die Mäuse vor dem Tumor zu schützen, in Kombination mit einem bispezifischen anti-CD30- anti-CD28-Antikörper allerdings wurde der Tumor vollständig vernichtet (Hartmann et al., 1996).

Mittlerweile gibt es auch erste Behandlungsversuche von menschlichen Tumorpatienten mit bispezifischen Antikörpern muriner Abstammung, die meist aus Hybrid-Hybridomas stammen. Dabei können immer nur wenige Patienten behandelt werden, da die Produktion und Reinigung dieser bispezifischen Antikörper bisher extrem arbeits- und kostenintensiv ist. Bei den meisten der behandelten Patienten traten zwar nur geringe Nebenwirkungen auf, jedoch entwickelte die Mehrzahl von ihnen eine starke Antikörperantwort gegen das eingesetzte Mausimmunglobulin (HAMA, Weiner et al., 1995b; Lamers et al., 1995). Mit in *E. coli* produzierten rekombinanten bispezifischen Fv-Fragmenten besteht die Möglichkeit, diese Probleme zu überwinden. Solche Konstrukte werden wahrscheinlich in kurzer Zeit das Stadium klinischer Versuche erreicht haben.

3.2.2 Bispezifische Antikörper können rekombinant hergestellt werden

Wie in den vorangegangenen Kapiteln dargestellt wurde, können Fv- oder Fab- Fragmente mit Hilfe rekombinanter DNA-Techniken in *E. coli* hergestellt werden. Im Unterschied zu Hybridomazellen können Antikörpergene in *E. coli* leicht modifiziert und mit anderen verknüpft werden. Eine rekombinante Herstellung bispezifischer Antikörper vermeidet deshalb die Nachteile der Nebenprodukte bei Quadromas (Abb. 3.3) und der Undefiniertheit der chemischen Kopplungen. Ein in *E. coli* gebauter bispezifischer Antikörper kann zudem in großen Mengen produziert werden (Review Carter et al., 1995). Im folgenden werden einige Wege gezeigt, bispezifische Antikörper in *E. coli* herzustellen (Abb. 3.4).

3.2.2.1 Werden zwei scFv-Fragmente innerhalb einer Zelle exprimiert, entstehen bispezifische Diabodies

Bei der Reinigung von in *E. coli* exprimierten scFv-Fragmenten über Gelfiltrationssäulen fiel auf, daß ein erheblicher Anteil dieser scFv-Fragmente Dimere bildete. Die Menge der Dimere hängt dabei von der Länge der Peptidverbindung zwischen den beiden variablen Domänen ab. Je kürzer der Linker, desto mehr Dimere werden gebil-

a: Diabodies

Linkerpeptide

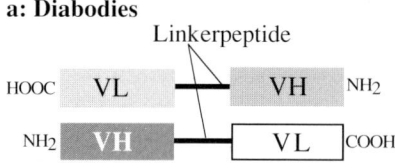

c: zusätzliches Cystein am C-Terminus

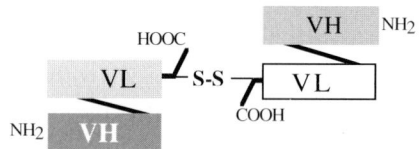

b: Tandem-Antikörper

Linkerpeptide

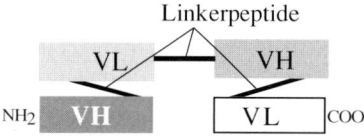

d: VH-VL-*interface*-Disulfidbrücken

Linkerpeptid

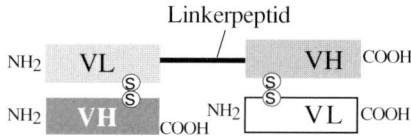

3.4 Möglichkeiten zur Herstellung rekombinanter bispezifischer Antikörper: a) Diabodies (nicht kovalent gekoppelt). b) Tandem-Antikörper. c) Durch Oxidation C-terminalen Cysteins. d) Durch Disulfidbrücken am VH-VL-*interface*.

det (Raag und Whitlow, 1995). Röntgenstrukturanalysen zeigen, daß je zwei scFv-Fragmente Kopf an Fuß aneinanderlagern, die VH-Domäne des einen scFv-Fragments paart dabei mit der VL-Domäne des anderen scFv-Fragments. Dies ergab die Bastelanweisung für das Design eines bispezifischen Diabodies. Man benötigt die Expressionskassetten für zwei verschiedene scFv-Fragmente, deren variable Domänen untereinander ausgetauscht wurden, d. h. das eine scFv-Fragment exprimiert die VH-Domäne des Fv-Fragments A gefolgt von der VL-Domäne des Fv-Fragments B. Beim anderen scFv-Fragment ist es umgekehrt: VH (B) wird gefolgt von VL (A) (Holliger et al., 1993; Perisic et al., 1994). Mittlerweile gibt es auch schon Diabody-Genbibliotheken, aus denen direkt bispezifische Diabodies selektiert werden könnten. Dabei sind ähnlich wie es in Abschnitt 2.3.5 für scFv-Fragmente beschrieben wurde die Gene für den Diabody mit dem Phagenhüllprotein pIII verknüpft (McGuinness et al., 1996).

   Bispezifische Antikörper können nicht nur dazu verwendet werden, um zwei unterschiedliche Moleküle miteinander zu verbinden. Wenn sie zwei nahe beieinanderliegende Epitope auf demselben Molekül oder derselben Zelle erkennen, binden sie diese spezifischer verglichen mit den monospezifischen Antikörpern. Dies ist dann interessant, wenn zwei nur mäßig spezifische Antikörper für eine Tumorzelle zur Verfügung stehen. In der Publikation von Hakalahti et al. (1993) zeigte sich, daß ein daraus gewonnener bispezifischer Antikörper tatsächlich die Bindespezifität für Tumorzellen erhöhen kann. Dies zeigte sich auch bei einem bispezifischen rekombinanten Diabody (Abb. 3.4a), dessen beide Bindungsarme zwei unterschiedliche Epitope auf dem Enzym Lysozym erkannten. Verglichen mit den monospezifischen scFv-Fragmenten wurde mit diesen sog. CRABS eine mehr als 10-fach erhöhte Affinität für das Antigen nachgewiesen (Neri et al., 1995a).

Die nicht allzuhohe Stabilität der Diabodies kann allerdings Probleme bereiten. So können sich Dimere zu Tetrameren zusammenlagern usw. Dies führt bei hohen Proteinkonzentrationen zu unlöslichen Aggregaten und zu unspezifischer Bindung. Auch ist keinesfalls gewährleistet, daß nur die gewünschten Heterodimere entstehen, mehr noch, zwei Heterodimere können sich in Lösung in zwei Homodimere umlagern und umgekehrt. Die Geschwindigkeit dieser Umlagerung hängt dabei von den (oft niedrigen) Bindungskonstanten der variablen Domänen zueinander ab. Die meisten dieser Kritikpunkte gelten allerdings nicht nur für die Bildung von Diabodies, sondern immer dann, wenn scFv-Fragmente für den Aufbau eines bispezifischen Antikörpers verwendet werden (Raag und Whitlow, 1995). Bei Diabodies allerdings stellt die Bindungsenergie der Domänen zusätzlich die Energie zur Kopplung der Fragmente zur Verfügung.

3.2.2.2 Tandem-Antikörper

Eine direkte Methode zur Herstellung bispezifischer Antikörper ist die Tandemfusion zweier scFv-Fragmente (Abb. 3.4b). Dabei werden die Gene der beiden scFv-Fragmente mit einem Peptidlinker verbunden, so daß alle vier variablen Regionen auf einem einzigen Peptidstrang hintereinanderliegen. Exprimiert in *E. coli* führt dies zu bispezifischen Antikörpern, die allerdings renaturiert werden müssen und nur mit geringen Ausbeuten erhalten werden (Kranz et al., 1995; Carter et al., 1995).

3.2.2.3 Bispezifische Antikörper können durch die Oxidation zweier scFv-Fragmente hergestellt werden

Natürliche Immunglobuline werden durch Disulfidbrücken stabilisiert. Jede einzelne der Domänen bildet eine *intra*molekulare Disulfidbrücke aus, während die am Aufbau eines Antikörpermoleküls beteiligten Ketten durch *inter*molekulare Disulfidbrücken miteinander verbunden sind (Abb. 1.1). Mit rekombinanten Techniken kann eine zusätzliche Disulfidbrücke erzeugt werden, die die Möglichkeit eröffnet, zwei scFv-Fragmente durch Oxidation zu verbinden. Die scFv-Fragmente können dafür einzeln gereinigt werden und dann mit Hilfe des C-terminalen Cysteins *in vitro* miteinander verbunden werden (Abb. 3.4c; Cumber et al., 1992; Kipriyanov et al., 1994). Dieser Trick kann außerdem noch mit der Verwendung einer Dimerisierungsdomäne (s. u.) kombiniert werden (de Kruif und Logtenberg, 1996).

3.2.2.4 Disulfidbrücken am VH-VL-*interface* können zur Konstruktion von bispezifischen Antikörpern eingesetzt werden

Bispezifische Antikörper sollten zur Behandlung von soliden Tumoren möglichst klein sein, damit sie besser in das maligne Gewebe eindringen können. ScFv-Fragmente erfüllen dieses Kriterium mit am besten, daher liegt es nahe, sie als Bausteine für den Aufbau von bispezifischen Antikörpern zu verwenden. Die scFv-Fragmente besitzen aber oft nicht die gewünschte Stabilität (vgl. Abschnitt 2.4.1). Abhilfe schafft hier das Einfügen einer zusätzlichen intramolekularen Disulfidbrücke (siehe Abschnitt 2.4.10) am VH-VL-*interface*.

Benutzt man zwei unterschiedliche Orte, um zwei Fv-Fragmente unterschiedlicher Spezifität durch S=S-Brücken zu stabilisieren, so kann dies für den Bau bispezifischer Antikörper ausgenutzt werden (Abb. 3.4d). Beide dsFv-Fragmente werden dafür in derselben Zelle gebaut, eine S=S-Brücke kann sich nur dann ausbilden, wenn die daran beteiligten Cysteine genau zueinander passen (Little et al., 1994; Breitling und Dübel, unpubl.). Findet keine kovalente Verknüpfung durch eine Disulfidbrücke statt, so dissoziieren die beiden variablen Domänen aufgrund ihrer niedrigen Affinität. Dies selektioniert für die Verbindung der richtigen VH- und VL-Domänen zueinander. Für den Aufbau bispezifischer Antikörper ist nur noch eine Peptidverbindung zwischen zwei variablen Domänen der beiden Fragmente unterschiedlicher Spezifität erforderlich.

3.2.3 Verknüpfung zu bispezifischen Antikörpern mit Hilfe von heterologen Bindungsdomänen

Seit einigen Jahren sind aus der Forschung über Transkriptionsfaktoren Proteindomänen bekannt, die „Leucinzipper" genannt werden. Eine geregelte Abfolge von Leucinen bewirkt eine Dimerisierung dieser kurzen, C-terminalen Peptide. Besonders interessant sind dabei die Leucinzipper der Transkriptionsfaktoren *fos* und *jun*. Werden beide Strukturen zusammengegeben, wird die Bildung von *jun/fos*-Heterodimeren gegenüber den jeweiligen Homodimeren bevorzugt (Alberts et al., 1994). Die Fusion von Antikörperfragmenten an diese beiden Dimerisierungsdomänen ändert dies nicht. Die Mehrzahl der gebildeten Moleküle waren Heterodimere, d. h. Antikörperfragmente mit zwei unterschiedlichen Spezifitäten (Abb. 3.5a). Zwar muß auch hier ähnlich wie bei der Fusion zweier Hybridomzellen der gewünschte bispezifische Antikörper erst von den Homodimeren abgetrennt werden, doch der Anteil des gewünschten bispezifischen Antikörpers liegt deutlich höher (Pack et al., 1993; Kostelny et al., 1992). Nach dem gleichen Prinzip wurden mit Hilfe der Tetramerisierungsdomäne des p53-Moleküls Fv-Fragmente mit vier Bindungsvalenzen hergestellt (Rheinnecker et al., 1996).

Eine andere Methode bedient sich der Fusion eines Antikörperfragments an das kleine Protein Calmodulin (Abb. 3.5b). Sind Kalzi-

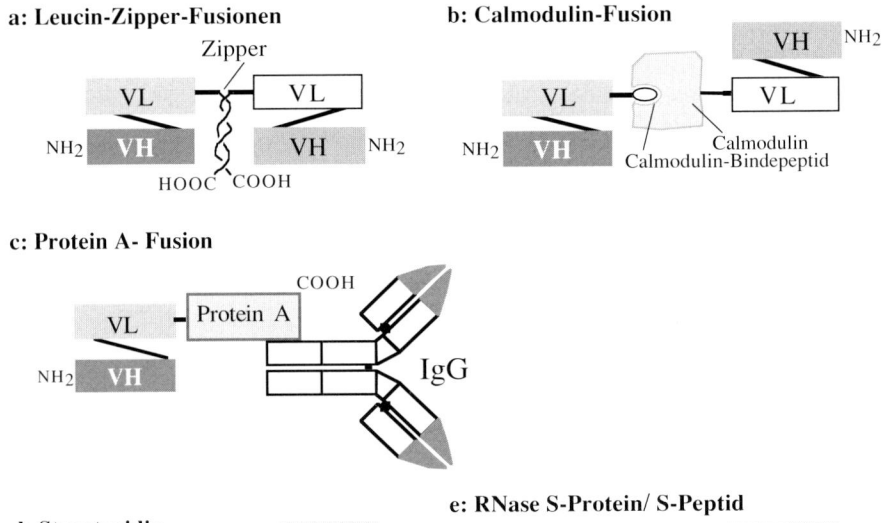

3.5 Einige Möglichkeiten zur Herstellung rekombinanter bispezifischer Antikörper durch den Einsatz von heterologen Dimerisierungsdomänen: a) Mit Hilfe eines Leuzinzippers. b) Durch Fusion an Calmodulin bzw. an ein Calmodulin-Bindepeptid. c) Durch Fusion an ein Fragment von Protein A. d) Durch Fusion an Streptavidin (mit einem biotinylierten Partner). e) Durch Fusion an zwei unterschiedliche Fragmente einer RNase.

umionen anwesend, so bindet Calmodulin mit sehr hoher Affinität (bis zu 3×10^{-10} M) an Peptide wie beispielsweise Mastoparan. Werden die Kalziumionen durch EGTA komplexiert, so löst sich diese Bindung auf. Dies ermöglicht eine sehr schonende Affinitätsreinigung des Antikörperfragments. Wird ein zweiter Antikörper chemisch oder genetisch an ein Calmodulinbindepeptid fusioniert, so ergibt das Gemisch der beiden bispezifische Antikörper. Bei dieser Methode sollten theoretisch alle entstehenden Moleküle beim Aufbau von bispezifischen Antikörpern teilnehmen können, da Homodimere dabei nicht entstehen (Neri et al., 1995b). Calmodulin ist ein humanes Protein, das nur schwach immunogen ist. Damit ist die Gefahr gering, daß es beim Einsatz in Patienten zu Schwierigkeiten analog zur HAMA (siehe auch Abschnitt 2.4.2) kommt.

Eine weitere Möglichkeit ist die Fusion eines rekombinanten Antikörperfragments mit dem Protein A aus *Staphylococcus aureus*. Protein A (siehe auch Abschnitt 4.4.3.3) erkennt die konstanten Bereiche vieler Antikörper, so daß dieses rekombinante Fusionsprotein mit bereits vorhandenen Hybridom-Antikörpern zu einer Vielzahl bispezifischer Antikörper kombiniert werden kann (Abb. 3.5c). In einem Beispiel wurde ein anti-CD3-scFv-Fragment an Protein A fusioniert. Der anti-CD3-Anteil kann cytotoxische T-Zellen aktivieren, die dann jene Zellen zerstören können, die von dem zweiten Antikörperpartner erkannt werden. Damit hat man einen schnellen Test in der Hand, mit dem nach geeigneten Kandidaten für tumorspezifische, bispezifische Antikörper gesucht werden kann. Ein Nachteil dieser Methode liegt darin, daß Protein A von dem menschlichen Immunsystem als fremd erkannt wird und somit kaum eine intensive therapeutische Verwendung dieses Fragments möglich ist. Außerdem sind solche bispezifischen Antikörper im Blutserum nicht stabil, da auch Antikörper aus dem Serum um die Bindung an das Protein A-Fragment kompetitieren.

3.2.3.1 Bispezifische Antikörper mit einer zusätzlichen enzymatischen Eigenschaft durch die Fusion an RNase S-Peptid und S-Protein

Analog lassen sich bispezifische Antikörper auch herstellen, wenn die Antikörperfragmente mit zwei Bruchstücken eines Enzyms fusioniert werden, die zusammen wieder das komplette Enzym bilden können. Dies ist z. B. bei der humanen Ribonuclease A möglich. Die Bruchstücke, das *S-Protein* und das *S-Peptid*, werden dazu an verschiedene scFv-Fragmente fusioniert (Abb. 3.5e). Beim Mischen entstehen bispezifische Antikörper mit RNase-Aktivität (Dübel und Breitling, nicht veröffentlicht). Diese RNase-Aktivität könnte z. B. in Form eines bispezifischen Immuntoxins zur spezifischen Zerstörung von Tumorzellen genutzt werden (vgl. Abschnitt 3.3.2.4), wobei deren Vorteil nicht nur in der stöchiometrisch korrekten und definierten Paarung der beiden scFv-Fragmente liegt. Auch die Bindespezifität kann durch Kombination verschiedener Tumormarker-Antikörper im Vergleich mit herkömmlichen Immuntoxinen stark erhöht werden (vgl. Abschnitt 3.2.2.1). Wie alle Immuntoxine müßte allerdings auch dieses Konstrukt ins Innere der Zelle gelangen, d. h. mindestens einer der scFv-Fragmente muß gegen ein internalisierendes Antigen gerichtet sein.

3.2.4 Universelle bispezifische Antikörper

Obwohl die Expression von Antikörperfragmenten in *E. coli* Bau und Veränderung von bispezifischen Antikörpern wesentlich vereinfacht hat, ist die Konstruktion eines neuen bispezifischen Antikörpers immer noch sehr arbeitsintensiv. Dies war der Ansporn für die Konstruktion sogenannter universeller bispezifischer Antikörper. Diese werden nicht nur für einen eng begrenzten Zweck gebaut, sondern ermöglichen eine Vielzahl von Anwendungen. Die universelle Anwendung wird durch ein Fusionsprotein ermöglicht, das zwei unterschiedliche Haptene binden kann. Dieses Fragment kann nun nahezu beliebige Partner miteinander verbinden, sofern diese vorher an die Haptene gekoppelt wurden. Ein Beispiel eines solchen universellen Antikörperfragments ist die Fusion eines scFv-Fragments an Streptavidin (Dübel et al., 1995), wobei das scFv-Fragment ein kurzes Peptidepitop, ein kleines Hapten, oder konstante Teile von Immunglobulinketten erkennt (Dübel und Breitling, unpubl.). Der andere Partner wird entweder chemisch an Biotin gekoppelt, er kann aber, wie für ein Fab'-Fragment gegen TNF gezeigt, durch Fusion an das *E. coli*-Protein BCCP auch bereits *in vivo* biotinyliert werden (Weiss et al., 1994).

Natürlich kann dieser Ansatz auch auf einen Bindungsarm beschränkt werden. Wird beispielsweise ein Hapten-bindendes, d. h. ein universelles scFv-Fragment mit einem tumorspezifischen Antikörperfragment verbunden, so kann das radioaktiv markierte Hapten dazu verwendet werden, um den Tumor zu markieren (Lollo et al., 1994). Es kann aber auch an einen bereits existierenden monoklonalen Antikörper gekoppelt werden, der das Immunsystem gegen den Tumor aktiviert (George et al., 1994). In einem weiteren Beispiel ermöglichte dieser Ansatz eine antikörpervermittelte Infektion von Zielzellen. Das Hapten (diesmal ein kleines Peptidepitop) wird dabei von einem rekombinanten Adenovirus auf seiner Oberfläche exprimiert. Der universelle Anteil des bispezifischen Antikörperfragments bindet mit einem Arm die Zielzelle, der andere Arm erkennt das Peptidepitop und damit den rekombinanten Virus (Wickham et al., 1996).

3.2.5 Rekombinante bispezifische Antikörper sind deutlich kleiner als ein IgG

Ein bispezifischer Antikörper bestehend aus zwei Fv-Fragmenten (z. B. ein Diabody) ist etwa so groß wie ein Fab-Fragment und besitzt damit etwa ein Drittel der Größe eines IgGs von etwa 160 kd. Dieser Größenunterschied ist für viele Anwendungen ein entscheidender Vorteil. Besonders interessant ist diese Eigenschaft, wenn solide Tumoren behandelt werden sollen. Diese Tumoren weisen normalerweise einen gegenüber ihrer Umgebung erhöhten Innendruck auf (Turgor). Dies bedeutet, daß ein Molekül in das Tumorinnere nur durch Diffusion und nicht durch Konvektion gelangen kann. Die Diffusionsrate hängt direkt von der Größe des Moleküls ab, d. h. ein kleiner rekombinanter Fv-Antikörper gelangt wesentlich besser an seinen Wirkort, als ein vielfach größeres IgG.

Andererseits sind bispezifische Fv-Antikörper so klein, daß sie durch die Niere ausfiltriert werden. Beides zusammen ist für die Tumordarstellung bei der Immunszintigrafie wünschenswert. Einerseits wird der Tumor durch den radioaktiv markierten Fv-Antikörper besser sichtbar, da dieser tiefer in den Tumor eindringen kann, andererseits wird der Patient nicht unnötig durch Strahlung belastet, da der radioaktiv markierte Fv-Antikörper schnell durch die Nieren ausgeschieden wird (George et al., 1995).

Auf einen weiteren wichtigen Unterschied soll hier ebenfalls hingewiesen werden. Im Unterschied zu einem bispezifischen IgG fehlen den entsprechenden Fv-Fragmenten die konstanten Bereiche (Abb. 1.1). Für viele Anwendungen kann auch das von Vorteil sein, da damit auch die Bindung an Fc-Rezeptoren wegfällt, die auf einigen Zellen des Immunsystems in großen Mengen exprimiert werden. All diese Eigenschaften wirken zusammen und verbessern die gewünschten pharmakokinetischen Eigenschaften: Möglichst viele Antikörper sollen an ihren Wirkort in das Tumorinnere gelangen, möglichst wenige Antikörper sollen aufgrund unspezifischer Bindungen gesundes Gewebe schädigen, ungebundene Antikörper sollen möglichst schnell ausgeschieden werden (Yokota et al., 1992).

3.3 Neue Funktionen durch heterologe Fusionspartner: Bifunktionelle Antikörper

3.3.1 Was sind bifunktionelle Antikörper?

Die im vorherigen Kapitel vorgestellten bispezifischen Antikörper vereinigen zwei unterschiedliche Antikörperspezifitäten in einem Molekül. Ein anderes Einsatzspektrum verspricht die Fusion eines Antikörpers mit einem heterologen Fusionspartner, etwa einem Enzym oder einem Peptid, Rezeptorliganden wie Folsäure, Cytokinen oder einem radioaktiven Nuklid. Auch die Fusion ganzer Zellen an einen Antikörper durch Anhängen einer Transmembrandomäne ist möglich. Der Begriff „bifunktionelle Antikörper" wird hier also für künstliche Moleküle mit neuen Eigenschaften benutzt (vgl. Abb. 3.1). Meist werden sie gebaut, um einen Tumor direkt zu attackieren. Wie gehabt, soll ein tumorspezifischer Antikörper das bifunktionelle Molekül am Tumor anreichern, während der heterologe Fusionspartner die Effektorfunktion ausübt. Ist dies ein Gift, so entsteht ein Immuntoxin, das sich am Tumor anreichert und dadurch den Schaden für das gesunde Gewebe, an das der Antikörper nicht binden kann, begrenzt (Pastan et al., 1995). Etwas raffinierter noch ist die Fusion an ein Enzym, dessen Aktivität den Tumor zerstört. Daneben gibt es noch viele andere Anwendungen für bifunktionelle Antikörper, beispielsweise können sie Zellen vor Viren schützen, wenn sie im Innern einer Zelle exprimiert werden.

Auch für Routineanwendungen im Labor wurden bifunktionelle Antikörper konstruiert, z. B. Fusionen von Fab'-Fragmenten mit alkalischer Phosphatase (Weiss und Orfanoudakis, 1994) oder Streptavidin (Dübel et al., 1995), die beide noch den Vorteil bieten, daß die Affinität zum Antigen durch Dimerisierung bzw. Tetramerisierung erhöht wird. Antikörper mit Biotin-Bindedomänen können aber auch therapeutisch genutzt werden. So wird der selektive Transport von Pharmazeutika durch die Blut-Hirn-Schranke durch Streptavidin-Konjugate an anti-Transferrin-Rezeptor-Antikörper möglich (Partridge et al., 1995). Für die Radiotherapie wurden anti-Gangliosid-scFr-Streptavidin-Fusionen konstruiert (Guo et a., 1996).

3.3.2 Bifunktionelle Antikörper können als Immuntoxine eingesetzt werden

In Abschnitt 3.2.1.1 wurde schon kurz besprochen, daß durch *bispezifische* Antikörper ein Gift in das Innere einer Tumorzelle transportiert werden kann. Der direktere Weg ist die Verwendung eines *bifunktionellen* Antikörpers, wobei das Toxin direkt mit einem tumorspezifischen Antikörper fusioniert ist. Gegenüber den bisher üblichen Therapien können diese Immuntoxine einen erheblichen Fortschritt darstellen, denn sie spüren mit Hilfe ihres Antikörperteils die Krebszellen selektiv auf, um sie anschließend durch die Toxinwirkung abzutöten. Dadurch sollte es deutlich weniger Nebenwirkungen geben als bei der heute meist verwendeten Chemo- oder Strahlentherapie, die relativ unspezifisch sich teilende Zellen attackiert. Die häufigsten bisher mit Antikörpern fusionierten Toxine sind das Diphtherietoxin, *Pseudomonas*-Exotoxin, Ricin, Saporin und RNasen (Reviews: Reiter und Pastan, 1996; Gottstein et al., 1994).

3.3.2.1 Eine katalytische Aktivität verleiht den potenten Toxinen ihre Giftigkeit

Viele natürliche Toxine hemmen die Proteinsynthese. Das Diphtherietoxin überträgt zum Beispiel eine ADP-Ribose von NAD^+ auf den Elongationsfaktor eEF2. Dieser wird dadurch inaktiviert. Ein einziges Molekül Diphtherietoxin inaktiviert dabei genügend eEF2-Moleküle, um die Zelle zu zerstören (Lewin, 1996).

Das Choleratoxin hat ein anderes Wirkprinzip, es greift einen zentralen Signalgeber der Zelle an. Ähnlich wie das Diphtherietoxin überträgt die katalytische Untereinheit des Choleratoxins ADP-Ribose von NAD^+ auf das Zielprotein. In diesem Fall ist es jedoch die α-Untereinheit des Gs-Proteins, dessen Funktion durch die ADP-Ribosylierung gestört wird. Das Gs-Protein verliert dadurch die Fähigkeit, gebundenes GTP zu hydrolysieren. Dadurch wird die α-

Untereinheit des Gs-Proteins in einem aktivierten Zustand festge-
zurrt. Dieses wiederum aktiviert die Adenylatcyclase, wodurch im
Endeffekt der cAMP-Spiegel in der Zelle stark erhöht wird. Der
Nachrichtenstoff (*second messenger*) cAMP wiederum reguliert die
Ionenkanäle, die für die Krankheitssymptome der Cholera verantwortlich sind: Es bewirkt so den starken Ausfluß von Natriumionen
und Wasser, die zu der für Cholera typischen Diarrhöe führen (Alberts et al., 1994).

Eine Gemeinsamkeit aller Toxine ist ihre katalytische Wirkung,
d. h. es müssen nur wenige dieser Moleküle ins Zellinnere gelangen,
um eine für die Zelle verheerende Wirkung zu erzielen.

Eine wichtige Voraussetzung für die Giftwirkung der Toxine ist jedoch, daß der katalytische Teil des Toxins ins Cytoplasma gelangt.
Erreicht wird dies bei den meisten Toxinen durch ihre modulare
Bauweise. Eine Domäne des Toxins bindet an den Rezeptor an der
Außenseite der Zelle (beim Choleratoxin ist das das Gangliosid
GM_1), ein anderer Teil hilft bei der Überquerung der Plasmamem-
bran und der dritte Teil des Toxins beinhaltet die katalytische Aktivität (Li et al., 1996; Choe et al., 1992; Sixma et al., 1992; Zhang et al.,
1995).

3.3.2.2 Die Bindungsdomäne eines Toxins kann durch einen Antikörper ersetzt werden

In der modularen Bauweise der Toxine liegt der Schlüssel für das
Design eines Immuntoxins. Zunächst muß natürlich der normale
Weg des Toxins in das Zellinnere unterbunden werden. Dies kann
erreicht werden, indem der für die unerwünschte Zellbindung des
Toxins zuständige Teil des Toxins deletiert oder mutiert wird. Im
nächsten Schritt wird die Bindung des Toxins an eine andere Zielzelle durch ein Antikörperfragment wieder hergestellt und dieses rekombinante Toxin auf seine Giftwirkung hin untersucht. Erreicht
werden sollte, daß nur die Zellen durch das Immuntoxin zerstört
werden, an die das Antikörperfragment binden kann (Review
Brinkmann; 1996, siehe auch Brinkmann et al., 1991). Was also
benötigt wird, ist ein Antikörperfragment, das den Tumor möglichst
spezifisch erkennt (siehe auch Abschnitt 2.3.6.3).

3.3.2.3 Tumorzellen werden spezifisch von Immuntoxinen attackiert

Mittlerweile haben die Immuntoxine ihre Wirksamkeit in vielen
Zellkultursystemen und Tiermodellen bewiesen (Reviews Pastan et

al., 1996; King et al., 1996; siehe auch Reiter et al., 1996; Kreitman und Pastan, 1995). Die Vielzahl der Ansätze, die dabei ausprobiert wurden, würde den Rahmen dieses Buches sprengen. Deswegen können hier nur wenige Beispiele exemplarisch erwähnt werden. Auch das in Kapitel 2 beschriebene *antibody engineering* der Antigenbindungsstelle wurde gerade mit den Immuntoxinen intensiv betrieben – so wurden Fv-Fragmente mit Hilfe von S=S-Brücken stabilisiert (Reiter et al., 1994) oder Mutationen eingefügt, die die Affinität, Produktion und die Faltung der rekombinanten Antikörper in *E. coli* verbesserten (Benhar und Pastan, 1995).

Erste klinische Versuche berichten mittlerweile von ermutigenden Ergebnissen beim Einsatz von Immuntoxinen. In einer Studie wurden 38 konventionell austherapierte Patienten mit soliden epithelialen Tumoren mit einem auf dem *Pseudomonas*-Exotoxin basierenden Immuntoxin behandelt. Der tumorspezifische Antikörper war dabei gegen das Lewis(y)-Antigen gerichtet, ein Carbohydratepitop, das von vielen humanen Carcinomen überexprimiert wird. Bei fünf von 38 Patienten war dabei eine Teilremission zu beobachten, ein Patient zeigte sogar eine Vollremission (Pai et al., 1996). Die nächste Generation dieses Immuntoxins wird sicher demnächst klinisch erprobt. Dabei wurde der monoklonale Antikörper durch ein Disulfidbrücken-stabilisiertes Fv-Fragment ersetzt (Kuan et al., 1996).

Von den vielen anderen Immuntoxinen seien hier nur einige beispielhaft erwähnt: Die Fusion eines anti-IgE-Antikörpers mit dem Pflanzentoxin Ricin verhinderte in einem Mausmodell nachhaltig die Produktion von IgE-Antikörpern. Solch ein bifunktioneller Antikörper könnte bei der Bekämpfung schwerer allergischer Erkrankungen helfen (Lustgarten et al., 1996). Zur Bekämpfung von T-Zell-leukämiezellen wurde das Ribosomen-inaktivierende Protein Gelonin an ein rekombinantes anti-CD5-Fragment fusioniert (Better et al., 1995). Ein etwas anderes Prinzip haben Park et al. (1995) verfolgt. Sie koppelten ein mit Gift (Doxorubicin) gefülltes Liposom an einen tumorspezifischen Antikörper und erreichten damit eine spezifische Zerstörung der Tumorzellen.

3.3.2.4 Körpereigene Moleküle können als Immuntoxine wirken, wenn sie in ein anderes Kompartiment transportiert werden

Alle bisher erwähnten Toxine sind nicht menschlichen Ursprungs, d. h. sie können vom menschlichen Immunsystem als fremd erkannt werden. Dabei entstehen neutralisierende Antikörper, die nach einiger Zeit den gewünschten therapeutischen Effekt zunichte machen (vgl. Abschnitt 2.4.2). Wird beispielsweise das Diphterietoxin verwendet, so scheidet eine große Zahl von Patienten von vorneherein aus, denn sie haben bei einer Diphterieimpfung bereits eine große Menge neutralisierende Antikörper gegen das Diphterietoxin gebildet. Die bisher vorgestellten Immuntoxine erlauben also einen Einsatz in Patienten nur für eine begrenzte Zeit. Wünschenswert aber wären Toxine menschlichen Ursprungs, die kaum immunogen sein sollten.

Die Verwendung von RNasen als toxisches Prinzip kommt diesem Ideal ziemlich nahe. Im menschlichen Serum finden sich viele RNasen wie z. B. Angiogenin. Koppelt man diese RNasen an Antikörper, die gegen internalisierende Antigene wie z. B. den Transferrinrezeptor oder das T-Lymphozytenantigen CD5 gerichtet sind, so wird das Fusionsprotein aus Antikörper und RNase ins Zellinnere, ins Cytoplasma geschleust (Abb. 3.6). Hier entfalten die im Serum ungefährlichen RNasen ihre Giftwirkung (Newton et al., 1992; Zewe et al., 1997). In Modellsystemen ist diese durchaus vergleichbar mit den

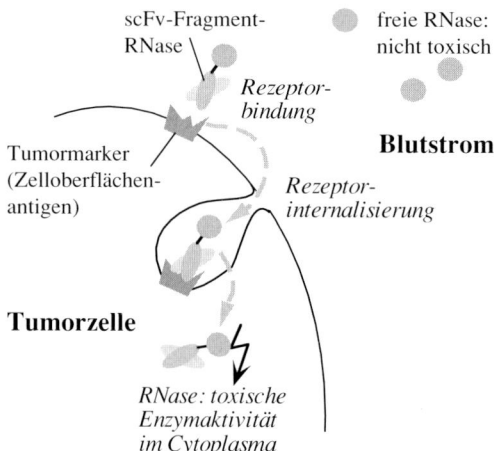

3.6 Ein Immuntoxin kombiniert die zytotoxische Wirkung eines Giftes mit der selektiven Bindung eines Antikörpers. Der Antikörperteil ist dabei für die Zielerkennung zuständig. Im Vergleich zur systemischen Behandlung mit Cytostatika wird dadurch die Belastung von gesundem Gewebe erheblich vermindert. Die Internalisierung erfolgt entweder durch Bindung eines internalisierenden Oberflächenantigens (wie z. B. dem Transferrinrezeptor) durch den Antikörperteil, oder durch spezielle Translokationsdomänen aus bakteriellen Toxinen. Die als Beispiel gezeigte RNase ist in ihrem natürlichen Kompartiment ungiftig, innerhalb der Zelle sind jedoch bereits geringe Mengen tödlich.

oben erwähnten Toxinen. Sobald auch der Antikörperteil dieses Immuntoxins menschlichen Ursprungs ist, so ist das Ziel eines vollständig humanen Immuntoxins erreicht (Rybak et al., 1992).

Die RNasen unterscheiden sich in einem zweiten wichtigen Punkt von den oben besprochenen Toxinen. Sie besitzen keine eigene Transportdomäne, die sie in das Innere der Zelle schleust. Dadurch ist die Wirkung von RNase-Immuntoxinen bisher vom Erkennen eines internalisierenden Antigens abhängig. Abhilfe kann hier ein dritter Fusionspartner schaffen. Zwischen die RNase und das Antikörperfragment wird dabei eine Transportdomäne fusioniert, z. B. wurde eine RNase mit den für die Erkennung und den Transport zuständigen Domänen des *Pseudomonas*-Exotoxins verbunden (Prior et al., 1992).

3.3.2.5 Ungiftige Substanzen können am Tumorort in Zellgifte umgewandelt werden

Obwohl Immuntoxine in der Lymphombehandlung einen großen Fortschritt bedeuten könnten (Gottstein et al., 1994), so haben sie doch auch einige Nachteile. Das Hauptproblem ist dabei, daß für eine erfolgreiche Tumorbekämpfung *alle* Tumorzellen abgetötet werden müssen, da ansonsten nur etwas Zeit gewonnen wird, bis der Tumor erneut auswächst. Viele etablierte Tumoren sind heterogen, d. h. einige der Tumorzellen haben ihr tumorspezifisches Antigen verloren und werden deshalb von dem Immuntoxin nicht mehr erkannt. Dies kann zwar theoretisch durch den Einsatz mehrerer tumorspezifischer Immuntoxine mit unterschiedlichen Antikörpern umgangen werden, doch ein weiteres Problem bleibt. Größere Moleküle haben Schwierigkeiten in solide Tumoren einzudringen. Meist haben solche Tumoren einen erhöhten Innendruck, d. h. durch Konvektion können keine Moleküle in das Zentrum eines soliden Tumors gelangen, es bleibt nur die Diffusion. Diese wiederum ist abhängig von der Größe der Moleküle. Verglichen mit einem IgG kann ein rekombinantes Immuntoxin zwar sehr klein gehalten werden, dennoch gelangt es wahrscheinlich nicht an alle Zellen eines soliden Tumors. Noch kleinere Moleküle wären deshalb vorzuziehen. Viel gewonnen wäre außerdem, wenn es gelänge, das tumorspezifische toxische Prinzip auf die benachbarten Zellen auszuweiten. Damit würden auch die Tumorzellen abgetötet, die keinen tumorspezifischen Antikörper gebunden haben.

Mit Hilfe eines Zwei-Komponentensystems kann das erreicht werden: Zunächst sucht wie gehabt der tumorspezifische Antikörper sein Ziel, den Tumor. Er trägt dabei allerdings nicht das toxische Prinzip, sondern ein Enzym, das im Serum ansonsten nicht vorkommt. Nach einiger Zeit hat sich der Antikörper und mit ihm das Enzym am Ort des Tumors angereichert, während ungebundene Antikörper-Enzyme aus dem Körper ausgeschieden werden können. Nun erhält der Patient eine sogenannte *Prodrug*, ein kleines, relativ ungiftiges Molekül. Durch die Wirkung des Enzyms wird diese *Prodrug* in eine giftige Substanz umgewandelt. Dieses Gift wird also nur dort gebildet, wo der bifunktionelle Antikörper seinen Enzymanteil verankert hat, im besten Fall also am und um den Tumor. Dabei ist es unerheblich, ob wirklich jede Tumorzelle von einem bifunktionellen Antikörper erreicht wurde, wenn nur die lokale Konzentration des Giftes hoch genug ist, um alle Zellen in diesem Bereich zu zerstören (Abb. 3.7). Die gerade beschriebene Technik wird ADEPT

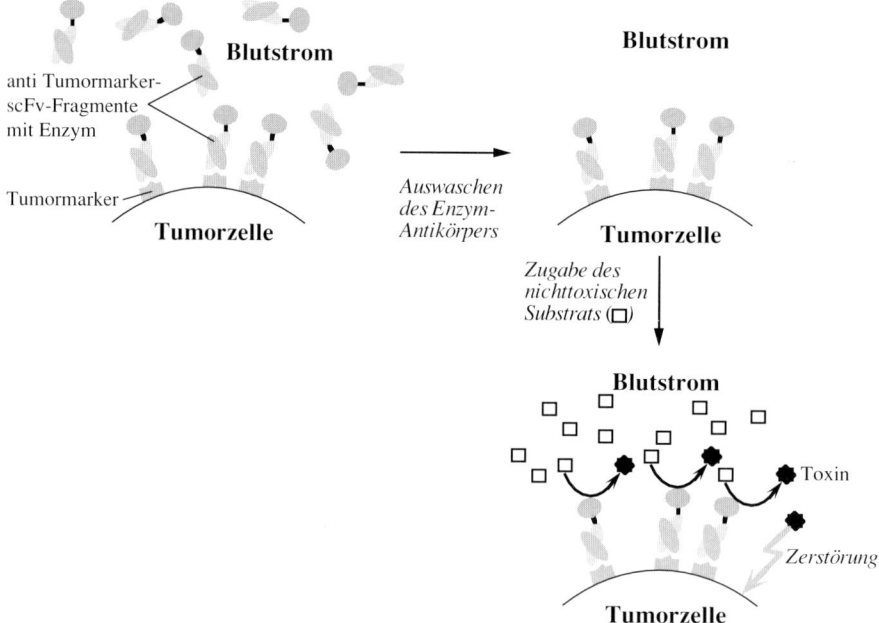

3.7 ADEPT: Die Antikörper gegen den Tumormarker tragen nicht direkt ein giftiges Prinzip, sondern ein Enzym, das aus einer ungiftigen Vorstufe (*prodrug*) erst am Ort der Antikörperbindung ein Toxin herstellt. Das Auswaschen der Antikörper vor der Zugabe der *prodrug* minimiert die Nebenwirkungen für unspezifisches Gewebe.

(eng. *antibody directed enzyme prodrug therapy*) genannt (Reviews Bagshawe et al., 1991; Senter et al., 1993).

Alle bisher entwickelten Prodrugs sind sehr kleine Moleküle, die dadurch sehr schnell in solide Tumoren eindiffundieren können. Damit muß der Patient nicht lange mit einer potentiell toxischen Substanz konfrontiert werden, ohne daß diese überhaupt schon das Tumorinnere erreicht hätte. Die Aufteilung der Tumorbehandlung in eine für den Patienten ungiftige Phase (in der sich der ungiftige bifunktionelle Antikörper am Tumor anreichert) und eine giftige Phase (in der Prodrug durch das Enzym in die toxische Drug umgewandelt wird) kann aber noch weiter verfeinert werden. Dazu werden alle in der Blutzirkulation verbliebenen bifunktionellen Antikörper inaktiviert oder entfernt. Dies gelingt z. B. mit einem Galaktose-konjugierten Antikörper gegen den Enzymanteil des bifunktionellen Antikörpers. Dieses Konjugat wird zusammen mit den daran gebundenen bifunktionellen Antikörpern sehr schnell von der Leber aus der Blutzirkulation entfernt. Übrig bleiben die über lange Zeit ins Tumorinnere diffundierten Antikörper-Enzyme – sie sind für den Galaktose-konjugierten anti-Enzym-Antikörper nicht zugänglich und werden deshalb bei diesem Schritt nicht entfernt. Dies verringert die Giftwirkung des Toxins auf den restlichen Körper noch stärker (Sharma et al., 1994).

Ein Dilemma bleibt dabei bestehen. Der enzymatische Anteil des bifunktionellen Antikörpers sollte möglichst kein menschliches Pendant besitzen, da ansonsten ein großer Hintergrund von aktivierter Prodrug zu erwarten ist. Andererseits aber sollte der Enzymanteil möglichst human sein, da es sonst wie oben beschrieben wieder zur Bildung von inaktivierenden Antikörpern kommt. Zwar steckt die klinische Forschung hier noch in den Anfängen, doch zeichnen sich heute schon mehrere Lösungsansätze für dieses Problem ab. Eine Forschergruppe hat einen katalytischen Antikörper entwickelt, der eine Prodrug in ein äußerst giftiges Senfgas umwandelte (Wentworth et al., 1996). In einem anderen Modellsystem entstand durch die Aktivität eines katalytischen Antikörpers das bakterielle Antibiotikum Chloramphenicol (Miyashita et al., 1993). Eine weitere denkbare Lösung wäre das Design von leicht veränderten menschlichen Enzymen, die eine veränderte Spezifität haben. Es können aber auch menschliche Enzyme verwendet werden, die normalerweise fest im Inneren der Zelle verschlossen sind, analog zur RNase, die ihre Giftwirkung erst im falschen Kompartiment, dem Cytoplasma entfaltet. Dafür benötigt man also ein Enzym, daß normalerweise nur im Zellinnern vorkommt, kombiniert mit einer Prodrug, die die Zellmembran nicht durchqueren kann. Dieses Design hat noch den zusätzlichen Vorteil einer positiven Rückkopplung, d. h. eine Gewebszerstörung würde sich durch aus zerstörten Zellen freigesetztes Enzym noch selbst verstärken. Ein Beispiel für ein erfolgreich eingesetztes humanes Enzym ist die Glucuronidase (Bosslet et al., 1994).

3.3.2.6 Antikörper-Enzymfusionen können solide Tumoren bekämpfen

Eines der ersten Zwei-Komponentensysteme verwendete eine Carboxypeptidase, die chemisch an einen tumorspezifischen Antikörper gekoppelt wurde. Dieses Fusionsprotein reicherte sich tatsächlich im Tiermodell an dem vorher implantierten Tumor an. Die Zugabe der Prodrug para-N-bis-(2-chlorethyl)-Aminobenzoylglutamat führte dann zu einer selektiven Abtötung des Tumors. Sie wird durch die Carboxypeptidase in einen sehr toxischen Senfgasabkömmling umgewandelt (Bagshawe et al., 1988).

Ein weiteres erfolgreich eingesetztes Enzym für solch eine Vorgehensweise ist die bakterielle β-Lactamase, die den β-Lactamring von Penicillinen und Cephalosporinen spaltet. Es gibt kein entsprechendes menschliches Enzym, so daß hier kein endogener enzymatischer Hintergrund zu erwarten ist. Zunächst wurde eine Prodrug entwickelt, die nach der Spaltung des β-Lactamrings in eine 20-fach giftigere Droge (Doxorubicin) umgewandelt wird. Die beiden Baublöcke des bifunktionellen Antikörpers waren eine β-Lactamase aus *E. coli* und ein Disulfidbrücken-stabilisiertes, humanisiertes Fv-Fragment, das gegen das p185[HER2] Protoonkogen gerichtet war. Dieses Antigen wird bei etwa 30% der Brustkrebstumore stark überexprimiert. Dieser bifunktionelle Antikörper war tatsächlich in der Lage, die Brustkrebszellen in Zellkultur selektiv abzutöten (Rodrigues et al., 1995). Ein ganz ähnlicher Ansatz wurde sogar schon in einem Mausmodell *in vivo* erfolgreich getestet (Meyer et al., 1993). Auch das humane Enzym Glucuronidase wurde mittlerweile erfolgreich in der ADEPT-Therapie eingesetzt. Es existieren Mausmodelle, in denen der bifunktionelle Antikörper spezifisch an ein Carcinom gebunden wurde (Houba et al., 1996) oder sogar den Tumor *in vivo* zerstörte (Bosslet et al., 1994).

3.3.3 Antikörper können zu Radioimmuntoxinen umgebaut werden

Prinzipiell kann nach dem gerade vorgestellten Zwei-Komponen-ten-Wirkprinzip auch die lokale Dosis von Radioaktivität am Tumor erhöht werden. Dies wurde in Abschnitt 3.2.1.2 bereits besprochen, eingesetzt werden dafür bispezifische Antikörper. Auch hier wirkt das toxische Prinzip (die radioaktive Strahlung) nicht nur auf die gebundene Zelle, sondern auch auf die Nachbarzellen. Also müßte man auch damit den Tumor selektiver und gleichzeitig vollständiger bekämpfen können. Für die Tumordarstellung gibt es schon sehr ermutigende Ergebnisse, nur muß natürlich für eine Therapie eine wesentlich höhere Dosis an Radioaktivität zum Tumor transportiert werden.

   Die in Abschnitt 3.2.1.2 besprochenen bispezifischen Antikörper zur Tumordarstellung sind vergleichsweise aufwendig herzustellen. Es ist experimentell sehr viel einfacher, monospezifische Antikörper mit einer radioaktiven Substanz zu konjugieren. Auch diese sind ja bifunktionell nach der in Abschnitt 3.3.1 gegebenen Definition. Dabei bieten scFv-Fragmente für bestimmte klinische Anwendungen die Vorteile einer kürzeren Verweilzeit im normalen Gewebe, einer schnelleren Auswaschung aus der Blutzirkulation und einer besseren Einwanderung ins Tumorgewebe (Colcher et al., 1990; Milenic et al., 1991; Yokota et al., 1992; Adams et al., 1993; Huston et al., 1993; Webber et al., 1995; George et al., 1995). Die folgenden Zitate sind Reviews, die dieses Thema behandeln: Wawrzynczak und Derby-shire (1992), Goldenberg und Schlom (1993), Goldenberg et al. (1995), Wilder et al. (1996).

3.3.4 Intrazelluläre Antikörper

In Abschnitt 2.1.12 wurde bereits die Expression von katalytischen Antikörpern im Cytoplasma von Zellen erwähnt. Andere rekombinante Antikörper zeigten im Cytoplasma meist nur eine geringe Aktivität. Wahrscheinlich liegt das daran, daß alle Antikörper sich stabilisierender Disulfidbrücken bedienen, die sich in dem reduzierenden Milieu des Cytoplasmas nicht im normalen Maße ausbilden können. Bei den erfolgreichen Ansätzen blockierte der im Cytoplasma exprimierte Antikörper meist ein in geringen Mengen vorkommendes Antigen. Beispiele sind das Enzym Reverse Transkriptase von HIV (Maciejewski et al., 1995), das G-Protein *ras* (Werge et al., 1994) und das regulatorische Protein *rev* des HIV (Duan et al., 1994, Wu et al., 1996).

Deutlich erfolgreicher war die Expression von rekombinanten Antikörpern in einem besser dafür geeigneten Zellkompartiment: dem endoplasmatischen Retikulum (ER). Hier herrscht ein oxidierendes Milieu vor, in dem sich die für die Antikörperfunktion wichtigen Disulfidbrücken ausbilden können. Außerdem gibt es hier die auf die richtige Faltung der Immunglobuline spezialisierten Chaperone (vgl. Abschnitt 2.1.1). Vor einigen Jahren wurde das Signal aufgeklärt, das die Proteine im ER verankert. Es ist ein kleines C-terminales Peptid mit der Sequenz ...KDEL. Dasselbe Peptid kann auch ein rekombinantes Fab- oder scFv-Fragment im ER verankern. Ist das Antigen ebenfalls im ER vorhanden, kann es durch die Bindung an einen mit ...KDEL verankerten Antikörper ebenfalls im ER zurückgehalten werden (Abb. 3.8). Das Antigen erreicht nicht mehr seinen Bestimmungsort. Es entsteht eine „phänotypische *knock-out*

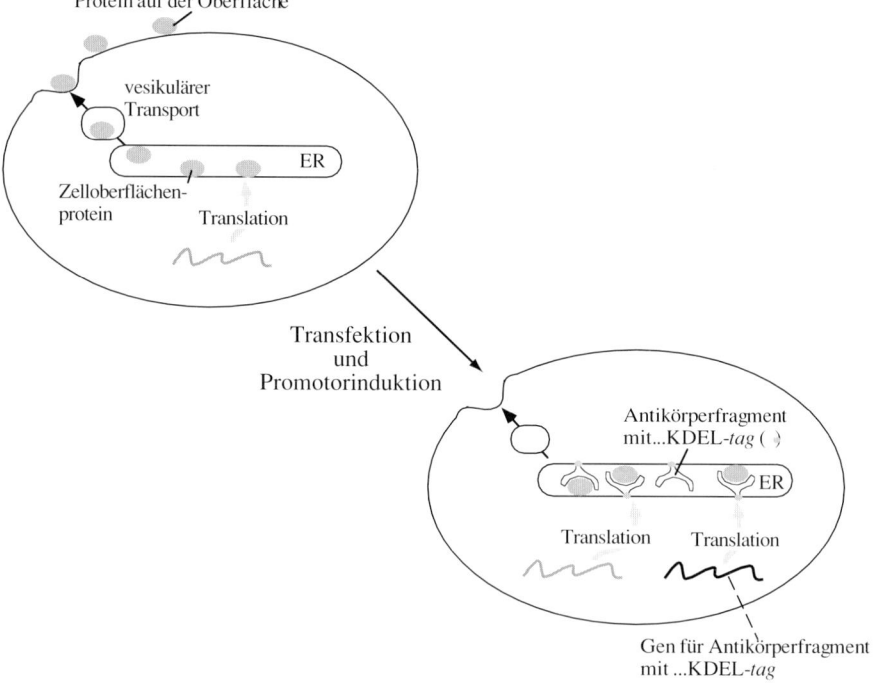

3.8 Herstellung somatischer *knock-out*-Mutanten durch Expression von Antikörperfragmenten mit einem Retentionssignal für das endoplasmatische Retikulum (ER).

Mutante". Die Zelle besitzt zwar noch das Gen, das Genprodukt kann aber seine Funktion nicht mehr ausüben, da es durch den Antikörper im falschen Kompartiment zurückgehalten wird (Abb. 3.8).

Gezeigt wurde dieses Prinzip zuerst mit dem *envelope* Protein gp160 von HIV-1. Dieses Protein wird normalerweise ins ER sezerniert und dann im Golgi-Apparat in zwei Teile gespalten: gp41 und gp120. Wird gleichzeitig im ER ein für gp160 spezifisches scFv-Fragment exprimiert, aber durch die KDEL-Sequenz zurückgehalten, so findet die Prozessierung zu gp120 und gp41 kaum mehr statt. Ein zur Kontrolle eingesetztes anti-*tat*-scFv-Fragment beeinflußte die Prozessierung dagegen nicht. So wurde die Produktion von infektiösen HIV-Partikeln verhindert. Der sonstige Proteintransport durch das ER wird dagegen durch das scFv-Fragment nicht gestört (Marasco et al., 1993; Chen et al., 1994). Mit dieser Methode könnte es vielleicht eines Tages gelingen, mit Hilfe somatischer Gentherapie die überlebensnotwendigen Blut-Stammzellen vor der Zerstörung durch HIV zu retten.

Nach demselben Prinzip können auch Tumorzellen bekämpft werden. Im angegebenen Beispiel wurde ein scFv-Fragment gegen den Rezeptor erbB2 eingesetzt. Dadurch verloren die Ovarcarcinomzellen die durch diesen Rezeptor vermittelten Wachstumssignale. Sie stoppten ihr unkontrolliertes Wachstum und leiteten den Zellselbstmord (Apoptose) ein (Deshane et al., 1994 und 1995a und b). Auch für den IL-2 Rezeptor wurden in gleicher Weise phänotypische *knock-outs* hergestellt (Richardson et al., 1995).

Man kann durch die intrazelluläre Expression von Antikörpern auch Pflanzen mit einem spezifischen Immunsysten ausrüsten und sie so vor viralen Infektionen schützen (Tavladoraki et al., 1993) oder ein Pflanzenhormon wie die Abscisinsäure inaktivieren (Artsaenko et al., 1995).

Alle diese Beispiele illustrieren den wesentlichen Vorteil, den der Bau von phänotypischen *knock-out*-Mutanten gegenüber der bisherigen Vorgehensweise besitzt: Der im ER zurückgehaltene Antikörper wirkt dominant. Unabhängig davon, wo das Antikörpergen im Genom integriert ist, schaltet das Antikörperprotein das Zielantigen aus. Die Alternative, das gezielte Ausschalten eines Gens, ist vergleichsweise viel aufwendiger (Review Richardson und Marasco, 1995). Diese Vorteile sind nicht nur auf die Zellkultur beschränkt, wahrscheinlich wird es in naher Zukunft auch phänotypische *knock-out* Mäuse geben, die transgen ein scFv-Fragment exprimieren. Ein besonders interessanter Aspekt ist dabei, daß das Antikörperfragment unter die Kontrolle von gewebsspezifischen, induzierbaren Promotoren gestellt werden kann. Dadurch würde das Zielantigen nur in bestimmten Geweben im ER zurückgehalten und in seiner Funktion gehemmt. Auch die Verwendung von außen induzierbarer Promotoren ist möglich. Der Vorteil gegenüber genetischen *knock-out*-Mutanten tritt dann vor allem zutage, wenn Genprodukte für die Ontogenese wichtig sind, sie können dann erst im adulten Tier „abgeschaltet" werden.

3.3.5 Rekombinante Antikörper können an der Oberfläche von Zellen verankert werden

Rekombinante Antikörper können auch zu anderen zellulären Kompartimenten dirigiert werden (Review Biocca und Cataneo, 1995). Besonders interessant ist dabei die äußere Zellmembran. Wenn hier ein rekombinanter Antikörper verankert wird, so verleiht er der Zelle eine spezifische Bindeeigenschaft – sie kann damit an andere Zellen oder Moleküle binden. Wird als Fusionspartner für einen tumorspezifischen Antikörper eine cytotoxische T-Zelle gewählt, so kann man dies für die Krebstherapie ausnützen, indem die durch den Antikörper vermittelte spezifische Bindung an die Krebszelle zur Lyse derselben führt (Abb. 3.9). Mit zwei verschiedenen Fusionen hat dies bisher bereits funktioniert. T-Zellen konnten aktiviert werden, indem ein scFv-Fragment mit der ζ-Kette des CD3-Komplexes fusioniert wurde (Abb. 3.9a). Auch die γ-Kette des Fc-Rezeptors zeigte sich als Fusionspartner geeignet, sie wird auf verschiedenen Immunzellen, wie den *natural killer*-Zellen, exprimiert. Beides sind Membranproteine, von denen man weiß, daß sie durch ihre Quervernetzung ein Aktivierungssignal an die cytotoxischen Zellen übermitteln. Offensichtlich konnten auch die Fusionsproteine die cytotoxischen Zellen aktivieren, nachdem sie durch das Binden des Antigens auf einer Zielzelle quervernetzt wurden (Esshar et al., 1993). Allerdings benötigen die T-Zellen auch dabei ein zusätzliches Signal neben der Quervernetzung der ζ-Kette, denn nur voraktivierte T-Zellen waren dazu in der Lage, die Zielzellen aufgrund der Antigenbindung zu zerstören. Dies wurde mit Hilfe einer transgenen Maus gezeigt, die die Fusion eines Fv-Fragments mit der ζ-Kette exprimiert (Brocker und Karjalainen, 1995). In Modellsystemen wurden so Ovarcarcinomzellen (Hwu et al., 1993) und Nierencarcinomzellen (Weijtens et al., 1996) von cytotoxischen T-Zellen

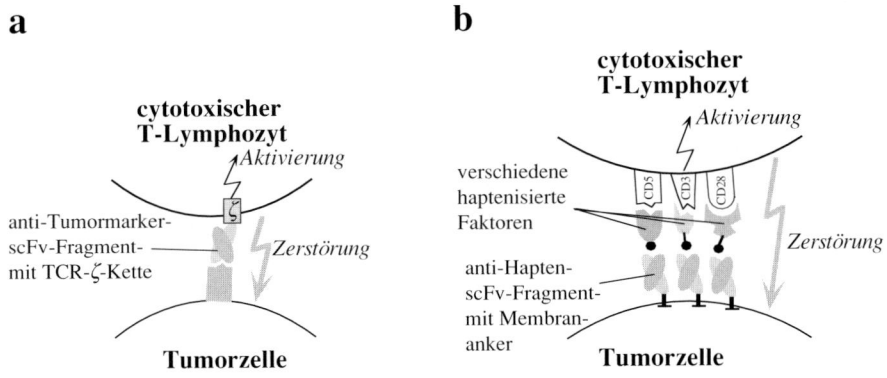

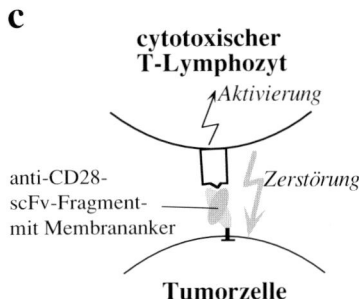

3.9 Beispiele für die Expression von Antikörperfragmenten auf der Oberfläche eukaryontischer Zellen. a) Eine Fusion eines tumorspezifischen Antikörperfragments mit der ζ-Kette des T-Zell-Rezeptors ermöglicht eine Aktivierung cytotoxischer T-Lymphozyten gegen die Tumorzelle. b) Ein „universeller" Kopplungsanker (z. B. gegen ein Hapten; Rode et al., 1996) ermöglicht die Verwendung mehrerer Signale. c) Die Expression eines anti-CD28-Antikörperfragments auf einer Tumorzelle ermöglicht den cytotoxischen T-Lymphozyten Erkennung und Vernichtung.

oder von Mastzellen lysiert. Mittlerweile existiert auch ein Mausmodell, in dem ein menschliches Ovarcarcinom erfolgreich behandelt wurde (Hwu et al., 1995). Auch andere Zellen, wie IgE-produzierende B-Lymphozyten, können so spezifisch lysiert werden. Dies könnte eines Tages bei der Therapie von schweren Allergien helfen (Lustgarten und Esher, 1995). Das die Spezifität vermittelnde Antikörperfragment ist bei all diesen Beispielen an eine Effektorzelle fusioniert. Diese können aktiv ins Tumorgewebe einwandern, so daß man nicht mehr auf die passive Diffusion eines Immuntoxins ins Tumorinnere angewiesen ist. Eines Tages könnte sich das als ein großer und entscheidender Vorteil bei der Tumorbehandlung erweisen. Das ist mit ein Grund, warum momentan viele Labors versuchen, autologe (d. h. aus dem Patienten stammende) Effektorzellen mit DNA zu transfizieren, die ein Fusionsprotein aus einem tumorspezifischen scFv-Fragment und der ζ-Kette des CD3-Komplexes codiert. Fraglich ist momentan aber noch, wie die einmal (vielleicht übermäßig) aktivierten Effektorzellen nach erfolgreicher Bekämpfung des Tumors wieder abgeschaltet werden können.

Bei diesem letzten Punkt könnte ein Zwei-Komponenten-System analog zu den in Abschnitt 3.2.4 vorgestellten universellen bispezifischen Antikörpern helfen: Die oben beschriebenen cytotoxischen Effektorzellen werden zunächst mit der DNA für einen Hapten-spezifischen Antikörper transfiziert und in den Patienten zurückgegeben. Gleichzeitig wird den Krebspatienten ein tumorspezifischer Antikörper gespritzt, an den zuvor das Hapten chemisch gekoppelt wurde. Erst jetzt attackieren diese Zellen den Tumor, allerdings nur so lange der Vorrat an Hapten-derivatisiertem, tumorspezifischem Antikörper reicht. Dadurch würde die Tumorbehandlung von außen steuerbar.

Ein ähnlicher Gedanke liegt der Verankerung eines Phenyloxazolon (phOx) -spezifischen scFv-Fragments in der Zellmembran zugrunde (Abb. 3.9b). In diesem Fall ist die Bindung an das Antigen aber nicht mit einem aktivierenden Signal an die den Antikörper tragenden Zelle verbunden. Das Hapten phOx kann ähnlich wie Biotin sehr einfach an andere Moleküle gekoppelt werden. Damit können nahezu beliebige Moleküle auf der Oberfläche von den Zellen verankert werden, die dieses scFv-Fragment exprimieren (Rode et al., 1996). Der Vorteil dabei ist, daß ein und dieselbe Zellinie mit vielen unterschiedlichen Molekülen und sogar Molekülgemischen in variablen Konzentrationen dekoriert werden kann. Beispielsweise kann damit zum ersten Mal systematisch der Einfluß von mehreren costimulatorischen Molekülen auf die Zellyse quantifiziert werden, indem die Zellen nacheinander und in Mischungen mit den Antikörpern gegen CD3, CD5 und CD28 dekoriert werden. Im angegebenen Beispiel kann sehr einfach die relative und die absolute Menge der verschiedenen Antikörper variiert werden (Abb. 3.9b). Darüber hinaus gibt es aber noch viele andere denkbare Fragestellungen. Vielleicht findet sich ja ein Antikörpergemisch, das die so dekorierten Zellen vor einer Abstoßung durch das Immunsystem schützt. Enzyme auf der Oberfläche von Tumorzellen verändern vielleicht deren Wanderungsverhalten *in vivo* oder die Fähigkeit zur Metastasierung.

Es ist aber natürlich auch möglich, ein Antikörperfragment auf der Zelloberfläche zu verankern, das das costimulatorische Signal direkt vermittelt (Abb 3.9c), beispielsweise durch die Bindung an das CD28 Antigen (Winberg et al., 1996).

3.4 Zusammenfassung

Antikörper besitzen eine hohe Spezifität für ihr Antigen, deshalb sind sie aus der Grundlagenforschung und Diagnostik nicht mehr wegzudenken. Vergleichbare Erfolge in der Therapie von Krankheiten ermöglichten die bisher verwendeten Hybridom-Antikörper jedoch nicht. Bei der Antikörper-Therapie treten mehrere Probleme auf: Die Produktion ist kostspielig, es ist technisch sehr schwer, menschliche Hybridom-Antikörper zu gewinnen und für die Aktivierung des Immunsystems reicht die Bindung eines monospezifischen Antikörpers meist nicht aus. Durch die Fusion zweier Hybridome können bispezifische Antikörper gewonnen werden. In einigen Tiermodellen wurden solche bispezifischen Antikörper bereits erfolgreich eingesetzt, so konnte in einem Mausmodell ein Hodgkin-Lymphom vollständig geheilt werden. Damit besteht die Hoffnung auf therapeutisch einsetzbare Reagentien gegen Tumoren. Die Rekombination der Antikörper in Mikroorganismen eröffnet neue Wege zur Veränderung der Eigenschaften der Antikörper. Die Fusion zweier Fv-Fragmente erzeugt kleine *bispezifische* Antikörperfragmente, die für viele Anwendungen große Vorteile gegenüber den durch Fusion zweier Hybridome erzeugten bispezifischen Antikörpern haben. Durch das geringere Molekulargewicht verbessert sich die Tumorpenetration. Gleichzeitig können ungebundene Antikörper durch die Niere filtriert werden. Verglichen mit einem herkömmlichen IgG verbessert beides zusammen das spezifische Signal bei der Tumordarstellung und damit auch bei der Tumortherapie. Andere bispezifische und bifunktionelle Antikörper binden an Tumorzellen und vermitteln eine Zerstörung dieser Zellen durch eine Aktivierung des Immunsystems. Erkennt ein bispezifischer Antikörper zwei benachbarte Epitope, so erhöht sich die Affinität für das Antigen erheblich, verglichen mit den monospezifischen parentalen Antikörpern. So ist es möglich, die Unterscheidungsfähigkeit zweier Antikörper auf einen Tumor zu fokussieren.

Es gibt sehr viele Möglichkeiten, um bispezifische Antikörper herzustellen: Ein kleines Fv-Fragment kann mit Hilfe einer Dimerisierungsdomäne oder eines Cysteins mit einem anderen Fv-Fragment verbunden werden. Die Fusion mit Streptavidin führt zu tetrameren bispezifischen Antikörpern mit sehr hoher Affinität für das Antigen. Unterschiedlich gelegene intermolekulare Disulfidbrücken (bei den sog. dsFv-Fragmenten) können für den Aufbau bispezifischer Antikörper genutzt werden. Werden die variablen Domänen zweier scFv-Fragmente durchmischt, so entstehen Diabodies.

Schon ein normaler IgG-Antikörper ist ein Molekül mit zwei Funktionen, er ist bifunktionell. Die eine Funktion beinhaltet das spezifische Erkennen des Antigens, die andere Funktion ruft mit Hilfe der konstanten Domänen das Immunsystem zu Hilfe. Die Gentechnologie ermöglicht jetzt Fusionen mit heterologen Bindungspartnern nahezu beliebiger Herkunft. Dadurch entstehen *bifunktionelle* Antikörper mit enorm erweiterten Einsatzmöglichkeiten, oft mit dem Ziel, einen Tumor direkt zu attackieren. Der tumorspezifische Antikörperteil hat dabei immer die Aufgabe, seinen Fusionspartner am Ort des Tumors zu konzentrieren. Der Fusionspartner kann ein radioaktives Molekül sein. Dies ermöglicht die Tumordiagnose durch Immunszintigrafie. Die Fusion an ein Gift führt zu einem Immuntoxin. Ein am Tumor konzentriertes Enzym kann eine ungiftige Vorläufersubstanz in eine giftige umwandeln und damit auch benachbarte Zellen abtöten. Einige bispezifische und bifunktionelle Antikörper haben mittlerweile das Stadium klinischer Versuche erreicht.

Die Expression von rekombinanten Antikörpern innerhalb einer Zelle kann zum Schutz dieser Zelle vor einer Virus-Infektion verwendet werden. Es können aber auch Tumorzellen zur Apoptose veranlaßt werden.

Literatur

Adams, G. P.; McCartney, J. E.; Tai, M. S.; Oppermann, H.; Huston, J. S.; Stafford, W. F.; Bookman, M. A.; Fand, I.; Houston, L. L.; Weiner, L. M. (1993) Highly specific *in vitro* tumor targeting by monovalent and divalent forms of 741F8 anti-c-*erb*-B-2 single-chain Fv. In: *Cancer Res.* 53, S. 4026–4034.

Alberts, B.; Bray, D.; Lewis, J.; Raff, M.; Roberts, K.; Watson, J. D. (1994) Molecular Biology of the Cell. 3. Auflage, S. 738 (Kapitel 15), Garland Publishing Inc., New York.

Artsaenko, O.; Peisker, M.; zur Nieden, U.; Fiedler, U.; Weiler, E. W.; Muntz, K.; Conrad, U. (1995) Expression of a single-chain Fv antibody against abscisic acid creates a wilty phenotype in transgenic tobacco. *Plant-J.* 8, S. 745–750.

Bagshawe, K. D.; Springer, C. J.; Searle, F.; Antoniw, P.; Sharma, S. K.; Melton, R. G.; Sherwood, R. F. (1988) A cytotoxic agent can be generated selectively at cancer sites. In: *Br. J. Cancer* 58, S. 700–703.

Bagshawe, K. D. (1991) Antibody directed enzyme prodrug therapy (ADEPT). In: J. G. Fortner and J. E. Rhoads (Hrdg.) Accomplishments in Cancer Research, London: Chapmann and Hall Medical, S. 154–170.

Bakacs, T.; Lee, J.; Moreno, M. B.; Zacharchuk, C. M.; Cole, M. S.; Tso, J. Y.; Paik, C. H.; Ward, J. M.; Segal, D. M. (1995) A bispecific antibody prolongs survival in mice bearing lung metastases of syngeneic mammary adenocarcinoma. In: *Int. Immunol.* 7, S. 947–955.

Bandtlow, C.; Schiweck, W.; Tai, H. H.; Schwab, M. E.; Skerra, A. (1996) The *Escherichia coli* derived Fab fragment of the IgM/kappa antibody IN-1 recognizes and neutralizes myelin-associated inhibitors of neurite growth. In: *Eur. J. Biochem.* 241, S. 468–475.

Benhar, I.; Pastan, I. (1995) Identification of residues that stabilize the single-chain Fv of monoclonal antibodies B3. In: *J. Biol. Chem.* 270, S. 23373–23380.

Better, M.; Bernhard, S. L.; Williams, R. E.; Leigh, S. D.; Bauer, R. J.; Kung, A. H.; Carroll, S. F.; Fishwild, D. M. (1995) T cell-targeted immunofusion proteins from *Escherichia coli.* In: *J. Biol. Chem.* 270, S. 14951–14957.

Biocca, S.; Cataneo, A. (1995) Intracellular immunization: antibody targeting to subcellular compartments. In: *Trends Cell Biol.* 5, S. 248–252.

Bodey, B.; Siegel, S. E.; Kaiser, H. E. (1996) Human cancer detection and immunotherapy with conjugated and non-conjugated monoclonal antibodies. In: *Anticancer Res.* 16, S. 661–674.

Bohlen, H.; Hopff, T.; Manzke, O.; Engert, A.; Kube, D.; Wickramanayaka, P. D.; Diehl, V.; T3esch, H. (1993b) Lysis of malignant B cells from patients with B chronic lymphocytic leukemia by autologous T cells activated with CD3 x CD19 bispecific antibodies in combination with bivalent CD28 antibodies. In: *Blood.* 82, S. 1803–1812.

Bohlen, H.; Manzke, O.; Patel, B.; Moldenhauer, G.; Dorken, B.; von Fliedner, V.; Diehl, V.; Tesch, H. (1993a) Cytolysis of leukemic B cells by T cells activated via two bispecific antibodies. In: *Cancer Res.* 53, S. 4310–4314.

Bosslet, K.; Czech, J.; Hoffmann, D. (1994) Tumor-selective prodrug activation by fusion protein-mediated catalysis. In: *Cancer Res.* 54, S. 2151–2159.

Brinkmann, U. (1996) Recombinant immunotoxins: protein engineering for cancer therapy. In: *Mol. Med. Today* 2, S. 439–446.

Brinkmann, U.; Pai, L. H.; FitzGerald, D. J.; Willingham, M.; Pastan, I. (1991) B3(Fv)-PE38KDEL, a single-chain immunotoxin that causes complete regression of a human carcinoma in mice. In: *Proc. Natl. Acad. Sci. USA* 88, S. 8616–8620.

Brocker, T.; Karjalainen, K. (1995) Signals through T cell receptor-zeta chain alone are insufficient to prime resting T lymphocytes. *J. Exp. Med.* 181, S. 1653–1659.

Carter, P.; Ridgway, J.; Zhu, Z. (1995) Toward the production of bispecific antibody fragments for clinical applications. In: *J. Hematother.* 4, S. 463–470.

Chen, S. Y.; Khouri, Y.; Bagley, J.; Marasco, W. A. (1994) Combined intra- and extracellular immunization against human immunodeficiency virus type 1 infection with a human anti-gp120 antibody. In: *Proc. Natl. Acad. Sci. USA* 91, S. 5932–5936.

Choe, S.; Bennett, M. J.; Fujii, G.; Curmi, P. M.; Kantadjieff, k. A.; Collier, R. J.; Eisenberg, D. (1992) The crystal structure of diphtheria toxin. In: *Nature* 357, S. 216–222.

Colcher, D.; Bird, R.; Roselli, M.; Hardman, K. D.; Johnson, S.; Pope, S.; Dodd, S. W.; Pnatoliano, M. W.; Milenic, D. E.; Schlom, J. (1990) *In vivo* tumor targeting of a recombinant single-chain antigen-binding protein. In: *J. Natl. Cancer. Inst.* 82, S. 1191–1197.

Cumber, A. J.; Ward, E. S.; Winter, G.; Parnell, G. D.; Wawrzynczak, E. J. (1992) Comparative stabilities *in vitro* and *in vivo* of a recombinant mouse antibody FvCys fragment and a bisFvCys conjugate. In: *J. Immunol.* 149, S. 120–126.

de Kruif, J.; Logtenberg, T. (1996) Leucine zipper dimerized bivalent and bispecific scFv antibodies from a semi synthetic antibody phage display library. In: *J. Bio. Chem.* 271, S. 7630–7634.

Demanet, C.; Brissinck, J.; De-Jonge, J.; Thielemans, K. (1996) Bispecific antibody-mediated immunotherapy of the BCL1 lymphoma: increased efficacy with multiple injections and CD28-induced costimulation. In: *Blood* 87.

Deshane, J.; Loechel, F.; Conry, R. M.; Siegal, G. P.; King, C. R.; Curiel, D. T. (1994) Intracellular single-chain antibody directed against erbB2 down-regulates cell surface erbB2 and exhibits a selective anti-proliferative effect in erbB2 overexpressing cancer cell lines. In: *Gene Ther.* 1, S. 332–337.

Deshane, J.; Caberra, G.; Grim, J. E.; Siegal, G. P.; Pike, J.; Alvarez, R. D.; Curiel, D. T. (1995b) Targeted eradication of ovarian cancer mediated by intracellular expression of anti erbB-2 single-chain antibody. In: *Gynecol. Onco* 59, S. 8–14.

Deshane, J.; Siegal, G. P.; Alvarez, R. D.; Wang, M. H.; Feng, M.; Caberra, G.; Liu, T.; Kay, M.; Curiel, D. T. (1995a) Targeted tumor killing via an intracellular antibody against erbB-2. In: *J. Clin. Invest.* 96, S. 2980–2989.

Cuan, L.; Bagasra, O.; Laughlin, M. A.; Oakes, J. W.; Pomerantz, R. J. (1994) Potent inhibition of human immunodeficiency virus type 1 replication by an intracellular anti-Rev single-chain antibody. In: *Proc. Natl. Acad. Sci. USA* 91, S. 5075–5079.

Dübel, S.; Breitling, F.; Kontermann, R.; Schmidt, T.; Skerra, A.; Little, M. (1995) Bifunctional and multimeric complexes of streptavidin fused to single-chain antibodies (scFv). In: *J. Immuno. Methods* 178, S. 201–209.

Ely, P.; Wallace, P. K.; Givan, A. L.; Graziano, R. F.; Guyre, P. M.; Fanger, M. W. (1996) Bispecific armed, interferon gamma primed macrophage mediated phagocytosis of malignant non Hodgkin's lymphoma. In: *Blood* 87, S. 3813–3821.

Eshhar, Z.; Waks, T.; Gross, G.; Schindler, D. G. (1993) Specific activation and targeting of cytotoxic lymphocytes through chimeric single-chains consisting of antibody-binding domains and the gamma or zeta subunits of the immunoglobulin and T-cell receptors. In: *Proc. Natl. Acad. Sci. USA* 90, S. 720–724.

Fanger, M. W. (Hrsg.) (1995) Bispecific Antibodies. Springer Verlag Heidelberg, Deutschland.

Fanger, M. W.; Graziano, R. F.; Guyre, P. M. (1994) Production and use of anti-FcR bispecific antibodies. In: *J. Immuno. Methods* 4, S. 72–81.

George, A. J.; Titus, J. A.; Jost, C. R.; Kurucz, I.; Perez, P.; Andrew, S. M.; Nicholls, P. J.; Huston, J. S.; Segal, D. M. (1994) Redirection of T cell mediated cytotoxicity by a recombinant single-chain Fv molecule. In: *J. Immunol.* 152, S. 1802–1811.

George, A. J.; Jamar, F.; Tai, M. S.; Heelan, B. T.; Adams, G. P.; McCartney, J. E.; Houston, L. L.; Weiner, L. M.; Oppermann, H.; Peters, A. M. et al. (1995) Radiometal labeling of recombinant proteins by a genetically engineered minimal chelation site: technium 99m coordination by single-chain Fv antibody fusion proteins through a C terminal cysteinyl peptide. In: *Proc. Natl. Acad. Sci. USA* 92, S. 8358–8362.

Goldenberg, D.; Schlom, J. (1993) The coming of age of cancer radioimmunoconjugates, *Immunology today* 14, S. 5–7.

Goldenberg, D. M.; Larson, S. M.; Reisfeld, R. A.; Schlom, J. (1995) Targeting cancer with radiolabeled antibodies. In: *Immunology Today* 16, S. 261–264.

Gottstein, C.; Winkler, U.; Bohlen, H.; Diehl, V.; Engert, A. (1994) Immunotoxins: is there a clinical value? In: *Ann. Oncol.* 5 Suppl 1, S. 97–103.

Guo, H. F.; Rivlin, K.; Dübel, S.; Cheung, N. K. V. (1996) Recombinant antiganglioside GD2 scFv-streptavidin fusion protein for tumour targeting. Abstr. of the 1996 annual meeting of AACR (American Association of Cancer Research).

Hakalahti, L.; Vihko, P.; Henttu, P.; Autio-Harmainen, H.; Soini, Y.; Vihko, R. (1993) Evaluation of PAP and PSA gene expression in prostatic hyperplasia and prostatic carcinoma using northern-blot analysis, *in situ* hybridisation and immunohistochimical staining with monoclonal and bispecific antibodies. In: *Int. J. Cancer* 55, S. 590–597.

Hartmann, F.; Renner, C.; Jung, W.; Sahin, U.; Pfreundschuh, M. (1996) Treatment of Hodgkin's disease with bispecific antibodies. In: *Ann. Oncol.* 7 Suppl 4, S. 143–146.

Holliger, P.; Brissinck, J.; Williams, R. L.; Thielemans, K.; Winter, G. (1996) Specific killing of lymphoma cells by cytotoxic T cells mediated by a bispecific diabody. In: *Protein Eng.* 9, S. 299–305.

Holliger, P.; Prospero, T.; Winter, G. (1993) „Diabodies": small bivalent and bispecific antibody fragments. In: *Proc. Natl. Acad. Sci. USA* 90, S. 6444–6448.

Holliger, P.; Winter, G. (1993) Engineering bispecific antibodies. In: *Curr. Opin. Biotechnol.* 4, S. 446–449.

Houba, P. H.; Boven, E.; Haisma, H. J. (1996) Improved characteristics of a human beta-glucuronidase-antibody conjugate after deglycosylation for use in antibody-directed enzyme prodrug therapy. In: *Bioconjug. Chem.* 7, S. 606–611.

Huston, J. S.; McCartney, J.; Tai, M. S.; Mottola Hartshorn, C.; Jin, D.; Warren, F.; Keck, P.; Oppermann, H. Medical applications of single-chain antibodies. Inc. Hopkinton, M. A. (1993) 01748. In: *Int. Rev. Immunol.* 10, S. 195–217.

Hwu, P.; Shafer, G. E.; Treisman, J.; Schindler, D. G.; Gross, G.; Cowherd, R.; Rosenberg, S. A.; Eshhar, Z. (1993) Lysis of ovarian cancer cells by human lymphocytes redirected with a chimeric gene composed of an antibody variable region and the Fc receptor gamma chain. In: *J. Exp. Med.* 178, S. 361–366.

Hwu, P.; Yang, J. C.; Cowherd, R.; Treisman, J.; Shafer, G. E.; Eshhar, Z.; Rosenberg, S. A. (1995) *In vivo* antitumor activity of T cells redirected with chimeric antibody/T-cell receptor genes. In: *Cancer Res.* 55, S. 3369–3373.

Janeway, C. A.; Travers, P. (1997) Immunologie. Spektrum Akademischer Verlag, Heidelberg.

Keyler, D. E.; Sholver, W. L.; Landon, J.; Sidki, A.; Pentel, P. R. (1994) Toxicity of high doses of polyclonal drug-specific antibody Fab-fragments. In: *Int. J. Immunopharmacol.* 16, S. 1027–1034.

King, C. R.; Fischer, P. H.; Rando, R. F.; Pastan, I. (1996) The performance of e23(Fv)PEs, recombinant toxins targeting the erbB-2 protein. In: *Semin. Cancer. Biol.* 7, S. 79–86.

Kipriyanov, S. M.; Dübel, S.; Breitling, F.; Kontermann, R. E.; Little, M. (1994) Recombinant single-chain Fv-Fragments carrying C terminal cysteine residues: production of bivalent and biotinylated miniantibodies. In: *Mol. Immunol.* 31, S. 1047–1058.

Köhler, G.; Milstein, C. (1975) Continuous culture of fused cells secreting antibody of predefined specificity. In: *Nature* 256, S. 495–497.

Kostelny, S. A.; Cole, M. S.; Tso, J. Y. (1992) Formation of a bispecific antibody by the use of leucine zippers. In: *J. Immunol.* 148, S. 1547–1553.

Kranz, D. M.; Gruber, M.; Wilson, E. R. (1995) Engineering linear F(ab')2 fragments for efficient production in *Escherichia coli* and enhanced antiproliferative activity. In: *Protein Eng.* 8, S. 1057–1062.

Kreitman, R. J.; Pastan, I. (1995) Targeting Pseudomonas exotoxin to hematologic malignancies. In: *Semin. Cancer. Biol.* 6, S. 297–306.

Kuan, C. T.; Pastan, I. (1996) Improved antitumor activity of a recombinant anti-Lewis(y) immunotoxin not requiring proteolytic activation. In: *Proc. Nat. Acad. Sci. USA* 93, S. 974–978.

Kurucz, I.; Titus, J. A.; Jost, C. R.; Jacobus, C. M.; Segal, D. M. (1995) Retargeting of CTL by an efficiently refolded bispecific single-chain Fv dimer produced in bacteria. In: *J. Immunol.* 154, S. 4576–4582.

Lamers, C. H.; Gratama, J. W.; Warnaar, S. O.; Stoter, G.; Bolhuis, R. L. (1995) Inhibition of bispecific monoclonal antibody (bsAb) targeted cytolysis by human antimouse antibodies in ovarian carcinoma patients treated with bsAb targeted activated T lymphocytes. In: *Int. J. Cancer* 60, S. 450–457.

Lewin, B. (1998) Gene, Spektrum Akademischer Verlag, Heidelberg

Li, M.; Dyda, F.; Benhar, I.; Pastan, I.; Davies, D. R. (1996) Crystal structure of the catalytic domain of Pseudomonas exotoxin A complexed with a nicotinamide adenine dinucleotide analog: implications for the activation process and for ADP ribosylation. In: *Proc. Natl. Acad. Sci. USA* 93, S. 6902–6906.

Link, B. K.; Weiner, G. J. (1993) Production and characterization of a bispecific IgG capable of inducing T cell mediated lysis of malignant B cells. In: *Blood.* 81, S. 3343–3349.

Little, M.; Schirrmacher, V.; Khazaie, K.; Moldenhauer, G.; Dübel, S.; Kypriyanov, S.; Haas, C.; Rohde, H. J.; Gotter, S.; Breitling, F. (1994) Bindungsreagenz für Zell Oberflächenprotein und Effektorzelle. Deutsches Patentamt Reg. Nr. P 1050/133 zi.

Lollo, C.; Halpern, S.; Bartholomew, R.; David, G.; Hagan, P. (1994) Non covalent antibody mediated drug delivery. In: *Nucl. Med. Commun.* 15, S. 483–491.

Lustgarten, J.; Eshhar, Z. (1995) Specific elimination of IgE production using T cell lines expressing chimeric T cell receptor genes. In: *Eur. J. Immunol.* 25, S. 2985–2991.

Lustgarten, J.; Waks, T.; Eshhar, Z. (1996), Prolonged inhibition of IgE production in mice following treatment with an IgE-specific immunotoxin. In: *Mol. Immunol.* 33, S. 245–251.

Maciejewski, J. P.; Weichold, F. F.; Young, N. S.; Cara, A.; Zella, D.; Reitz, M. S. Jr; Gallo, R. C. (1995) Intracellular expression of antibody fragments directed against HIV reverse transcriptase prevents HIV infection *in vitro.* In: *Nat. Med.* 1, S. 667–673.

Marasco, W. A.; Haseltine, W. A.; Chen, S. Y. (1993) Design, intracellular expression, and activity of a human anti-human immunodeficiency virus type 1 gp120 single-chain antibody. In: *Proc. Natl. Acad. Sci. USA* 90, S. 7889–3793.

McGuinness, B. T.; Walter, G.; Fitzgerald, K.; Schuler, P.; Mahoney, W.; Duncan, A. R.; Hoogenboom, H. R. (1996) Phage diabody repertoires for selection of large numbers of bispecific antibody fragments. In: *Nat. Biotechnol.* 14, S. 1149–1153.

Meyer, D. L.; Jungheim, L. N.; Law, K. L.; Mikolajczyk, S. D.; Sheperd, T. A.; Mackensen, D. G.; Briggs, S. L.; Starling, J. J. (1993) Site-specific prodrug activation by antibody-β-Lactamase conjugates: regression and long-term growth inhibition of human colon carcinoma xenograft models. In: *Cancer Res.*, S. 3956–3963.

Milenic, D. E.; Yokota, T.; Filpula, D. R.; Finkelman, M. A. J.; Dodd, S. W.; Wood, J. F.; Whitlow, M. L.; Snoy, P.; Schlom, J. (1991) Construction, binding properties, metabolism and tumor targeting of a single-chain Fv derived from the pancarcinoma monoclonal antibody CC49. In: *Cancer Res.* 51, S. 6363–6371.

Milstein, C.; Cuello, A. C. (1983) Hybrid hybridomas and their use in immunohistochemistry. In: *Nature* 305, S. 537–540.

Miyashita, H.; Karaki, Y.; Kikuchi, M.; Fujii, I. (1993) Prodrug activation via catalytic antibodies. In: *Proc. Natl. Acad. Sci. USA* 90, S. 5337–5340.

Mossmayer, D.; Dübel, S.; Brocke, B.; Watzka, H.; Hampp, C.; Scheurich, P.; Little, M.; Pfizenmaier, K. A. (1995) Single chain TNF receptor antagonist is an effective inhibitor of TNF mediated cytotoxicity. In: *Therap. Immunol.* 2, S. 31–40.

Müller, K. P.; Kyewski, B. A. (1995) Intrathymic T cell receptor (TcR) targeting in mice lacking CD4 or major histocompatibility complex (MHC) class II: rescue of CD4 T cell lineage without co engagement of TcR/CD4 by MHC class II. In: *Eur. J. Immunol.* 25, S. 896–902.

Neri, D.; Momo, M.; Prospero, T.; Winter, G. (1995a) High affinity antigen binding by chelating recombinant antibodies (CRAbs). In: *J. Mol. Biol.* 246, S. 367–373.

Neri, D.; de Lalla, C.; Petrul, H.; Neri, P.; Winter, G. (1995b) Calmodulin as a versatile Tag for Antibody Fragments. In: *Bio Technology* 13, S. 373–377.

Newton, D. L.; Hercil, O.; Laske, D. L.; Oldfield, E.; Rybak, S. A. und Youle, R. J. (1992) Cytotoxic Ribonuclease Chimeras. In: J. Biol. Chem. 267, S. 19572–19578.

Nisonoff, A.; Rivers, M. M. (1961) Recombination of a mixture of univalent antibody fragments of different specificity. In: *Arch. Biochem. Biophys.* 93, S. 460–462.

Orfanoudakis, G.; Karim, B.; Bourel, D.; Weiss E. (1993) Bacterially expressed Fabs of monoclonal antibodies neutralizing tumour necrosis factor alpha in vitro retain full binding and biological activity. In: *Mol. Immunol.* 30, S. 1519–1528.

Pack, P.; Kujau, M.; Schroeckh, V.; Knupfer, U.; Wenderoth, R.; Riesenberg, D.; Plückthum, A. (1993) Improved bivalent miniantibodies, with identical avidity as whole antibodies, produced by high cell density fermentation of *Escherichia coli*. In: *Biotechnology N.Y.* 11, S. 1271–1277.

Pai, L. H.; Wittes, R.; Setser, A.; Willingham, M. C.; Pastan, I. (1996) Treatment of advanced solid tumors with immunotoxin LMB-1: an antibody linked to Pseudomonas exotoxin. In: *Nat. Med.* 2, S. 350–353.

Pardridge, W. M.; Boado, R. J.; Kang, Y. S. (1995) Vector-mediated delivery of a polyamide („peptide") nucleic acid analogue through the blood-brain barrier in vivo. In: *Proc. Natl. Acad. Sci. USA* 92, S. 5592–5596.

Park, J. W.; Hong, K.; Carter, P.; Asgari, H.; Guo, L. Y.; Keller, G. A.; Wirth, C.; Shalaby, R.; Kotts, C.; Wood, W. I. et al. (1995) Development of anti-p185HER2 immunoliposomes for cancer therapy. In: *Proc. Natl. Acad. Sci. USA* 92, S. 1327–1331.

Pastan, I. H.; Pai, L. H.; Brinkmann, U.; Fitzgerald, D. J. (1995) Recombinant toxins: new therapeutic agents for cancer. In: *Ann. NY. Acad. Sci.* 758, S. 345–354.

Pastan, I.; Pai, L. H.; Brinkmann, U.; FitzGerald, D. (1996) Recombination immunotoxins. In: *Breast. Cancer. Res. Treat.* 38, S. 3–9

Peltier, P.; Curtet, C.; Chatal, J. F.; Le Doussal, J. M.; Daniel, G.; Aillet, G.; Gruaz-Guyon, A.; Barbet, J.; Delaage, M. (1993) Radioimmunodetection of medullary thyroid cancer using a bispecific anti-CEA/anti-indium-DPTA antibody and an indium-111-labeled DPTA dimer. In: *J. Nucl. Med.* 34, S. 1267–1273.

Perisic, O.; Webb, P. A.; Holliger, P.; Winter, G.; Williams, R. L. (1994) Crystal structure of a diabody, a bivalent antibody fragment. In: *Structure* 2, S. 1217–1226.

Prior, T. I.; FitzGerald, D. J.; Pastan, I. (1992) Translocation mediated by domain II of Pseudomonas exotoxin A: transport of basnase into the cytosol. In: *Biochem.* 31, S. 3555–3559.

Raag, R.; Whitlow, M. (1995) Single-chain Fvs. In: *FASEB J.* 9, S. 73-80.

Reiter, Y.; Brinkmann, U.; Jung, S. H.; Lee, B.; Kasprzyk, P. G.; King, C. R.; Pastan, I. (1994) Improved binding and antitumor activity of a recombinant anti-erbB2 immunotoxin by disulfide stabilization of the Fv-Fragment. In: *J. Biol. Chem.* 269, S. 18327–18331.

Reiter, Y.; Pastan, I. (1996) Antibody engineering of recombinant Fv immunotoxins for improved targeting of cancer: disulfide stabilized Fv immunotoxins. In: *Clin. Cancer Res.* 2, S. 245–252.

Reiter, Y.; Wright, A. F.; Tonge, D. W.; Pastan, I. (1996) Recombinant single-chain and disulfide-stabilized Fv-immunotoxins that cause complete regression of a human colon cancer xenograft in nude mice. In: *Int. J. Cancer* 67, S. 113–123.

Rheinnecker, M.; Hardt, C.; Ilag, L. L.; Kufer, P.; Gruber, R.; Hoess, A.; Lupas, A.; Rottenberger, C.; Plückthun, A.; Pack, P. (1996) Multivalent antibody fragments with high functional affinity for a tumor associated carbohydrate antigen. In: *J. Immunol.* 157, S. 2989–2997.

Richardson, J. H.; Marasco, W. A. (1995) Intracellular antibodies: development and therapeutic potential. In: *Trends Biotechnol.* 13, S. 306–310.

Richardson, J. H.; Sodroski, J. G.; Waldmann, T. A.; Marasco, W. A. (1995) Phenotypic knockout of the high-affinity human interleukin 2 receptor by intracellular single-chain antibodies against the alpha subunit of the receptor. In: *Proc. Natl. Acad. Sci. USA* 92, S. 3137–3141.

Rode, H. J.; Little, M.; Fuchs, P.; Dörrsam, H.; Schooltink, H.; de Ines, C.; Dübel, S.; Breitling, F. (1996) Cell surface display of a single-chain antibody for attaching polypeptides. In: *Biotechniques* 21, S. 650, 652–653, 655–658.

Rodrigues, M. L.; Presta, L. G.; Kotts, C. E.; Wirth, C.; Mordenti, J.; Osaka, G.; Wong, W. L.; Nuijens, A.; Blackburn, B.; Carter, P. (1995) Development of a humanized disulfide-stabilized anti-p185HER2 Fv-beta-lactamase fusion protein for activation of a cephalosporin doxorubicin prodrug. In: *Cancer. Res.* 55, S. 63–70.

Rybak, S. M.; Hoogenboom, H. R.; Meade, H. M.; Raus, J. C.; Schwartz, D.; Youle, R. J. (1992) Humanization of immunotoxins. In: *Proc. Natl. Acad. Sci. USA* 89, S. 3165–3169.

Sahin, U.; Tureci, O.; Schmitt, H.; Cochlovius, B.; Johannes, T.; Schmits, R.; Stenner, F.; Luo, G.; Schobert, I.; Pfreundschuh, M. (1995) Human neoplasms elicit multiple specific immune responses in the autologous host. In: *Proc. Natl. Acad. Sci. USA* 92, S. 11810–11813.

Schuhmacher, J.; Klivenyi, G.; Matys, R.; Stadler, M.; Regiert, T.; Hauser, H.; Doll, J.; Maier-Borst, W.; Zoller, M. (1995) Multistep tumor targeting in nude mice using bispecific antibodies and a gallium chelate suitable for immunoscintigraphy with positron emission tomography. In: *Cancer. Res.* 55, S. 115–123.

Segal, D. M.; Sconocchia, G.; titus, J. A.; Jost, C. R.; Kurucz, I. (1995) Alternative triggering molecules and single-chain bispecific antibodies. In: *J. Hematother.* 4, S. 377–382.

Senter, P. D.; Wallace, P. M.; Svensson, H. P.; Vrudhula, V. M.; Kerr, D. E.; Hellström, I. und Hellström, K. E. (1993) Generation of cytotoxic agents by targeted enzymes. In: *Bioconjugate Chem.* 4, S. 3–9.

Sharma, S. K.; Bagshawe, K. D.; Burke, P. J.; Boden, J. A.; Rogers, G. T.; Springer, C. J.; Melton, R. G.; Sherwood, R. F. (1994) Galactosylated antibodies and antibody-enzyme conjugates in antibody-directed enzyme prodrug therapy. In: *Cancer* 73 (3 Suppl), S. 1114–1120.

Shelver, W. L.; Keyler, D. E.; Lin, G.; Mustaugh, M. P.; Flickinger, M. C.; Ross, C. A.; Pentel, P. R. (1996) Effects of recombinant drug-specific single chain antibody Fv fragment on [3H]-desipramine distribution in rats. In: *Biochem. Pharmacol.* 51, S. 531–537.

Sixma, T. K.; Pronk, S. E.; Kalk, K. H.; van Zanten, B. A. M.; Berghuis, A. M. and Hol, W. G. J. (1992) Lactose binding to heat-labile enterotoxin revealed by X-ray crystallography. In: *Nature* 355, S. 561–564.

Somasundaram, C.; Matzku, S.; Schuhmacher, J.; Zöller, M. (1993) Development of a bispecific monoclonal antibody against a gallium-67 chelate and the human melanoma-associated antigen p97 for potential use in pretargeted immunoscintigraphy. In: *Cancer Immunol. Immunother.* 36, S. 337–345.

Tavladoraki, P.; Benvenuto, E.; Trinca, S.; De Martinis, D.; Cattaneo, A.; Galeffi, P. (1993) Transgenic plants expressing a functional single-chain Fv antibody are specifically protected from virus attack. In: *Nature* 366, S. 469–472.

Tazzari, P. L.; Zhang, S.; Chen, Q.; Sforzini, S.; Bolognesi, A.; Stirpe, F.; Xie, H.; Moretta, A.; Ferrini, S. (1993) Targeting of saporin to CD25-positive normal and neoplastic lymphocytes by an antisaporin/anti-CD25 bispecific monoclonal antibody: *in vitro* evaluation. In: *Br. J. Cancer* 67, S. 1248–1253.

Wawrzynczak, E. J.; Derbyshire, E. J. (1992) Immunotoxins: the power and the glory. In: *Immunology today* 13, S. 381–383.

Webber, K. O.; Kreitman, R. J.; Pastan, I. (1995) Rapid and specific uptake of antiTac disulfide-stabilized Fv by interleukin-2 receptor-bearing tumors. In: *Cancer Res.* 55, S. 318–239.

Weijtens, M. E.; Willemsen, R. A.; Valerio, D.; Stam, K.; Bolhouis, R. L. (1996) Single-chain Ig/gamma gene-redirected human T lymphocytes produce cytokines, specifically lyse tumor cells, and recycle lytic capacity. In: *J. Immunol.* 157, S. 836–843.

Weiner, L. M.; Clark, J. I.; Ring, D. B.; Alpaugh, R. K. (1995a) Clinical development of 2B1, a bispecific murine monoclonal antibody targeting c erbB 2 and Fc gamma RIII. In: *J. Hematother.* 4, S. 453–456.

Weiner, L. M.; Clark, J. I.; Davey, M.; Li, W. S.; Garcia de Palazzo, I.; Ring, D. B.; Alpaugh, R. K. (1995b) Phase I trial of 2B1, a bispecific monoclonal antibody targeting c erbB 2 and Fc gamma RIII. In: *Cancer Res.* 55, S. 4586–4593.

Weiss, E.; Chatellier, J.; Orfanoudakis, G. (1994) In vivo biotinylated recombinant antibodies: construction, characterization, and application of a bifunctional FabBCCP fusion protein produced in *Escherichia coli.* In: *Protein. Expr. Purif.* 5, S. 509–517.

Weiss, E.; Orfanoudakis, G. (1994) Application of a alkaline phosphatase fusion protein system suitable for efficient screening and production of Fab-enzyme conjugates in *Escherichia coli.* In: *J. Biotechnol.* 33, S. 43–53.

Wentworth, P.; Datta, A.; Blakey, D.; Boyle, T.; Partridge, L. J.; Blackburn, G. M. (1996) Toward antibody-directed „abzyme" prodrug therapy, ADAPT: carbamate prodrug activation by a catalytic antibody and its *in vitro* application to human tumor cell killing. In: *Proc. Natl. Acad. Sci. USA* 93, S. 799–803.

Werge, T. M.; Baldari, C. T.; Telford, J. L. (1994) Intracellular single-chain Fv antibody inhibits Ras activity in T-cell antigen receptor stimulated Jurkat cells. In: *FEBS Lett.* 351, S. 393–396.

Wickham, T. J.; Segal, D. M.; Roelvink, P. W.; Carrion, M. E.; Lizonova, A.; Lee, G. M.; Kovesdi, I. (1996) Targeted adenovirus gene transfer to endothelial and smooth muscle cells by using bispecific antibodies. In: *J. Virol.* 70, S. 6831–6838.

Wilder, R. B.; DeNardo, G. L.; DeNardo, S. J. (1996) Radioimmunotherapy: recent results and future directions. In: *J. Clin. Oncol.* 14, S. 1383–1400.

Winberg, G.; Grosmaire, L. S.; Klussman, K.; Hayden, M. S.; Fell, H. P.; Ledbetter, J. A.; Mittler, R. S. (1996) Surface expression of CD28 single-chain Fv for costimulation by tumor cells. In: *Immunol. Rev.* 153, S. 6–14.

Wu, Y.; Duan, L.; Zhu, M.; Hu, B.; Kubota, S.; Bagasra, O.; Pomerantz, R. J. (1996) Binding of intracellular anti-Rev single-chain variable fragments to different epitopes of human immunodeficiency virus type 1 rev: variations in viral inhibition. In: *J. Virol.* 70, S. 3290–3297.

Yokota, T.; Milenic, D. E.; Whitlow, D. E.; Whitlow, M. and Schlom, J. (1992) Rapid tumor penetration of a single-chain Fv and comparison with other immunoglobulin forms. In: *Cancer Res.* 52, S. 3402–3408.

Zewe, M.; Rybak, S. M.; Dübel, S.; Coy, J. F.; Welschof, M.; Newton, D. L. and Little, M. (1997) Cloning and cytotoxicity of a human pancreatic RNase immunofusion. In: *Immunotechnology* 3, S. 127–136.

Zhang, R. G.; Scott, D. L.; Westbrook, M. L.; Nance, S.; Spangler, B. D.; Shipley, G. G.; Westbrook, E. M. (1995) The three-dimensional crystal structure of cholera toxin. In: *J. Mol. Biol.* 251, S. 563–573.

Zhu, Z.; Lewis, G. D.; Carter, P. (1995) Engineering high affinity humanized anti p185HER2/anti CD3 bispecific F(ab')2 for efficient lysis of p185HER2 overexpressing tumor cells. In: *Int. J. Cancer* 62, S. 319–324.

4.
Produktion und Reinigung rekombinanter Antikörperfragmente

4.1 Eigenschaften rekombinanter Antikörper und Auswahl des Expressionssystems

Ihren Durchbruch verdankte die Technologie rekombinanter Antikörper den neuen Selektionsmöglichkeiten aus *E. coli* (vgl. Abschnitt 2.1). Sehr schnell zeigte sich aber, daß *E. coli* für die *Produktion* nicht immer der geeignetste Organismus war. Trotz der hohen Homologie zwischen verschiedenen Antikörpern konnte die Effizienz der Produktion und Faltung um einige Größenordnungen variieren (Orfanoudakis et al., 1993). Dieser Befund ist allerdings nicht überraschend, denn selbst in homologen Expressionssystemen (Myelomazellinien) können einzelne Punktmutationen in den hypervariablen Regionen die Bildung und Sekretion von Antikörpern drastisch beeinflussen (Chen et al., 1994).

Für die erste Analyse der Spezifität und Affinität sind die in *E. coli* erzeugbaren Mengen meist ausreichend. Dazu kommt die große Stärke der in *E. coli* durchgeführten Selektionsmethoden – ihr hoher Durchsatz. Um größere Mengen an Antikörpern zu erhalten, muß die Produktion dagegen oft erst optimiert werden, wie z. B. durch den Wechsel zu anderen Expressionssystemen oder durch gezielte Veränderung der Faltungseigenschaften des Antikörperfragments. Der Aufwand eines Wechsels des Expressionssystems ist aber meist erst nach einer vorläufigen Charakterisierung des rekombinanten Antikörpers gerechtfertigt.

In den beiden anschließenden Kapiteln werden einige Expressionssysteme für rekombinante Antikörperfragmente vorgestellt. Zum besseren Verständnis des Textes müssen aber vorher noch einige Definitionen geklärt werden.

4.1.1 Strukturelle Charakterisierung eines Antikörpers: Die Definition der hypervariablen Regionen (CDRs)

Um die Primärstruktur verschiedener Antikörper miteinander vergleichen zu können, ist eine vereinheitlichte Numerierungsmethode für die einzelnen Aminosäurenreste erforderlich. Durch solche Vergleiche findet man z. B. die Keimbahngene, von denen der Antikörper abstammt, oder aber die durch die somatische Hypermutation eingeführten Sequenzveränderungen.

Definitionsprobleme bereitet dabei die Längenheterogenität in den hypervariablen Regionen. Die Länge der CDR 3 der schweren Kette kann beispielsweise von vier bis zu über zwanzig Aminosäurenresten variieren. Dazu kommt die unterschiedliche Definition der ansonsten synonym verwendeten Begriffe „hypervariable Region" und „CDR". Wie bereits aus dem Begriff ersichtlich, beruhte die ursprüngliche Zuordnung der *hypervariablen Regionen* ausschließlich auf dem Vergleich verschiedener Antikörpersequenzen. Dargestellt ist dies in der Kabat-Datensammlung immunologischer Moleküle (Kabat et al., 1987). Basierend auf den damals vorliegenden Sequenzdaten wurde ein System zur Numerierung der Aminosäurenreste in den variablen Regionen eingeführt. Dieses Kabat-Numerierungsschema ermöglicht den einfachen Vergleich verschiedener Antikörper und ist deshalb weit verbreitet. Mit der wachsenden Zahl bekannter Sequenzen mußten allerdings zusätzliche Aminosäurenpositionen eingefügt werden. Der Grund dafür ist der gerade erwähnte Längenpolymorphismus der hypervariablen Regionen. Die eingefügten Positionen erhielten Buchstaben zusätzlich zur Positionsnummer. In Tabelle 4.1 sind die Aminosäurenpositionen der variablen Domänen nach Kabat dargestellt. Die Positionen der hypervariablen Bereiche fett hervorgehoben.

Der Begriff „CDR" (*complementarity determining regions*) definiert sich dagegen aus der Bindung an das Antigen. Seit der Beschreibung der hypervariablen Regionen sind eine ganze Reihe von Kristallstruktur-Datensätzen verfügbar geworden, die zeigten, daß die eigentliche Antigenbindestelle nicht genau mit den hypervaria-

Tabelle 4.1: Die Numerierung der Aminosäurereste der variablen Regionen nach Kabat

Leichte Kette:

0	1	2	3	4	5	6	7	8	9
10	11	12	13	14	15	16	17	18	19
20	21	22	23	**24**	**25**	**26**	**27**		
27A	**27B**	**27C**	**27D**	**27E**	**27F**			28	29
30	**31**	**32**	**33**	**34**	35	36	37	38	39
40	41	42	43	44	45	46	47	48	49
50	**51**	**52**	**53**	**54**	**55**	**56**	57	58	59
60	61	62	63	64	65	66	67	68	69
70	71	72	73	74	75	76	77	78	79
80	81	82	83	84	85	86	87	88	89
90	**91**	**92**	**93**	**94**	**95**				
95A	**95B**	**95C**	**95D**	**95E**	**95F**	**96**	**97**	98	99
100	101	102	103	104	105	106			
106A	107	108	109						

Schwere Kette:

0	1	2	3	4	5	6	7	8	9
10	11	12	13	14	15	16	17	18	19
20	21	22	23	24	25	26	27	28	29
30	**31**	**32**	**33**	**34**	**35**				
35A	35B					36	37	38	39
40	41	42	43	44	45	46	47	48	49
50	**51**	**52**							
52A	**52B**	**52C**	**53**	**54**	**55**	**56**	**57**	**58**	**59**
60	**61**	**62**	**63**	**64**	**65**	66	67	68	69
70	71	72	73	74	75	76	77	78	79
80	81	82							
82A	82B	82C	83	84	85	86	87	88	89
90	91	92	93	94	**95**	**96**	**97**	**98**	**99**
100									
100A	**100B**	**100C**	**100D**	**100E**	**100F**	**100G**	**100H**	**100I**	**100J**
100K	101	102	103	104	105	106	107	108	109
110	111	112	113						

blen Regionen übereinstimmt. Bald war auch klar, daß die nach der Kabat-Definition eingefügten Positionen nicht dem strukturell korrekten Insertionspunkt entsprach. Deshalb wurde eine modifizierte Zählweise eingeführt, die dieser Tatsache Rechnung trägt: die Chothia-Numerierungsmethode (Chothia und Lesk, 1987). Die Numerierung der Aminosäurenreste erfolgt im System nach Chothia im Prinzip genauso wie bei Kabat, nur werden die zusätzlichen Aminosäurenreste an einer anderer Stelle eingefügt. In Tabelle 4.2 sind die Aminosäurenpositionen der variablen Domänen nach Chothia dargestellt. Die Positionen der CDRs fett hervorgehoben.

Die Definition der Aminosäurenpositionen nach MacCallum et al. (1996) nimmt noch konsequenter Bezug auf die CDRs. Sie beruht

164 Rekombinante Antikörper

Tabelle 4.2: Die Numerierung der Aminosäurereste der variablen Regionen nach Chothia

Leichte Kette:

0	1	2	3	4	5	6	7	8	9
10	11	12	13	14	15	16	17	18	19
20	21	22	23	24	25	26	27	28	29
30									
30A	30B	30C	30D	30E	30F				
	31	32	33	34	35	36	37	38	39
40	41	42	43	44	45	46	47	48	49
50	51	52	53	54	55	56	57	58	59
60	61	62	63	64	65	66	67	68	69
70	71	72	73	74	75	76	77	78	79
80	81	82	83	84	85	86	87	88	89
90	91	92	93	94	95				
95A	95B	95C	95D	95E	95F	96	97	98	99
100	101	102	103	104	105	106			
106A	107							108	109

Schwere Kette:

0	1	2	3	4	5	6	7	8	9
10	11	12	13	14	15	16	17	18	19
20	21	22	23	24	25	26	27	28	29
30	31								
31A	31B								
		32	33	34	35	36	37	38	39
40	41	42	43	44	45	46	47	48	49
50	51	52							
52A	52B	52C	53	54	55	56	57	58	59
60	61	62	63	64	65	66	67	68	69
70	71	72	73	74	75	76	77	78	79
80	81	82							
82A	82B	82C	83	84	85	86	87	88	89
90	91	92	93	94	95	96	97	98	99
100									
100A	100B	100C	100D	100E	100F	100G	100H	100I	100J
100K	101	102	103	104	105	106	107	108	109
110	111	112	113						

ausschließlich auf der Analyse der tatsächlichen Antigenkontakte aus Strukturdaten. Diese „Kontakt"-Numerierungsmethode ist noch nicht sehr verbreitet. Ihre Vorteile werden vor allem dann ersichtlich, wenn durch einen Sequenzvergleich mit anderen Antikörpern die Kandidaten für die an der Antigenbindung beteiligten Aminosäuren ermittelt werden sollen. Dies kann sehr wichtig sein beim Design einer auf Zufallssequenzen beruhenden Bibliothek (vgl. Abschnitte 2.2.8 und 2.2.9) oder bei der Mutagenese eines bereits vorhandenen Antikörpers mit dem Ziel der Affinitätsverbesserung (vgl. Abschnitt 2.4.7f). Tabelle 4.3 vergleicht die drei Zählweisen miteinander, wobei jeweils die sechs für die Antigenbindung wichtigen Bereiche dargestellt sind.

Tabelle 4.3: Vergleich der Numerierungsmethoden für die V-Regionen (nach A. Martin)

CDR	Kabat	Numerierungsschema Chothia	Kontakt
L1	L24 › L34	L24 › L34	L30 › L36
L2	L50 › L56	L50 › L56	L46 › L55
L3	L89 › L97	L89 › L97	L89 › L96
H1	H31 › H35B	H26 › H32…34	H30 › H35B (Kabat-Methode) oder
H1	H31 › H35	H26 › H32	H30 › H35 (Chothia-Methode)
H2	H50 › H65	H52 › H56	H47 › H58
H3	H95 › H102	H95 › H102	H93 › H101

Anmerkung: H = schwere Kette, L = leichte Kette.

Das Ende des CDR-H1 nach Chothia variiert abhängig von der Länge zwischen H32 und H34, wenn es nach Kabat numeriert wird, da nach der Kabat-Methode Insertionen bei H35A und H35B vorgenommen werden, folglich:

- ist weder 35A oder 35B vorhanden, endet der CDR-H1 auf 32,
- ist nur 35A vorhanden, endet der CDR-H1 auf 33,
- sind 35A und 35B vorhanden, endet der CDR-H1 auf 34.

In Abbildung 4.1 sind die Konsequenzen am Beispiel des CDR-H1 etwas ausführlicher dargestellt. Ausführliche Daten zu den CDR-Antigen-Kontakten sind im Internet unter http://www.biochem.ucl.ac.uk/~martin/abs/MeanContacts.html zu erhalten.

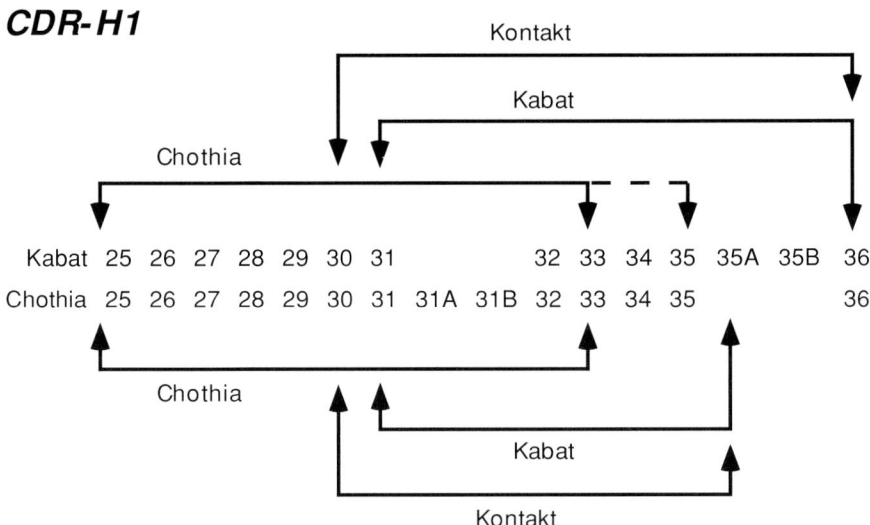

CDR-H1

4.1. Numerierung der Aminosäurenreste der CDR1 der schweren Kette nach verschiedenen Autoren. Nach Andrew Martin.

Es darf allerdings nicht vergessen werden, daß die direkt am Antigenkontakt beteiligten Aminosäurenreste nicht alleine für die Form und damit für die Spezifität oder Affinität des Antikörpers verantwortlich sind. Auch entferntere Reste können maßgeblich an der Konformation der CDR-Schleifen beteiligt sein und so die Spezifität und Affinität beeinflussen (Hawkins et al., 1993).

4.1.2 Biochemische Charakterisierung eines Antikörpers: Spezifität und Affinität

Neben antigenunabhängigen Faktoren wie der Stabilität gegenüber Proteasen oder gegenüber spontaner Denaturierung, die die Haltbarkeit bestimmen, gibt es zwei wichtige antigenabhängige Faktoren, die über die Verwendbarkeit eines Antikörpers entscheiden: seine Spezifität und seine Affinität. Sie sind ein Maß für die Qualität eines Antikörpers in bezug auf die Bindung des Antigens. Beide werden durch die Struktur der Kontaktstelle des Antikörpermoleküls zum Antigen bestimmt.

4.1.2.1 Was ist Spezifität?

Die *Spezifität* gibt an, wie gut ein Antikörper zwischen ähnlichen Antigenstrukturen unterscheiden kann. Auf molekularer Ebene wird sie durch die Wechselwirkungen zwischen den variablen Ketten und dem Antigen bestimmt. Dabei treffen zwei Proteinoberflächen aufeinander, die möglichst genau ineinanderpassen sollten. Dies bestimmt dann, wie nahe sich die zwei Oberflächen kommen und damit die Stärke der nichtkovalenten, intermolekularen Bindungen. Die Form der Oberfläche und die Anordnung dieser Bindungen entscheiden über die Spezifität, während die Art und der Energiebeitrag dieser Bindungen wichtige Faktoren für die *Affinität* sind.

Hat ein anderes Molekül zufällig eine ähnliche Oberfläche wie das Antigen, gegen das der Antikörper erzeugt wurde und kann es dazu ähnliche intermolekulare Bindungen eingehen, kommt es zur *Kreuzreaktion* des Antikörpers mit diesem Molekül. Häufig werden Kreuzreaktionen zwischen homologen Proteinen unterschiedlicher Spezies beobachtet, deren Aminosäurensequenz sich nur geringfügig unterscheidet. Aber auch völlig unterschiedliche Proteine, die keinerlei Sequenzhomologie besitzen, können vom gleichen Antikörper erkannt werden. So bindet ein Antikörper, der gegen ein Neuropeptid (EPPGGSKVILF) erzeugt wurde, neben diesem Peptid auch stark an ein Protein, das keinerlei Sequenzhomologien mit diesem Epitop aufweist (Keppel und Schaller, 1991). In einem anderen Fall banden zwei Peptide völlig unterschiedlicher Sequenz mit vergleichbar hoher Affinität (Dissoziationskonstante im nanomolaren Bereich) an einen Antikörper. Die Kristallstrukturanalyse zeigte dann, daß beide Peptide in völlig unterschiedlichen Strukturen vorlagen und auch mit zum Teil unterschiedlichen Anteilen der Antigenbindestelle wechselwirkten (Schneider-Mergener, pers. Mitteilung).

4.1.2.2 Kreuzreaktion und unspezifische Bindung

Eine Kreuzreaktion eines monoklonalen Antikörpers oder eines rekombinanten Antikörperfragments darf nicht mit seiner *unspezifischen* Bindung verwechselt werden. Die Unterscheidung liegt in der Art der Bindung (Abb. 4.2). Die Kreuzreaktion wird prinzipiell über die Antigenbindungsstelle (den *Idiotyp*) vermittelt und besitzt oft Affinitäten, die der Bindung an das Antigen ähnlich sind. Deshalb ist es nicht möglich, Kreuzreaktionen in der experimentellen Praxis durch Präinkubation mit dem „unspezifischen" Antigen zu entfernen, wie es bei einem polyklonalen Serum möglich wäre, in dem auch Antikörper gegen andere Epitope des gleichen Antigens vorhanden sein können. Unspezifische Bindungen werden dagegen über andere Teile des Moleküls vermittelt. Beispiele sind das Kleben an Plastikoberflächen im ELISA, an die Nitrozellulose des Immuno-

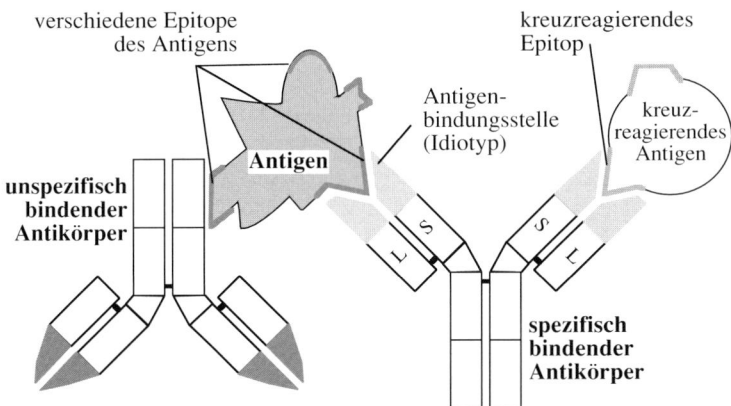

4.2. Einige Begriffe zur Beschreibung von Antikörper-Antigen-Reaktionen (bezogen auf das Antigen).

blots, oder an Membranreste und denaturierte Proteinaggregate in Zellfärbungen. Um diese Art der Bindung zu verhindern, werden die unspezifischen Bindungsstellen mit einem Überschuß an anderen Proteinen blockiert. Häufig verwendet werden dabei 1–5 % (w/v) Serumalbumin, 3 % (w/v) Collagen (Gelatine) oder 0,5–2 % (w/v) Casein (Milchpulver).

Eine weitere Quelle unspezifischer Bindungen sind denaturierte Antikörper. Antikörper denaturieren z. B. durch häufiges Einfrieren/Auftauen (besonders bei verdünnten Lösungen) oder durch zu starke Erwärmung. Dabei gelangen hydrophobe Aminosäurenseitenketten aus dem Inneren des Antikörpers an die Oberfläche, die dann unspezifisch an das Substrat binden. Abhilfe bringt hier oft eine Inkubation mit nichtionischen Detergentien (z. B. Nonidet NP40, Tween20, Triton X100), die die hydrophoben Oberflächen mit einer polaren Schicht maskieren.

Bei Zell- oder Gewebefärbungen können auch Fc-Rezeptoren unspezifische Bindung an die konstanten Domänen des Antikörpers bewirken, ein Problem, das durch Inkubation mit einem Überschuß anderer Antikörper oder den Einsatz von Fab′- oder scFv-Fragmenten zu vermeiden ist. Ein besonderes Problem sind Kreuzreaktionen und unspezifische Bindungen bei Antikörpern, die *in vivo* für therapeutische Zwecke oder für die Diagnostik eingesetzt werden sollen. Dafür gibt es keine generelle Lösung; bei jedem einzelnen Antikörper müssen die dadurch entstehenden Nebenwirkungen genauestens untersucht werden.

4.1.2.3 Die Struktur des Epitops bestimmt die Verwendbarkeit von Antikörpern

Hilfreich für die Praxis sind Informationen über die Struktur des Antigen-Epitops. Das Epitop ist der Teil eines Antigens, der mit dem Antikörper in molekulare Wechselwirkung tritt. Man unterscheidet Haptene (kleine organische Verbindungen, die oft von einer Grube aus hypervariablen Domänen umschlossen sind) und größere Epitope. Die Bindung an ein Protein wird dabei meist von einem größeren Epitop vermittelt. Ein Antikörper kann an einen einzelnen Abschnitt des Polypeptidstranges binden (sequentielles Epitop). Oft binden sie dann mit vergleichbarer Affinität (s. u.) auch an Oligopeptidstückchen (5–15 Aminosäurenreste) aus der Proteinsequenz, die dem sequentiellen Epitop entsprechen.

Tragen Aminosäurenreste aus verschiedenen Abschnitten der Peptidkette zur Bindung bei, spricht man von einem konformationellen Epitop. Die Bindung solcher größerer Epitope ist möglich, da die hypervariablen Domänen eine Proteinoberfläche von bis zu 750 Å^2 bilden können. Es gibt aber keine eindeutige Regel, wie viele der sechs hypervariablen Domänen an der Antigenbindung teilhaben, so sind Antikörper beschrieben, bei denen nur die schwere Kette zur Antigenbindung nötig ist (Ward et al., 1989; Barry und Lee, 1993) oder zumindest maßgeblich die Spezifität bestimmt (Brigido et al., 1993; Song et al., 1997).

Praktische Auswirkungen hat die Art des Epitops auf die Verwendbarkeit eines Antikörpers in verschiedenen Immunoassays. Konformationsepitope werden bei der Denaturierung des Antigens meist irreversibel zerstört. Solche Epitope können also im Western Blot nach der denaturierenden SDS-Gelelektrophorese nicht mehr von dem Antikörper erkannt werden. Auch verschiedene Fixiermethoden bei Zellfärbungen (Ethanolbehandlung, Aldehyd-Fixierung) können Proteinepitope zerstören. Antikörper, die konformationelle Epitope erkennen, binden nicht oder nur sehr schwach an isolierte Oligopeptide, da diese nur einem Teil des Antigens entsprechen. Es ist sogar möglich, daß die verschiedenen Polypeptidabschnitte, die zur Bindung eines Konformationsepitops beitragen, von verschiedenen Proteinen stammen, die zusammen einen multimeren Komplex bilden.

4.1.2.4 Was ist Affinität?

Die Stärke der Bindung eines Antikörpers an sein Antigen, seine „Affinität" dazu, ist neben der Spezifität der zweite wichtige Faktor zur Beurteilung der Qualität eines Antikörpers. Die Stärke dieser Bindung wird durch die Bindungskonstante angegeben. Die Bindungskonstante ist ein Maß für das Reaktionsgleichgewicht, das sich zwischen den an das Antigen bindenden und davon abdissoziierenden Antikörpermolekülen einstellt. Je mehr Antikörper im Gleichgewicht in gebundener Form vorliegen, desto besser ist die Affinität des Antikörpers für sein Antigen.

4.1.2.5 Bestimmung der Affinität durch Gleichgewichtsanalyse

Idealerweise wird dieses Gleichgewicht in Experimenten gemessen, in denen beide Partner in Lösung vorliegen. Zunächst wird solange gewartet, bis sich ein Gleichgewicht eingestellt hat, d. h. bis gleich viele Bindungen neu geknüpft wie aufgelöst werden. Danach werden die freien von den gebundenen Antikörpern abgetrennt und die jeweiligen Mengen bestimmt. Die Bindungskonstante (Dissoziationskonstante, K_d) ergibt sich dann aus der aus dem Massenwirkungsgesetz abgeleiteten Formel:

$$\frac{x}{a} = \frac{1}{K_d}\,(i_{ges} - x)$$

wobei x = gebundener Antikörper
       a = freies Antigen
       i = freier Antikörper
       i_{ges} = gesamter Antikörper
       a_{ges} = gesamtes Antigen

und $a = a_{ges} - x$
       $x = i_{ges} - i$.

Die Trennung von freien und gebundenen Antikörpern kann durch Ultrazentrifugation oder Gleichgewichtsfiltration erreicht werden (Hardie und Van Regenmortel, 1975; Fazekas de St Groth und Webster, 1961). Es gibt auch Methoden, bei denen einer der Partner an eine feste Phase, wie die Oberfläche einer ELISA-Platte, gebunden ist. Die damit erhaltenen Bindungskonstanten weichen jedoch oft von den in Lösung ermittelten Konstanten stark ab (Lethonen, 1981; Underwood, 1985). Dies liegt daran, daß Proteine bei der Bindung an Plastikoberflächen partiell denaturiert werden können, und außerdem so haften können, daß das Epitop nicht zugänglich ist. Bevorzugt sollten deshalb Methoden verwendet werden, bei denen zunächst die Einstellung des Bindungsgleichgewichts in Lösung erlaubt wird.

Die nicht gebundene Antikörpermenge kann danach durch einen ELISA bestimmt werden. Dabei ist eine Abtrennung des gebundenen von dem ungebundenen Antikörper dann nicht nötig, solange der Einstellung eines neuen Gleichgewichts im Nachweis-ELISA nicht zuviel Zeit gegeben wird. Dies erreicht man durch kurze Inkubationszeiten und einer limitierten Antigenmenge an der Festphase. Beide Faktoren bedingen, daß dabei höchstens 10 % von der Gesamtmenge des *freien* Antikörpers an die ELISA-Platte binden (und damit aus dem Gleichgewicht entfernt werden). Ob diese Bedingung erfüllt ist, kann man messen, indem man die Gleichgewichts-Lösung von Antigen und Antikörper zunächst in eine ELISA-Platte auf Antigen gibt. Nach einer definierten Zeit entnimmt man die Proben wieder und pipettiert sie in neue ELISA-Vertiefungen, inkubiert sie exakt solange wie in den vorigen und weist in beiden den gebundenen Antikörper nach. Die Differenz zwischen beiden Werten sollte 10% nicht übersteigen (Friguet et al., 1985), sonst verfälscht das Meßsystem die gemessenen Werte für die Gleichgewichtskonstante. Für bestimmte Antigene können abhängig von deren Eigenschaften weitere Möglichkeiten zur Ermittlung der Affinitätskonstanten eingesetzt werden. Beispiele sind die Fluoreszenz-Quench-Methode oder Stop-Flow, die beide eine Änderung der Lichtabsorption, Fluoreszenz oder anderer biochemischer Eigenschaften durch die Bindung erfordern (Bashford und Harris, 1988).

4.1.2.6 Bestimmung der Affinität durch direkte Messung der Assoziation und Dissoziation

Man kann das Bindungsgleichgewicht (K_a) auch kinetisch als Quotient der Assoziationsrate (*on-rate*, k_{ass}) und der Dissoziationsrate (*off-rate*, k_{diss}) beschreiben :

$$K_a = k_{ass} / k_{diss}$$

Eine moderne Methode zur Ermittlung der Bindungskonstante beruht auf einer direkten Bestimmung dieser kinetischen Konstanten. Dies wird durch Geräte möglich, die z. B. durch „Surface Plasmon Resonance" (BIAcore, Pharmacia) die Beladung einer Oberfläche mit einer Anzahl von Molekülen in Echtzeit anzeigen können. Strömt nun eine Lösung von Antikörpern über eine solche Oberfläche, an die ein Antigen gekoppelt ist, erhält man eine Sättigungskurve für die Massenzunahme. Läßt man den Antikörper wieder weg, beginnen sich die gebundenen Antikörpermoleküle wieder vom Antigen abzulösen. Man erhält eine zweite Kurve für die Massenabnahme nach dem Entfernen der Antikörper aus der Lösung. Aus den jeweiligen Kurven lassen sich die Assoziations- und Dissoziationsraten direkt bestimmen, und damit auch ihr Quotient: die Bindungskonstante. Neuere Untersuchungen weisen allerdings darauf hin, daß der Effekt der Rückbindung artifiziell erhöhte Werte für die Affinitäten erzeugen kann. Abhängig von der Antikörperkonzentration ergibt sich dadurch eine gemessene Verlangsamung der Dissoziationsrate, die gemäß der obigen Gleichung eine höhere Affinität vortäuscht. Diesem Phänomen begegnet man experimentell z. B. durch Zugabe eines Überschusses an löslichem Antigen und/oder einer Minimierung der Antigenmenge während der Meßphase für die Dissoziationsrate.

4.1.2.7 „Avidität": Die Zahl der Bindungsstellen beeinflußt die Bindungskonstante

Auf molekularer Ebene wird die Größe der Bindungskonstante durch die Summe der atomaren Wechselwirkungen zwischen den hypervariablen Domänen der variablen Ketten und dem Antigen bestimmt. Diese Wechselwirkungen sind vom pH-Wert, der Temperatur und der Salzkonzentration des umgebenden Mediums abhängig. Eigentlich müßte man deshalb diese Bedingungen jeder Angabe einer Bindungskonstante hinzufügen. Üblicherweise werden die Affinitäten der Antikörper bei 25 °C in physiologischer Kochsalzlösung bei einem pH-Wert von 7,0–7,6 bestimmt. Außerdem muß man bei Angaben der Bindungskonstante immer die verwendete Bestimmungsmethode in Betracht ziehen. Schwankungen der erhaltenen Affinität zwischen verschiedenen Messungen sind durchaus möglich. Vergleiche von Antikörperaffinitäten sind deshalb am aussagekräftigsten, wenn die Bindungskonstanten im gleichen Experiment bestimmt wurden.

Ein wichtiger Grund für immer wieder auftretende Diskrepanzen bei der Affinitätsbestimmung liegt in unterschiedlichen *Aviditäten* der Antikörper. Ein natürliches IgG-Molekül besitzt zwei identische Antigen-Bindungsstellen und damit eine höhere Avidität verglichen mit nur einer Bindungsstelle bei einem rekombinanten scFv- oder Fab'-Fragment. Dieser Unterschied führt je nach der verwendeten Meßmethode zu beachtlichen Unterschieden in der gemessenen Affinität. Wenn bei der einen Meßmethode viele Antigenmoleküle nahe beieinanderliegen, also in Reichweite der beiden Arme des IgGs sind, so kann sich dieses Molekül mit beiden Armen festhalten. Bei einer anderen Meßmethode, wo weniger Antigen verwendet wird, kann das IgG dagegen nur mit einem Arm haften. Vor allem die Dissoziation des Antikörpers vom Antigen ist jetzt einfacher – er scheint plötzlich eine geringere Affinität für sein Antigen zu haben.

Dieser Aviditätseffekt wird auch von der Natur genutzt. Für die erste Antikörper-Immunantwort auf ein neues Antigen, bei der noch keine somatisch hypermutierten und somit in ihrer Affinität verbesserten Antikörper gegen das Antigen zur Verfügung stehen, setzt unser Körper IgM-Moleküle ein. Diese bestehen aus fünf an ihren Fc-Teilen verbundenen Antikörper-Ypsilons, vereinigen also zehn identische Antigenbindestellen in einem Molekülkomplex. So können neue Antigene trotz noch nicht optimierter Bindung durch die hypervariablen Domänen mit ausreichender Affinität markiert werden. Die Unterschiede der für den ganzen Molekülkomplex bestimmten Affinität zu dem der einzelnen monovalenten Antigenbindungsstellen können bei IgM-Molekülen mehrere Größenordnungen umfassen (Roggenbuck et al., 1994; Ciric et al., 1995). In der Technologie rekombinanter Antikörper sind deshalb eine ganze Reihe von Methoden entwickelt worden, um mit Hilfe von Di-/Oligomerisierung einzelner scFv- oder Fab'-Fragmente eine Affinitätssteigerung zu erhalten (s. auch Kapitel 3.2.3 und 3.3.1 ff).

Als Beispiele seien hier nur die Fusionen von scFv-Fragmenten an core-Streptavidin (Dübel et al., 1995) oder die Tetramerisierungsdomäne des humanen Transkriptionsfaktors p53 (Rheinecker et al., 1996) genannt.

4.1.2.8 Verschiedene Anwendungen von Antikörpern erfordern unterschiedliche Affinitäten

Für den praktischen Einsatz in laborüblichen Immunassays, wie Immunfluoreszenz, ELISA oder Immunoblots, sind Affinitäten im mindestens mikromolaren Bereich erforderlich. Sehr hoch affine Antikörper erreichen sogar Bindungskonstanten von 10^{10} L × mol^{-1}. Manchmal ist eine so hohe Affinität aber auch unerwünscht, z. B. beim Einsatz von Antikörpern bei der affinitätschromatographischen Reinigung des Antigens. Je stärker die Bindung, desto stringenter muß die Säule eluiert werden, mit dem Risiko, das Antigen oder den Antikörper dabei zu denaturieren. Für solche Anwendungen sind Antikörper mit Affinitäten von etwa 10^6 L × mol^{-1} besser. Trotz der relativ niedrigen Affinität des Antikörpers für sein Antigen funktioniert die Affinitätschromatographie nahezu quantitativ, da die hohe Konzentration des Antikörpers (verglichen mit der Antigenkonzentration) auf der Säule das Gleichgewicht zugunsten der Bindung verschiebt. Es ist also durchaus möglich, mit Antikörpern, die nur sehr schwach auf Immunoblots oder in Zellfärbungen reagieren, ein Antigen erfolgreich anzureichern.

4.1.3 Verschiedene Anwendungen von Antikörpern erfordern unterschiedliche Expressionssysteme

Die optimalen Faltungs- und Glykosylierungsbedingungen sind sicher am ehesten bei Abkömmlingen der Zellen des Immunsystems gegeben, da diese auch in unserem Körper für die Antikörperproduktion verantwortlich sind. Soll der Antikörper beispielsweise an die Komplementkomponente C1q oder den Zelloberflächenrezeptor FcγR binden können, ist eine korrekte Glykosylierung am Asn297 der CH2-Region nötig. Wenn aber, was oft der Fall ist, nur die eigentliche Antigenbindung gebraucht wird, kann man sich den Aufwand der Säuger-Zellkultur sparen. Dann ist es einfacher, die scFv- oder Fab′-Fragmente in Hefen oder Bakterien zu exprimieren.

Die Produktion in transgenen Tieren oder Pflanzen wäre nur sinnvoll, wenn besonders große Mengen an korrekt glykosylierten Antikörpern benötigt werden oder beim Einsatz *in situ*, zur Erzeugung somatischer *knock out*-Mutanten (Piccioli et al., 1995; Brocker und Karjalainen, 1995; siehe auch Abschnitt 3.2).

Oft muß auch einfach ausprobiert werden, in welchem Expressionssystem sich ein Antikörper überhaupt exprimieren läßt. So konnte ein scFv-Fragment in *E. coli* und in einem Baculovirus-System exprimiert werden, nicht aber in Säuger-Zellinien (Brocks et al., 1997). In Tabelle 4.4 sind einige Expressionssysteme für rekombinante Antikörperfragmente in bezug auf diese laborrelevanten Eigenschaften hin eingeordnet worden. In den anschließenden zwei Kapiteln wird im einzelnen auf diese Systeme eingegegangen.

4.2 Prokaryontische Expressionssysteme

4.2.1 Produktion in *E. coli*

E. coli ist das Paradepferd der modernen Molekularbiologie. Dementsprechend gibt es keinen anderen Organismus, für den es auch nur annähernd so viel Erfahrung in der Expression der unterschiedlichsten Proteine gibt. Abhängig von der Wahl des Expressionsvektors besteht die Möglichkeit, rekombinante Proteine löslich aus dem Cytoplasma, aus cytoplasmatischen oder periplasmatischen Einschlußkörpern, oder aus dem periplasmatischen Raum zu gewinnen. Dies ist der Raum zwischen den beiden Membranen, die zusammen mit der von ihnen umschlossenen Peptidoglycanschicht die Außenhülle des Bakteriums bilden. In einigen Fällen können rekombinante Proteine aber auch aus dem Kulturüberstand gewonnen werden.

Tabelle 4.4: Verschiedene Systeme zur Produktion rekombinanter Antikörperfragmente

Organismus	Wachstum	Transformation	Ausbeuten	Glykosylierung[1]
In vitro				
Retikulozyten-Lysat (Kaninchen)	nicht erforderlich	nicht erforderlich	sehr gering	nein
Prokaryontische Organismen				
E.coli				
Cytoplasma	sehr schnell	einfach	hoch/S–S Refolding nötig	nein
lösl. Fraktion des Periplasma	sehr schnell	einfach	gering – mittel	nein
periplasmat. Inklusionskörper	sehr schnell	einfach	hoch/ Refolding nötig	nein
Gram-Positive				
Bacillus	schnell	einfach	hoch[2]	nein
Streptomyces	schnell	einfach	hoch[2]	nein
Eukaryontische Organismen				
Hefe (*Pichia, Saccharomyces, Schizosaccharomyces*)	mittel	etwas aufwendiger	variabel[2]	teilweise
Trichoderma	mittel	aufwendig	hoch[2]	teilweise
Baculovirus (Insektenzellen)	mittel	etwas aufwendiger	variabel bis hoch	teilweise
Säugerzellen (Myeloma, CHO, COS)	mittel	etwas aufwendiger	variabel bis hoch	ja
Transgene Pflanzen (Tabak)	sehr langsam	sehr aufwendig	hoch[2]	ja
Transgene Tiere	sehr langsam	sehr aufwendig	hoch[2]	ja

[1] Die Art der Glykosylierung ist für einige biologische Funktionen des Antikörpers sehr wichtig. Eine vollständig korrekte Glykosylierung findet nur in Säugetierzellen statt.

[2] Bei diesen Systemen ist eine generelle Einschätzung aufgrund der wenigen vorliegenden Beispiele nicht möglich.

4.2.1.1 Die Ausbeute an rekombinanten Antikörperfragmenten ist nicht vorhersagbar

Die *E. coli*-Zelle ist nicht dafür geeignet, komplette IgG-Moleküle herzustellen. Schon Fab'-Fragmente, die etwa doppelt so groß wie scFv-Fragmente sind, werden oft mit geringen Ausbeuten produziert (Skerra und Plückthun, 1991). Auch die Mutation eines einzigen Codons kann die Expression in *E. coli* dramatisch zu beeinflussen (Duenas et al., 1995; Knappik und Plückthun, 1995; Ulrich et al., 1995). In einer Untersuchung mit 512 Mutanten eines Fv-Fragments zeigte sich, daß mehr als 10 % zufälliger Punktmutationen in den CDRs die Produktion in *E. coli* behinderte (Ito et al., 1993). Offensichtlich können also viele rekombinante Antikörper in *E. coli* nicht richtig gefaltet werden. Umgekehrt gilt aber auch, daß durch die Veränderung einiger weniger Aminosäuren die Ausbeuten drastisch steigen können.

Die eigentliche Engstelle bei der Herstellung von rekombinanten Antikörperfragmenten in *E. coli* liegt nach diesen Studien offenbar in der Faltung zur korrekten Tertiärstruktur. Dem kann bisher nur durch Veränderung der Antikörpersequenz selbst (Knappik und Plückthun, 1995) abgeholfen werden. So konnten einige „Schlüsselstellen" in den *framework*-Bereichen identifiziert werden, die die Faltungseffizienz drastisch beeinflussen. Die Coexpression zusätzlicher Faltungshelfer (dagegen Knappik et al., 1993) führte bisher nicht zu einer bemerkenswerten Änderung der Ausbeute funktioneller Proteine.

Einzelne oder mehrere dieser Faktoren können also bewirken, daß Unterschiede der Ausbeute an löslichem Protein von mehreren Größenordnungen zwischen rekombinanten Antikörperfragmenten sehr ähnlicher Sequenz auftreten können. Erfahrungsgemäß werden Fab′- oder scFv-Fragmente, die aus Phagenbibliotheken selektiert wurden, in *E. coli* mit höherer Ausbeute an löslichem Protein produziert, als solche, die aus Hybridomlinien gewonnen wurden. Das liegt daran, daß gut produzierte Antikörperfragmente eher ihren Weg auf die Oberfläche der Phagenpartikel finden (vgl. Abschnitte 2.3.4 und 2.4.9). Dies führt nach dem Antigenscreening zu einer Bevorzugung der Antikörpergene, die im *E. coli*-Periplasma mit höherer Rate produziert und/oder korrekt gefaltet werden. Eine Selektion über Phagenbibliotheken schließt also immer auch eine Selektion auf Produzierbarkeit in *E. coli* mit ein (Deng et al., 1994; siehe auch Abschnitt 2.4.9).

4.2.1.2 Fab′-Fragmente oder scFv-Fragmente?

Bisher ist es noch nicht gelungen, vollständige Antikörper wie z. B. ein IgG in *E. coli* herzustellen; damit ist der Faltungsapparat von *E. coli* offensichtlich überfordert. Bleibt die Entscheidung zwischen der Expression als Fab′-Fragment oder als scFv-Fragment. Fab′-Fragmente sind zwar meist stabiler als scFv-Fragmente, doch ist die in *E. coli* erzeugbare Menge geringer. ScFv-Fragmente wiederum aggregieren bei hohen Konzentrationen (siehe Abschnitt 2.4.9).

Die Ausbeute von Fab'-Fragmenten kann in begrenztem Rahmen durch Modifikation der mRNA-Sekundärstruktur erhöht werden (Stemmer et al., 1993), doch die eigentliche Engstelle bei der Produktion funktionaler Antikörperfragmente ist die Kompatibilität mit den Sekretions- und Faltungsmechanismen der *E. coli*-Zelle. Ein Beispiel: Eine signifikante Verbesserung der Sekretion eines Fab'-Fragments konnte durch Austausch der leichten Kette (C$\varkappa$ ersetzt durch Cλ) erreicht werden (MacKenzie et al., 1994). Die konstanten Regionen der Fab'-Fragmente bieten den Vorteil, daß für ihren Nachweis billige kommerzielle Antiseren gegen leichte/schwere Ketten verwendet werden können. Außerdem kann auf etablierte Reinigungsmethoden aus der klassischen Antikörpertechnologie zurückgegriffen werden (siehe Abschnitt 4.4.3.3). Die nur bei den Fab's vorhandenen konstanten Regionen sorgen, vor allem durch eine Disulfidbrücke, für den größten Teil der Bindungsenergie zwischen den beiden Antikörperketten. Dies ist der Grund für die vergleichsweise hohe Stabilität der Fab'-Fragmente.

Bei den scFv-Fragmenten fehlt diese Bindung zur Stabilisierung der variablen Region. Aber auch scFv-Fragmente können durch den Einbau von Disulfidbrücken an der Kontaktfläche zwischen den Regionen stabilisiert werden (siehe Abschnitt 2.4.10.; Glockshuber et al., 1990; Brinkmann et al., 1993).

In einer ganzen Reihe von *in vivo*-Anwendungen zeigten die kleineren scFv-Fragmente die Vorteile einer kürzeren Verweildauer im Gewebe, einer schnelleren Auswaschung aus der Blutzirkulation und einer besseren Einwanderung in das Tumorgewebe (Milenic et al., 1991; Yokota et al., 1992; Adams et al., 1993; Huston et al., 1993; Colcher et al., 1990; siehe auch Abschnitt 3.2.1.2.). Bei der Neutralisation der antidepressiven Droge Desipramin wurden scFv-Antikörper schneller aus dem Blut ausgewaschen, waren aber in der Summe stabiler im Serum als die entsprechenden Fab'-Fragmente (Shelver et al., 1996).

Ein systematischer Vergleich verschiedener rekombinanter Antikörperfragmente, die gegen das carcinoembryonale Antigen (CEA, einem für die Tumordetektion benutzten Marker) gerichtet waren, ergab folgende Ergebnisse: Monomere scFv-Fragmente wurden zu schnell durch die Niere aus dem Blut ausfiltriert. Dadurch konnten keine signifikanten Dosen an das Tumorgewebe binden. Bei dimeren scFv-Antikörpern wurde bereits 15 % des Materials im Tumorgewebe wiedergefunden, den besten Effekt gab jedoch ein Konstrukt von der dreifachen Größe eines Monomers: Es bestand aus zwei scFv-Fragmenten, die durch ein CH3-Dimer zusammengehalten wurden. Noch größere F(ab)$_2$-Fragmente und komplette IgG-Antikörper wurden wiederum vergleichsweise schlechter von dem Tumorgewebe gebunden (Wu et al., 1996). Offensichtlich bewirken kleinere Antikörperfragmente (Fab' und scFv) eine gleichmäßigere Bindung an das Tumorgewebe als das komplette IgG (Buchsbaum, 1995). Eine andere Studie, in diesem Falle mit chemischen Konjugaten des Tumormarkers B72.3, erbrachte folgende Ergebnisse: Mono-/di-/trimere Kopplungen von scFv-Fragmenten resultierten in einer unbefriedigenden Tumoranreicherung. Dimere und trimere Fab'-Moleküle zeigten dagegen eine bessere tumorspezifische Anreicherung (King et al., 1994).

4.2.1.3 Intrazelluläre Expression erfordert *in vitro*-Faltung

In den ersten Studien zur Expression rekombinanter Fab'-Fragmente in *E. coli* wurden zwar hohe Expressionsausbeuten erzielt, die gebildeten Fab'-Fragmente wurden aber als Einschlußkörper im Cytoplasma von *E. coli* abgelagert. Um daraus überhaupt funktionierende Antikörper gewinnen zu können, mußte erst eine aufwendige Renaturierung der denaturierten Antikörperfragmente durchgeführt werden. Im angegebenen Beispiel konnte nur etwa ein Prozent der produzierten Fragmente zu funktionellen Fab'-Fragmenten gefaltet werden (Cabilly et al., 1984). Auch wenn bei der Entwicklung der *in vitro*-Faltung mittlerweile Fortschritte gemacht wurden und die Ausbeute auf 60 μg/ml gesteigert werden konnte (Buchner und Rudolf, 1991), ist diese Methode nicht geeignet, große Mengen von Fab'-Fragmenten zu produzieren. Bessere Ergebnisse als mit den heterodimeren Proteinen Fab' oder Fv wurden mit den monomeren scFv-Fragmenten erzielt. In einigen Fällen war die falsche Faltung der Proteine sogar von Nutzen, da dies die Produktion von extrem toxischen Proteinen überhaupt erst ermöglichte. Beispiele sind Fusionen von rekombinanten Antikörperfragmenten an das *Pseudomonas*-Exotoxin (Spence et al., 1993) oder an eine humane RNase (Zewe et al., 1997). Diese Methode kann auch bei bestimmten Antikörpersequenzen Vorteile gegenüber den im nächsten Kapitel vorgestellten Sekretionssystemen bringen. So führte die lösliche Expression eines scFv-Fragments gegen die humane Komplementkomponente C5 nicht zu verwendbaren Ausbeuten, während durch Rückfaltung aus dem Cytoplasma bei einer Gesamtproduktion von 150 mg/l Fermenterkultur 8 % (12,5 mg/l) funktionelle Antikörper gewonnen werden konnten (Evans et al., 1995).

In einigen wenigen Fällen wurde die Expression geringer Mengen löslicher funktionaler Antikörperfragmente im Cytoplasma von *E. coli* beschrieben (Proba et al., 1995). Auf einige weitere Spezialfälle wird in den Abschnitten 2.4.12 und 3.3.2 verwiesen. Wahrscheinlich verhindert aber das reduzierende Milieu des Cytoplasmas eine effiziente Produktion löslicher, funktionaler Antikörperfragmente.

4.2.1.4 Die Sekretion ins Periplasma ermöglicht eine korrekte Faltung der Antikörperfragmente

1988 erschienen zwei Studien, die zeigten, daß Antikörperfragmente durch die innere Membran von *E. coli* sezerniert werden und sich im Periplasma zu funktionalen Molekülen falten können (Skerra und Plückthun, 1988; Better et al., 1988). Erreicht wurde dies durch die Fusion eines bakteriellen Signalpeptids an die beiden Antikörperketten. Im Unterschied zum Cytoplasma herrscht im Periplasma von *E. coli* ein oxidierendes Milieu, das die korrekte Ausbildung der Disulfidbrücken in den Antikörperketten ermöglicht (Glockshuber et al., 1992).

Vergleiche von Affinität und produzierter Menge zeigten, daß ein großer Teil der löslichen rekombinanten Antikörper aus dem Periplasma funktionell gefaltet sein kann (Kazemier et al., 1996). So ist die periplasmatische Sekretion zur Zeit die am häufigsten eingesetzte Methode zur Produktion rekombinanter Antikörper im Labormaßstab. Ihre Vorteile liegen vor allem darin, daß eine komplette Zelllyse nicht erforderlich ist und mit der Fraktion periplasmatischer Proteine bereits eine hoch angereicherte Fraktion zur Verfügung steht.

4.2.1.5 Genetische Elemente von Sekretionsvektoren für *E. coli*

Es existieren eine Reihe ausgezeichneter Laborhandbücher, in denen die Methoden für die Expression und Reinigung rekombinanter Proteine aus *E. coli* detailliert beschrieben werden (z. B. Sambrook et al., 1989; Harris und Angal, 1989). Hier können nur einige Beispiele für den Einfluß genetischer Elemente auf die Klonierung und Expression rekombinanter Antikörper erwähnt werden. Für die Expression toxischer Proteine ist das Vorhandensein eines möglichst gut reprimierbaren Promotors entscheidend, der die Expression erst ab dem Zeitpunkt der Induktion zuläßt. Ansonsten besteht ein zu starker Selektionsdruck gegen die Expression des rekombinanten

Proteins und damit die Gefahr von inaktivierenden Mutationen. In unseren Händen gelang die Expression eines Fusionsproteins aus scFv-Fragmenten mit Streptavidin erst mit Hilfe eines sehr gut regulierbaren synthetischen Promotors (Dübel et al., 1995). Das gleiche galt für die stabile Klonierung eines RNase-Gens (Dübel, unpubl., und M. Zewe, pers. Mitteilung). Ein ebenfalls sehr gut geeignetes Vektorsystem benutzt aus dem gleichen Grund den sehr dicht reprimierten, aber chemisch induzierbaren Tetracyclin-Promotor (Schiweck und Skerra, 1995).

Auch die Sequenz der Ribosomenbindungsstelle beeinflußt die Expressionsmenge. So gelang durch eine *random*-Mutagenese der Ribosomenbindungsstelle eine verbesserte Produktion eines scFv-Fragments (Wilson et al., 1994).

Voraussetzung für die Sekretion der rekombinanten Antikörperketten ist die Fusion an Signalpeptide, die den *E. coli*-Sekretionsapparat nutzen und damit eine Ausschleusung aus dem Cytoplasma in das Periplasma bewirken. Eingesetzt wurden bisher die Signalsequenzen der Gene *pelB, ompA, ompF, EcPhoA* oder *stII*, ohne drastische Unterschiede in der Ausbeute der rekombinanten Antikörper (Somerville et al., 1994). In einem Bericht wurde durch die Mutation der Signalpeptid-Sequenzen eine etwa 10-fache Verbesserung der Ausbeute erreicht, allerdings war dieser Effekt auf eine veränderte Sekundärstruktur der mRNA zurückzuführen (Stemmer et al., 1993).

Mit einer Vielzahl verschiedener Vektoren werden in Schüttelkulturen im Labormaßstab Ausbeuten von 0,01–40 mg/l erreicht (Better und Gavit, 1997). Durch den Einsatz von Kulturen mit extrem hoher Zelldichte (erreicht wird eine OD_{550} von bis zu 100, das entspricht mehr als 10^{11} Zellen pro ml) in Fermentern ist es möglich, mit Sekretionssystemen bis zu 1 mg/ml und mehr an rekombinanten Antikörperfragmenten zu gewinnen (Pack et al., 1993; Carter et al., 1992; Better et al., 1993; Tai et al., 1990). Allerdings muß immer wieder darauf hingewiesen werden, daß die Ausbeute eines bestimmten rekombinanten Antikörperfragments nicht auf die Effizienz zur Produktion eines anderen schließen läßt. Wie oben bereits erwähnt, sind es die Primärsequenz und die Effizienz der Faltung, die die Ausbeute bestimmen.

Auch in Fermenterkulturen wird meist nur ein kleiner Teil des gesamten funktionalen Proteins sekretiert, so konnten Carter et al. (1992) 100 mg/l eines Fab'-Fragments aus Fermenterkulturüberständen gewinnen, nach Ultraschall-Behandlung wurden aber Ausbeuten von 2 g/l erreicht. Eine Verbesserung der Ausbeute an löslichem Protein kann in den meisten Fällen durch eine Induktion bei niedrigeren Temperaturen erreicht werden (Gandecha et al., 1992). In einer Vielzahl verschiedener Studien erwies sich ein Bereich von 24–32 °C als optimal. In vielen Fällen wird allerdings trotzdem der größte Teil des so produzierten Proteins in unlöslicher Form abgelagert.

Auch die Stärke der Induktion beeinflußt das Verhältnis von korrekt gefalteten zu unlöslichen Antikörperfragmenten. Eine zu starke Induktion des Promotors überlastet den Sekretionsapparat und führt nicht mehr zu einer Zunahme der sezernierten Menge (Dübel et al., 1992). Sogar geringere Expression bei zu starker Induktion wurde beobachtet (Sawyer et al., 1994).

Auch die Länge der Induktion des Promotors hat einen Einfluß auf die Ausbeute von rekombinanten Antikörperfragmenten. Die Expression einiger Antikörper führt kurze Zeit (2–3 Stunden) nach der Induktion zur Lyse der Bakterien (Froyen et al., 1993). In diesem Fall werden Proteasen freigesetzt, die die Ausbeute an funktionalen Antikörpern verringern können. Der lytische Effekt eines anderen scFv-Fragments konnte durch die Fusion an bakterielles Peptidoglycan-assoziiertes Lipoprotein beseitigt werden, allerdings führt diese Fusion zur Zellwandbindung eines Teils des sekretierten Proteins (Fuchs et al., 1991).

4.2.1.6 *In vitro*-Faltung von rekombinanten Antikörperfragmenten

Trotz der Vorteile der *E. coli* Sekretionsvektoren im Laboralltag sind diese nur selten für die Produktion von großen Mengen geeignet. Dies gilt besonders für giftige rekombinante Proteine, wie den in Abschnitt 3.2 vorgestellten Immuntoxinen. Solche Proteine können in großen Mengen (bis zu 30 % des gesamten Zellproteins) in *E. coli* in Form von Inklusionskörpern produziert werden. Die Ausbeute an funktionsfähigen rekombinanten Proteinen hängt jetzt von einer möglichst effizienten Methode zur Rückfaltung dieser denaturierten Proteine ab (z. B.: Reiter et al., 1996; Ross et al., 1996). Bei der Rückfaltung von Antikörperfragmenten haben periplasmatische Inklusionskörper Vorteile, da in diesem Kompartiment die Disulfidbrücken einfacher ausgebildet werden können (Kipriyanov et al., 1994).

Ein Vorteil der Renaturierung bakterieller Einschlußkörper besteht in einem ersten sehr einfachen und effizienten Reinigungsschritt. Direkt nach der Zellyse werden die Einschlußkörper von der Gesamtheit der löslichen Proteine abzentrifugiert. Darauf folgt wiederholtes Waschen der Einschlußkörper, auch mit moderaten Konzentrationen nicht-ionischer Detergentien. Die beschriebenen Methoden zur Rückfaltung setzen dann meistens ein chaotropes Agens zum Solubilisieren der Einschlußkörper ein, wie z. B. 8 M Harnstoff und/oder 6 M Guanidiniumchlorid. Die Rückfaltung erfolgt dann durch langsames Verdünnen der denaturierenden Agentien, meist in einer Dialyse (Kipriyanov et al., 1994). Alternativ kann dies auch durch langsame Zugabe des denaturierten Antikörperfragments zur Renaturierungslösung geschehen (Buchner et al., 1992a). Bei der *in vitro*-Faltung von rekombinanten Antikörperfragmenten treten oft Probleme auf, wenn während des Faltungsvorgangs zu hohe Konzentrationen der rekombinanten Antikörperfragmente eingesetzt werden. Dies führt zur Aggregation von noch nicht vollständig renaturierten Proteinen. Deshalb empfiehlt sich ein Konzentrationsschritt erst nach der Renaturierung, am besten sogar nach einer zusätzlichen Reinigung der Monomere auf Molekularsieb-Chromatographie. Als hilfreich bei der Renaturierung von rekombinanten Antikörperfragmenten hat sich die Verwendung von schwach destabilisierenden Agentien wie Arginin bei neutralem oder schwach alkalischem pH während des Rückfaltungsvorgangs erwiesen.

Einige Veröffentlichungen berichten, daß die Zugabe von Chaperonen wie GroEL oder der Protein-Disulfid-Isomerase zu verbesserten Faltungseffizienzen führen (Duenas et al., 1994; Buchner et al., 1992b). Momentan werden diese Methoden noch kontrovers diskutiert (Lah et al., 1994; Humphreys et al., 1996). Eine abschließende Aussage ist wohl nicht zuletzt aufgrund unseres unvollständigen Wissens über das sehr komplexe Chaperon-System, das in unserem Körper für die richtige Faltung der Immunglobuline dient, noch nicht möglich.

4.2.1.7 Die Orientierung der variablen Regionen in scFv-Fragmenten kann die Produktion beeinflussen

Die Reihenfolge, in der die variablen Regionen im scFv-Polypeptidstrang hintereinandergehängt werden, kann die Ausbeute an funktionellem Protein stark beeinflussen. Welche Reihenfolge der Domänen bevorzugt produziert wird, ist jedoch nicht vorhersagbar. Einmal war die Reihenfolge VH-Linker-VL besser, ein anderes Mal war es umgekehrt (s. u.). Die Mehrzahl der rekombinanten Antikörperfragmente wurde bisher in der Orientierung VH-Linker-VL hergestellt, nur wenige in der umgekehrten Orientierung.

Der Einfluß der Orientierung der variablen Regionen auf die Produktion wurde nur in wenigen Fällen systematisch untersucht. Für ein scFv-Antikörperfragment gegen ein Salmonellen-Oberflächenantigen wurde in beiden Orientierungen zwar eine sehr ähnliche Menge (ca. 50 mg/ml) an Polypeptid produziert, die aber nur zum kleinen Teil korrekt sezerniert und gefaltet wurde. Der Anteil an korrektem Produkt betrug etwa 5 % des Gesamtproteins bei dem Konstrukt mit der Orientierung VH-Linker-VL, während die umgekehrte Orientierung eine zwanzigmal schlechtere Ausbeute ergab (Anand et al., 1991). Einen vergleichbaren Einfluß hatte die Orientierung auch bei einem scFv-Fragment gegen Hühnereiweiß-Lysozym (Tsumoto et al., 1994). Die umgekehrte Orientierung erwies sich dagegen bei der Sekretion eines scFv-Fragments gegen ein Hepatitis B Virus Antigen als vorteilhafter. Der Grund dafür konnte eingegrenzt werden: Ein Arginin in der Gerüstregion 1 der schweren Kette in der Nähe der Signalsequenz störte die Durchschleusung des Polypeptids durch die Membran. Nach dessen Austausch gegen ein Glycin konnte auch das VH-Linker-VL-Konstrukt produziert werden (Ayala et al., 1995). Auch hier gilt also die Regel, daß die optimale Orientierung für jeden scFv separat bestimmt werden muß.

4.2.2 Produktion in Gram-positiven Bakterien

Bacillus subtilis bietet als gram-positives Bakterium einen Vorteil gegenüber *E. coli:* Da keine äußere zweite Zellmembran den Peptidoglycansacculus umschließt, können Proteine, die durch die Zellmembran sezerniert werden, frei ins umgebende Medium diffundieren. In *E. coli* ist wirkliche Sekretion eine Ausnahme, dort werden die scFv- und Fab'-Fragmente von der äußeren Membran im Periplasma zurückgehalten. Leider sind die molekularbiologischen Methoden zur Klonierung fremder Gene in *Bacillus* nicht in gleicher Weise etabliert wie für *E. coli.* Auch die Sekretion von Proteasen durch die *Bacillus*-Zellen stellte lange Zeit ein Problem dar, da viele Proteine nach erfolgreicher Sekretion ins Medium sogleich zerstört wurden. Mittlerweile existieren jedoch Laborstämme mit erheblich reduzierter Proteaseaktivität. So ist es möglich, in Schüttelflaschenkulturen von *Bacillus subtilis* im Labormaßstab bis zu 5 mg/l Kultur an scFv-Fragmenten zu erhalten (Wu et al., 1993).

Auch ein anderes gram-positives Bakterium, der Euaktinomycet *Streptomyces lividans*, wurde erfolgreich zur rekombinanten Produktion von Fv-Fragmenten eingesetzt. Unter Benutzung eines homologen Promotors und der *Streptomyces* Subtilisininhibitor-Signalsequenz konnten Ausbeuten bis zu 1 mg/l Kultur erreicht werden, von denen der größte Teil Antigen (Hühnereiweiß-Lysozym) binden und inaktivieren konnte (Ueda et al., 1993).

Aufgrund der besonderen Anforderungen für die Kultur und der weniger bekannten Genetik dieser Organismen haben sie sich allerdings trotz ihrer theoretischen Vorteile bisher nicht gegen etablierte Systeme wie *E. coli* oder Insekten-/Säugerzellen durchsetzen können.

4.3 Eukaryontische Expressionssysteme für rekombinante Antikörper

Wie bereits in Abschnitt 4.2.1.2 angesprochen, werden Antikörperfragmente in *E. coli* desto schlechter produziert, je größer sie sind. Die Ausbeute an Fab's ist meist geringer als die von Fv- oder scFv-Fragmenten, und komplette IgG-Moleküle werden praktisch überhaupt nicht gebildet. Deshalb gibt es bisher für die Produktion vollständiger IgG-Moleküle nur den Weg über eukaryontische Zellen.

4.3.1 Expression im Cytoplasma

Praktisch alle eukaryontischen Expressionssysteme für rekombinante Antikörperfragmente benutzen den sekretorischen Weg. Die Sonderfälle „intrazelluläre Antikörper", d. h. Expression im Cytoplasma oder mit Immobilisierungssignalen für das endoplasmatische Retikulum oder die Zelloberfläche, werden nicht zur Massenproduktion eingesetzt und in den Abschnitten 3.3.4 und 3.3.5 behandelt.

4.3.2 Die Zellen des Immunsystems sind die natürlichen Produktionsstätten von Antikörpern

In unserem Körper werden Antikörper von Plasmazellen produziert. Diese zirkulieren als einzelne, mobile Zellen im Blut und können große Menge an Immunglobulinen sezernieren. Die Sekretion der Antikörper beginnt mit der Durchschleusung der beiden Antikörperketten durch die Membran des endoplasmatischen Retikulums. Für diesen Vorgang sind die Immunglobulinketten mit einer Signalsequenz versehen, die nach dem Durchtritt durch die Membran proteolytisch entfernt wird. Im endoplasmatischen Retikulum werden die Ketten gefaltet, zusammengelagert und die *intra-* wie *inter*-Ketten-Disulfidbindungen aufgebaut. Daran sind eine ganze Reihe unterschiedlicher Hilfsfaktoren und Chaperone beteiligt, wie das Immunglobulin-Schwerketten-Bindungsprotein (BiP oder GRP78) oder die Protein-Disulfid-Isomerasen, die bei der Ausbildung der Disulfidbrückenbindungen helfen. Beim Durchgang durch den Golgi-Apparat erfolgt dann die Glykosylierung an den konstanten Domänen, bevor sekretorische Vesikel den Transport zur Zelloberfläche besorgen. Plasmazellen sollten deswegen zur Produktion rekombinanter Antikörper besonders geeignet sein. Allerdings lassen sich Plasmazellen *in vitro* nicht beliebig kultivieren. Abkömmlinge von Plasmazellen und ihren Vorläufern, den B-Zellen, die durch Transformation zu Tumorzellen immortalisiert wurden, bieten hier einen Ausweg. So ist die Expression in Plasmacytoma- und Myeloma-Zellinien die der natürlichen Situation am nächsten kommende Variante zur Produktion rekombinanter Antikörper. Diese Zellen stellen den kompletten Satz an Hilfsmechanismen, wie die richtigen Chaperone im endoplasmatischen Retikulum oder die korrekten Glykosylierungsmechanismen, zur Verfügung. Natürlich müssen dabei die in der Zellinie vorhandenen eigenen Antikörpergene zuvor inaktiviert werden, da sonst heterogene Gemische mit nur einem geringen Anteil der gewünschten Antikörper entstehen würden.

Zwei verschiedene Vektorkonzepte wurden für die eukaryontische Expression entwickelt. Die transiente Expression ist die einfachere und schnelle Methode, sie erfordert analog der *E. coli*-Expression lediglich die Transformation der Zellen mit episomaler DNA. Ihr Nachteil liegt darin, daß nie alle Zellen transfiziert werden, und die produzierten Mengen zudem stark schwanken können. Außerdem sind solche Expressionsvektoren meist nicht über längere Zeit stabil. Um dies zu erreichen, wird eine stabile Integration des Antikörpergens in das Genom der Zellinie nötig (stabile Transfektion). Eine große Zahl kommerzieller Vektoren stehen für beide Anwendungsarten zur Verfügung.

Verschiedene rekombinante Antikörper wurden in Plasmacytoma-Zellen (Conrad et al., 1991) oder Myeloma-Zellinien exprimiert. Auch zur Produktion von Fab'-Fragmenten (Bender et al., 1993), Fv-Fragmenten (King et al., 1993) oder scFv-Fragmenten (Kitchin et al., 1995) eignen sich diese Zellinien, ebenso wie für neuartige Konstrukte. Ein Beispiel ist ein rekombinantes Antikörperfragment, in dem ein scFv-Fragment an die *hinge*-Region der schweren Kette fusioniert wurde (Shu et al., 1993; Qi und Xiang, 1995), in diesem Fall wurden murine SP2/0 Myelomazellen eingesetzt. Sogar die polycistronische Expression chimärer Maus/human-IgG-Moleküle gelang unter der Kontrolle eines bakteriellen Promotorsystems (T7) in Sp2/0-Zellen (Deyev et al., 1993). Bei der Verwendung dieser Zellen ist auch die Erzeugung peritonealer Tumore (Ascites-Methode) möglich, die in der monoklonalen Antikörpertechnologie zur Gewinnung großer Mengen von Antikörpern eingesetzt wird (Werge et al., 1992).

4.3.3 Produktion in anderen Säugerzellen

4.3.3.1 COS-Zellen

Vektoren für COS-Zellen besitzen den SV40 *origin of replication*. COS-Zellen wurden ursprünglich aus der Niere von Affen gewonnen, sie exprimieren das *large T-antigen* des SV40-Virus, welches dann für die effiziente Replikation sorgt. Deshalb werden in COS-Zellen, die das große SV40-T-Antigen produzieren, innerhalb der Zelle hohe Kopienzahlen der Plasmide erreicht. COS-Zellen werden seit vielen Jahren bevorzugt für die transiente Expression eingesetzt, d. h. für die Expression von episomaler, nicht in das Genom integrierter DNA. Der Einsatz von COS-Zellen ist immer dann sinnvoll, wenn ein schnelles und unkompliziertes System zur Produktion von rekombinanten Antikörperfragmenten ohne stabile Integration gesucht wird, z. B. zum Screening von Mutanten oder zum Test neuartiger Konstrukte (z. B.: Ridder et al., 1995a; Morton et al., 1993). So konnten murine Fab'-Fragmente, die aus einer Phagenbibliothek gewonnen werden, einfach in Form eines kompletten IgG-Moleküls in

COS-Zellen produziert und charakterisiert werden (Ames et al.,
1995). Auch kompliziertere Konstrukte, wie z. B. eine bispezifische
(scFv)$_2$-Fusion aus einem OKT3-scFv-Fragment und einem anti-hu-
man-Transferrinrezeptor-scFv, wurden erfolgreich in COS-Zellen
hergestellt (Jost et al., 1996). Die produzierte Menge war dabei nicht
geringer als die der einzeln produzierten scFv-Fragmente. Dies zeigt
den Vorteil gegenüber *E. coli*, wo die Expression solcher Tandem-
konstrukte oft nicht möglich ist.

COS-Zellen glykosylieren die produzierten rekombinanten Antikörperfragmente. Diese Glykosylierung fördert die Sekretion ins
Kulturmedium (Jost et al., 1994). In der gleichen Studie wurde der
Anteil funktional aus COS-Zellen sekretierter Antikörper auf über
90 % bestimmt.

4.3.3.2 *Chinese hamster ovary* (CHO)-Zellen

Ein Derivat von CHO-Zellen enthält im Genom ein RNA-Polyme-
rasegen des Bakteriophagen T7, das mit dem Kernlokalisationssig-
nal des großen SV40-T-Antigens versehen wurde. Dadurch wird die
Produktion von Proteinen über Transkription vom effizienten T7-
Promotor gesteuert. Die erreichbaren Ausbeuten liegen im Labormaßstab im mg/l-Bereich (King et al., 1993; Dorai et al., 1994). Im
Falle eines bispezifischen Antikörpers aus zwei scFv-Fragmenten, einem gegen das CD3-Antigen humaner T-Zellen und dem anderen
gegen das epitheliale 17-1A Antigen von colorectalen Krebszellen,
gelang die Expression funktionalen Produkts nur in CHO-Zellen,
nicht aber in *E. coli* (Mack et al., 1995).

CHO-Zellen können auch zur Herstellung stabil transfizierter
Zellinien verwendet werden. In diesem Fall kann die produzierte
Menge durch Coselektion mit metabolischen Markern gesteigert
werden. So gelang es, durch mehrere Dihydrofolatreduktase (dhfr)-
Amplifikationsschritte die Ausbeute von 0,5 mg/l auf 200 mg/l zu
steigern (Page und Sydenham, 1991). Genetische Heterogenität
wurde aber auch in stabilen Zellinien beobachtet (Harris et al.,
1993); hier gilt wie bei konventionellen monoklonalen Antikörpern,
daß häufige Kontrolle der Antikörperproduktion und gegebenen-
falls häufigere Subklonierung nötig sind.

4.3.4 Produktion rekombinanter Antikörperfragmente in Insektenzellen (Baculovirus-System)

Das ursprüngliche Baculovirus-System besteht aus *Spodoptera fru-giperda* (Sf-9) Insektenzellen, die im Labormaßstab einfach kultiviert werden können und Baculoviren (Review Matthews, 1982). Die Produktion und Sekretion heterologer Proteine wird erreicht durch die Infektion mit rekombinantem *Autographa californica* nuclear polyhedrosis virus (AcNPV) oder verwandten Viren. Es wurde bereits für die heterologe Expression einer Vielzahl unterschiedlicher Proteine eingesetzt (Review bei Maeda, 1989). Die Vorteile dieses Systems liegen in einer hohen Transformationseffizienz, großen Ausbeuten an sekretiertem Protein und einfacher Kultur. Für therapeutisch zu verwendende rekombinante Antikörper kommt dazu, daß kein Risiko der Verunreinigung mit säugerpathogenen Viren besteht.

Insektenzellen sind vergleichsweise nahe verwandt mit Säugerzellen, so daß viele menschliche Proteine in diesen Zellen richtig gefaltet werden können, wahrscheinlich aufgrund von Chaperonen, die die Funktion von BiP und anderen nativen Helferproteinen übernehmen können. Diese Zellen erkennen auch die Signale für die N-Glykosylierung, wobei sich aber die Zusammensetzung der Zuckerketten von den Säugerzellen unterscheidet (Jarvis et al., 1990).

Zur Gewinnung von rekombinanten Proteinen aus Insektenzellen wird zunächst die DNA für das rekombinante Antikörperfragment in einen *E. coli*-Transfervektor einkloniert. Diese Vektoren besitzen außer dem Baculovirusanteil noch einen *E. coli origin of replication* und codieren für ein Resistenzgen gegen ein Antibiotikum zur Selektion in *E. coli.* Dabei erfolgt der Einbau des Antikörpergens so, daß seine Expression von sehr starken Insekten-Promotoren getrieben wird. Ein häufig verwendeter Promotor ist der des Polyhedrins, eines Proteins, daß zur Bildung einer Art „Dauersporen" (Okklusionskörper) nötig ist, nicht aber für den normalen Infektionsweg. Nach Identifikation eines korrekten rekombinanten Transfervektor-Klones wird dessen DNA zusammen mit unvollständiger Viren-DNA in Insektenzellen cotransformiert, in der Regel mit der Calzium-Phosphat-Methode. In der Insektenzelle rekombiniert die Transfer-Vektor-Expressionskassette mit der Virus-DNA und bildet einen funktionsfähigen Baculovirus, so daß es zur Ausbildung von Virenpartikeln kommen kann. Neuere Baculovirus-Systeme verfügen dabei über Modifikationen, die ausschließlich das Überleben der rekombinierten Viren ermöglichen, zusätzlich ermöglichen Farbmarker (z. B. *lac*-Z-System) eine blau-weiß-Selektion der korrekten Klone. Die Viren werden in den Überstand abgegeben und können langfristig gelagert werden (bis zu 6 Monaten bei 4 °C, länger bei –70 °C). Die Ausbildung dieser Viruspartikel ist notwendig, da die infizierten Insektenzellen nach einiger Zeit absterben. Mit Hilfe der Viren können dann jederzeit neue antikörperproduzierende Zellen hergestellt werden. Mit Hilfe der Insekten-Promotoren werden dann auch große Mengen des rekombinanten Antikörperfragments gebildet, das durch Fusion an eukaryontische Signalsequenzen ins Medium sekretiert wird.

Anfangs setzte man Doppelinfektionen mit separaten Viruskonstrukten für die leichte und schwere Kette ein, um die Gene für ein vollständiges Immunglobulin-Molekül in die Insektenzellen einbringen zu können (Hasemann und Capra, 1990). Seitdem wurde eine Vielzahl von Verbesserungen in die Praxis eingeführt: Eine Vereinfachung stellte die gleichzeitige Rekombination beider Ketten dar (zu Putlitz et al., 1990). Kassettensysteme ermöglichen die schnelle Klonierung unterschiedlicher rekombinanter Antikörperfragmente (Poul et al., 1995). Mittlerweile sind verschiedene Baculovirus-Transfervektor-Kombinationen von einer ganzen Reihe von Firmen kommerziell erhältlich. Einfachere Identifizierung erfolgreich rekombinierter Viren ist durch Selektionsmarker möglich. Neuerdings stehen auch Vektoren zur Verfügung (z. B. vEHuni), die eine direkte Klonierung in das Virusgenom ohne den Umweg über einen Transfektionsvektor ermöglichen. Auch optimierte Zellinien (z. B. „High Five" von *Trichoplasia ni*) mit höheren Produktionsraten stehen zur Verfügung.

Hohe Ausbeuten (viele mg/l) Kultur können erreicht werden (Holvoet et al., 1991; Laroche et al., 1991). Eine Vielzahl verschiedener kompletter Antikörper und rekombinanter Antikörperfragmente wurde mittlerweile mit Hilfe des Baculovirus-Systems produziert. Beispiele sind scFv-Monomere (Kretzschmar et al., 1996), Maus-IgG (Nesbit et al., 1992), Mensch-Maus-Chimären (Hu et al., 1995), humane IgA-Moleküle (Carayannopoulos et al., 1994) oder Fab-Fragmente eines IgM-Antikörpers (Abrams et al., 1994). Auch bispezifische Proteine aus rekombinanten Antikörperfragmenten und heterologen Regionen wurden erfolgreich exprimiert, z. B. eine Choriogonadotropin-IgG-Fc-Fusion (Johnson et al., 1995) oder ein scFv-Il-2-Fusionsprotein (Bei et al., 1995).

Baculovirus-Expression wurde sogar bereits zur Mutantenanalyse und zum Screenen einer Genbibliothek von rekombinanten Antikörperfragmenten eingesetzt (Potter et al., 1994; Ward et al., 1995).

Eine Vielzahl verschiedener Insektenzellen sind durch Baculovirus-Konstrukte infizierbar. Baculoviren (*Bombyx mori nuclear polyhedrosis virus*), die beide Ketten eines kompletten IgG2A-Moleküls unter der Kontrolle von zwei unabhängigen Polyhedrin-Promotoren exprimierten, wurden erfolgreich in Larven der Seidenraupe infiziert. Aus der Hämolymphe der Larven konnte nach 7 Tagen 800 mg/l des rekombinanten Antikörpers gewonnen werden (Reis et al., 1992).

Die Coexpression eines Chaperons (BiP) konnte zwar die Menge an intrazellular gebildeten IgG erhöhen, nicht aber die Menge von funktional sekretiertem Produkt (Hsu et al., 1994). Wie schon in *E. coli* beobachtet, scheint die Hinzufügung eines einzelnen Helferfaktors nicht auszureichen, um die komplexen Vorgänge während der Immunglobulinfaltung im endoplasmatischen Retikulum einer Plasmazelle vollständig zu imitieren. Die Expression in Baculovirus ist trotzdem eine der verbreitetsten Methoden eukaryontischer Produktion rekombinanter Antikörperfragmente.

4.3.5 Produktion rekombinanter Antikörperfragmente in Pflanzen

Die Produktion von rekombinanten Antikörperfragmenten in höheren Pflanzen ist aufgrund der langen Generationszeiten und der komplizierten Transformationsprozedur ein aufwendiger Prozeß. Als Lohn winkt dann allerdings die Möglichkeit, rekombinante Antikörperfragmente landwirtschaftlich zu produzieren. Diese Produktionsmethode ist zweifellos gemessen an der Biomasse billiger als jede Methode, die spezielle Nährmedien oder Laborverfahren benötigt. Deshalb ist die Wahl dieser Produktionsmethode dann sinnvoll, wenn große Mengen rekombinanter Antikörperfragmente benötigt werden.

Die Pflanze, die bisher zur Produktion von rekombinanten Antikörperfragmenten benutzt wurde, ist der Tabak (*Nicotiana tabacum*). Nach genomischer Integration konnten Pflanzen gewonnen werden, in denen eine schwere Immunglobulin-Kette bis zu 1 % des löslichen Proteins ausmachte (Benvenuto et al., 1991). Meist wurden jedoch nicht komplette Immunglobulin-Moleküle hergestellt, sondern scFv-Fragmente (Bruyns et al., 1996). Durch Anfügen einer Signalsequenz gelang sogar die Sekretion in den interstitiellen Raum zwischen den Pflanzenzellen, der Antikörper konnte aus den Blättern einfach ausgewaschen werden (Firek et al., 1993; Schouten et al., 1996).

Auch pflanzliche Zellkulturen wurden zur Produktion von rekombinanten Antikörperfragmenten eingesetzt (Firek et al., 1993), allerdings stehen für die Produktion in eukaryontischen Suspensionskulturen sicher bessere Methoden zur Verfügung. Diese Methode dient deshalb eher als Mittel zur schnellen Überprüfung der Antikörperproduktion bei der Herstellung transgener Pflanzen.

4.3.6 Produktion rekombinanter Antikörperfragmente in Pilzen

4.3.6.1 Produktion in Hefen

Die einzelligen Hefen können ähnlich kultiviert werden wie Bakterien: in einfachem Medium, in Schüttelkulturen oder Fermentern. Auch ihr relativ schnelles Wachstum ähnelt eher dem von Bakterien, dabei stellen sie aber die Vorteile eines eukaryontischen Produktions- und Sekretionsapparats zur Verfügung. Ihre Genetik ist gut untersucht, und Methoden zur Herstellung transgener Hefezellen und zur Produktion heterologer Proteine sind etabliert. Ihre Fähigkeiten werden deshalb mittlerweile auch zur Produktion rekombinanter Antikörper genutzt. Am häufigsten wird die Bierhefe *Saccharomyces cerevisiae* benutzt. Sowohl IgG- und IgM-Moleküle wie auch Fab-Fragmente gegen verschiedene Antigene wurden in ihr hergestellt (Edqvist et al., 1991). Mit Vektoren, die zu intrazellulärer Expression führen, wurden Ausbeuten von bis zu 0,1 % des Gesamtproteins erreicht, allerdings war in diesem Fall nur ein kleiner Teil des Proteins funktionell (Bowdish et al., 1991). Aber auch ein Sekretionsvektor wurde in *Saccharomyces cerevisiae* eingesetzt; er benutzt den Phosphoglycerat-Kinase-Promotor und die Invertase-Signalsequenz. Aktive Maus-Mensch-chimäre Antikörper konnten so aus dem Kulturüberstand gewonnen werden. Sie wiesen allerdings keine komplett korrekte Glykosylierung auf, denn sie waren zwar in der Lage, antikörperabhängige zelluläre Zytotoxität zu vermitteln, nicht aber die Komplementaktivität zu stimulieren (Horwitz et al., 1988)

Auch die Eignung anderer Hefen für die Produktion von rekombinanten Antikörpern wurde untersucht. Ein *single chain*-Antikörper gegen Fluorescein konnte aus *Schizosaccharomyces pombe* gewonnen werden (Davis et al., 1991), und verschiedene rekombinante *single chain*-Antikörper wurden mit hohen Ausbeuten von *Pichia pastoris* sekretiert. So konnten bis zu 100 mg/l eines funktionellen *single chain*-Antikörpers gegen humanen Leukämie-Inhibitor-Faktor aus dem Kulturüberstand einfacher Schüttelkulturen im Labormaßstab gewonnen werden (Ridder et al., 1995b). Dieses System ist mittlerweile auch kommerziell erhältlich. In einem Falle wurde gefunden, daß auch in *Pichia* die Anordnung der V-Regionen die Ausbeute beeinflußt: Von den beiden VH-Linker-VL and VL-Linker-VH-Konstrukten wurde nur das letztere produziert (Luo et al., 1995). Diese Studie belegt auch, daß Fv-Fragmente, die durch eine künstlich eingeführte Disulfidbrücke am VH-VL-Interface stabilisiert werden (vgl. Abschnitt 2.4.10), erfolgreich in *Pichia* produziert werden können.

4.3.6.2 Produktion im Pilz *Trichoderma reesei*

Relativ hohe Ausbeuten (1 mg/ml) eines rekombinanten Fab-Antikörperfragments konnten auch aus dem Kulturüberstand des filamentösen Pilzes *Trichoderma reesei* gewonnen werden. Diese Pilze lassen sich ähnlich unkompliziert kultivieren wie Hefezellen, allerdings ist die Transformationsprozedur etwas aufwendiger. Durch genetische Fusion an das vom Pilz in großer Menge hergestellte Enzym Zellobiohydrolase I, das in Wildtyp-Pilzkulturen bis zu 50 % des gesamten sekretierten Proteins ausmacht, konnten die Ausbeuten aus einer Fermenterkultur auf 150 mg/ml gesteigert werden. Der heterologe Fusionsanteil wurde danach von einer nicht charakterisierten Protease aus dem Zellkulturüberstand abgespalten, die bei der Reinigung auf Ionentauscher-Chromatographie mit angereichert wurde. Leider wurde dieses interessante System bisher nur mit einem einzigen rekombinanten Antikörper getestet, so daß Aussagen über seine generelle Verwendbarkeit nicht möglich sind (Nyyssonen et al., 1993; Keranen und Penttila, 1995).

4.3.7 Produktion in zellfreien Systemen

Ist ein rekombinantes Antikörperfragment in keiner der genannten Systeme herzustellen, z. B. weil ein extrem zytotoxischer Fusionsanteil zur Verwendung als Immuntoxin angefügt wurde, steht als Ausweg die Expression in Zellextrakten zur Verfügung. Beispiele sind Fusionen eines scFv-Fragments an die toxischen Regionen von Diphtherie-Toxin oder *Pseudomonas*-Exotoxin A, die in einem Kaninchen-Retikulozytenextrakt *in vitro* translatiert wurden (Nicholls et al., 1993). Allerdings sind die erzielbaren Ausbeuten nicht für Anwendungen außerhalb des Labormaßstabs geeignet. Auch bei der Produktion von Toxin-Fusionen, die die Funktion der Ribosomen beeinträchtigen und damit auch in diesem *in vitro*-System die Synthese inhibieren, trifft dieses System auf seine Grenzen.

Vollständig synthetische Methoden wie die Peptidsynthese sind zur Zeit noch nicht in der Lage, Polypeptide in der erforderlichen Länge bereitzustellen. Mit weiterer Entwicklung von Peptidchemie und Automatisierung könnte dieser Weg in Kombination mit *in vitro*-Faltungstechniken aber in Zukunft an Bedeutung gewinnen.

4.4 Reinigung rekombinanter Antikörper und Antikörperfragmente

4.4.1 Physikalische Trennmethoden stehen am Anfang jeder Antikörperreinigung

Der erste Schritt zur Reinigung von rekombinanten Antikörperfragmenten besteht in der Gewinnung der entsprechenden Fraktion der Kultur. Bei *E. coli* oder eukaryontischen Sekretionssystemen wird dies durch Pelletierung der Zellen in der Zentrifuge erreicht. Der Überstand kann durch Ultrafiltration von niedermolekularen Anteilen befreit und/oder konzentriert werden. Im Falle intrazellulärer Expression oder Sekretion in das *E. coli*-Periplasma ist ein Zellaufschluß nötig. Eine Vielzahl unterschiedlicher Verfahren, vom mechanischen Homogenisieren bis zur enzymatischen Zellwandlys stehen dazu zur Verfügung. Oft ermöglicht dieser erste physikalische Reinigungsschritt bereits eine beachtliche Anreicherung des gewünschten

Produkts. Die weiteren Anreicherungsschritte werden dann in der Regel als Säulenchromatographie durchgeführt.

Selbstverständlich steht die vielfältige Palette unterschiedlicher chromatographischer Reinigungsverfahren für Proteine auch für rekombinante Antikörperfragmente zur Verfügung. Häufig eingesetzt werden dabei vor allem die Ionenaustausch-Chromatographie und die Molekularsieb-Chromatographie. Ein weiteres Trennprinzip, das zur Reinigung rekombinanter Antikörperfragmente eingesetzt werden kann, ist die thiophile Adsorptionschromatographie (Schulze et al., 1994). So konnten scFv-Fragmente mit dieser Methode aus *E. coli*-Extrakten so stark angereichert werden, daß eine Reinigung zur Homogenität nur einen zusätzlichen Schritt erforderte.

4.4.2 Affinitätschromatographie: Der Schlüssel zur effizienten Reinigung rekombinanter Proteine

Alle diese Methoden werden in der Regel in mehreren Schritten mit anderen Reinigungsprinzipien kombiniert. So werden die erzielbaren Anreicherungsfaktoren bei der Ionenaustausch-Chromatographie oder der Molekularsieb-Chromatographie von der relativ groben Einordnung nach Ladung bzw. Stoke'schem Radius begrenzt. Bedeutend bessere Anreicherungen ergeben sich aus der Nutzung spezifischer Bindungen als Trennprinzip. Diese Anreicherungsmethoden faßt man unter dem Begriff *Affinitätschromatograpie* zusammen. Für die meisten rekombinant hergestellten Antikörperfragmente hat sich eine Zwei-Schritt-Reinigungsstrategie für die Isolation hinreichend sauberen Materials aus Zellextrakten oder Kulturüberständen als ausreichend erwiesen. Sie besteht aus der Kombination einer Affinitätschromatograpie mit einer weiteren Säulenchromatographie. Im Falle von *E. coli*-Expression von scFv-Fragmenten ist dieser zweite Schritt oft die Molekularsieb-Chromatographie, die dazu dient, Aggregate und Dimere von den Monomeren zu trennen (z. B. Whitlow et al., 1993; Kipriyanov et al., 1994).

Für rekombinante Antikörper haben sich deshalb affinitätschromatographische Methoden als Hauptreinigungsschritt weitgehend durchgesetzt. Dabei existieren zwei Gruppen von Reinigungsmethoden. Die eine Gruppe, die man als „*antigen*spezifische Methoden" charakterisieren kann, beruht auf der gewünschten Funktion des rekombinanten Antikörperfragments selbst: der Antigenerkennung. Die zweite Gruppe setzt dagegen die Epitopeigenschaften der Antikörperketten ein, um spezifische Bindung an das Säulenmaterial zu erreichen. Diese „*antikörper*spezifischen Methoden" sind nicht von der Antigenspezifität abhängig. Dies ist allerdings nur in Fällen zu erreichen, in denen eine entsprechende Binderegion noch Bestandteil des rekombinanten Proteins ist, so werden meist die Fc-Teile oder konstante Regionen in Fab'-Fragmenten für die effektive Chromatographie auf Protein A oder G benötigt (Ausnahmen s. u.). Stehen solche Wechselwirkungsdomänen nicht zur Verfügung, wie das bei scFv-Fragmenten der Fall ist, weicht man auf die genetische Fusion des rekombinanten Antikörpers an kleine Peptidstückchen, sogenannte *tags*, aus. Diese können spezifische Bindung an Säulenmaterialien vermitteln.

4.4.3 Affinitätschromatographische Reinigung mit Hilfe der Bindungseigenschaften des Antikörperanteils

4.4.3.1 Reinigung durch Antigenbindung

Die Bindung an das Antigen durch einen Antikörper erfolgt meist mit sehr großer Spezifität und Affinitäten im submikromolaren Bereich, denn dazu ist er in der Evolution optimiert worden. Dies bedeutet, daß aus einem Zellextrakt von *E. coli* oder aus Kulturüberständen in aller Regel ausschließlich die rekombinanten Antikörperfragmente an Antigensäulen gebunden werden. Die erzielbaren Anreicherungsfaktoren sind deshalb beachtlich, allerdings ist aufgrund der oft sehr hohen Affinität die Elution mit pH-Bereichen unter 3,0 nötig. Bei einigen rekombinanten Antikörperfragmenten, besonders Fv-Derivaten ohne Anteile der stabilisierenden konstanten Ketten, kann dies aber bereits zu Denaturierung und damit dem Verlust aktiver Antikörper führen. Die Bedingungen für die Antigen-Affinitätschromatographie müssen deshalb für jedes Antigen-Antikörper-Paar gesondert ermittelt werden. Trotzdem ist diese Methode in Fällen, in denen ausreichend Antigen zur Verfügung steht, eine attraktive Alternative zu den universellen Reinigungsmethoden. So konnte ein *single chain*-Fv-Fragment gegen das Pflanzenenzym Phytochrom in einem Schritt aus transgenen Tabakpflanzen nahezu zur Homogenität angereichert werden (Owen et al., 1992). Analog konnte ein Immuntoxin gegen den humanen IL-2 Rezeptor in einem Schritt aus *in vitro* rückgefaltetem Material aus *E. coli* Inklusionskörpern gewonnen werden (Spence et al., 1993). Ein weiteres Beispiel ist die Reinigung eines anti-erbB-2-scFv-Fragments aus Myeloma-Zellkulturüberständen auf erbB-2-Sepharose (Dorai et al., 1994).

4.4.3.2 Reinigung mit Hilfe anti-idiotypischer Antikörper

Einen Spezialfall stellt die Reinigung durch anti-idiotypische Antikörper-Säulen dar. Dabei wird nicht das native Antigen an das Trennmaterial immobilisiert, sondern ein Antikörper, der die Antigenbindestelle (also den „Idiotyp") des zu reinigenden rekombinanten Antikörperfragments erkennt (Ayala et al., 1992). Diese Methode kann besonders dann eingesetzt werden, wenn keine ausreichenden Mengen des Antigens zur Verfügung stehen, oder wenn es aufgrund seiner Struktur nicht für eine Kopplung an Säulenmaterial geeignet ist. Dies gilt für einige membranständige Proteine, die bei einer Solubilisierung die antigene Determinante verlieren. Allerdings lohnt sich die Etablierung einer Reinigungsmethode, die auf anti-idiotypischen Antikörpern beruht, nur in Ausnahmefällen. Der Aufwand zur Herstellung solcher anti-idiotypischen Antikörper ist gewiß größer als jener, der zur Etablierung einer der „universellen Reinigungsmethoden" nötig ist.

Eine weitere Modifikation der antigenspezifischen Affinitätschromatographie ist die Verwendung von Antigen-Analoga (Anthony et al., 1992). Sind für einen Antikörper Analoga des Antigens bekannt, können sie gleich dem nativen Antigen zur Reinigung herangezogen werden. Oft macht man sich dabei zunutze, daß die Bindungsaffinitäten zu den Analoga geringer sind, was mildere Elutionsbedingungen ermöglicht. Analoga können auch von Vorteil sein, wenn die natürlichen Liganden zu instabil für eine Kopplung an Säulenmaterial sind oder nicht die entsprechenden funktionellen Gruppen zur chemischen Kopplung besitzen.

4.4.3.3 Reinigung an Immunglobulin-Bindeproteinen

Für die Reinigung von Antikörpern steht eine ganz Palette an Immunglobulin-Bindemolekülen zur Verfügung. Eine naheliegende Möglichkeit ist die Verwendung von Antikörpern gegen die zu reinigenden Immunglobuline. Als Beispiel dient ein chimäres Fab'-Fragment, das aus humanen konstanten Regionen und einer murinen Fv-Region gegen carcinoembryonisches Antigen (CEA) besteht. Es wurde mit Hilfe von Antikörpern gegen humane kappa-Ketten aufgereinigt (Chester et al., 1994). Häufiger werden jedoch bakterielle

Immunglobulin-Bindemoleküle eingesetzt. Diese Bindemoleküle stammen vor allem aus Bakterien, die der Immunantwort zu entkommen versuchen, indem sie ihre Oberfläche mit Immunglobulinmolekülen beladen, womit sie sich vor dem Immunsystem tarnen. Vier verschiedene bakterielle Bindemoleküle werden mittlerweile zur Antikörperreinigung benutzt: die Proteine A, G, L und H.

Protein A ist ein 42 kDa Oberflächenprotein von *Streptococcus aureus*. Die Bindung an Immunglobuline vieler verschiedener Spezies erfolgt über den Fc-Teil des Antikörpers. Nur einige wenige Fab′-Moleküle werden von Protein A gebunden (Erntell et al., 1986), besonders solche mit schweren Ketten der Subgruppe III (Sasso et al., 1991). Aufgrund dieser Einschränkung wird Protein A in der Regel zur Reinigung kompletter IgG-Moleküle oder solcher, die Fc-Anteile besitzen (z. B. Miniantibodies aus scFv+Fc), eingesetzt. Für die Reinigung rekombinanter Antikörperfragmente aus *E. coli* sind sie meist nicht geeignet (Kelley et al., 1992). Detektionsagentien (Enzym- oder Goldkonjugate) von Protein A für Immunoassays stehen in vielfältiger Form kommerziell zur Verfügung.

Tabelle 4.5: Bindespezifität von Protein A und Protein G (nach Harlow and Lane, 1988, kombiniert)

Art	Subklasse	Bindung an Prot. A	Bindung an Prot. G
Mensch	IgG1	++++	++++
	IgG2	++++	++++
	IgG3	−	++++
	IgG4	++++	++++
Maus	IgG1	+	++++
	IgG2a	++++	++++
	IgG2b	+++	+++
	IgG3	++	+++
Ratte	IgG1	−	+
	IgG2a	−	++++
	IgG2b	−	++
	IgG2c	+	++
Kaninchen		++++	+++
Meerschweinchen		++++	++
Schaf		+/−	++
Ziege		−	++
Pferd		++	++++
Schwein		+++	+++
Rind		++	++++
Hamster		+	++
Huhn		−	+
Hund		+	+/−

Protein G ist ein 30–35 kDa Oberflächenprotein des *Streptococcus*-Stammes G148. Protein G bindet ein sehr breites Spektrum vollständiger Antikörper. Ein Überblick wird in Tabelle 4.5 gegeben.

Eine für die Reinigung von rekombinanten Antikörperfragmenten aus *E. coli* sehr nützliche Eigenschaft ist die Bindung von Protein G an Fab'-Fragmente. Dafür ist eine andere Domäne innerhalb des Proteins verantwortlich als für die Bindung an den Fc-Teil (Erntell et al., 1988). Die beiden Regionen können getrennt exprimiert werden und ermöglichen so eine separate Anreinigung von Fc-Teilen (Goward et al., 1990). Eine weitere Domäne des Proteins bindet Serumalbumin. Dies stört bei der Reinigung rekombinanter Antikörperfragmente aus Expressionssystemen, die Serum im Medium erfordern. Allerdings gelang es mittlerweile, durch rekombinante Expression eine Variante des G-Proteins zu erzeugen, die diese Bindedomäne nicht besitzt.

Auch die Bindung von Protein G an Fab'-Fragmente ist von der Sequenz des Antikörpers abhängig. Nicht alle Fab'-Fragmente binden an Protein G und wenn, kann die Affinität sehr unterschiedlich sein. Die unterschiedliche Bindungsfähigkeit an rekombinante Antikörperfragmente (ohne Fc-Teil) kann allerdings auch zur differentiellen Reinigung ausgenützt werden. So konnten Fab'-Fragmente aus rekombinanten CHO-Zellen einer Maus-Mensch-Chimäre des Anti-Tumor-Antikörpers B72.3 selektiv von $F(ab')_2$-Fragmenten abgetrennt werden (Proudfoot et al., 1992). Die Elution der Fab'-Fragmente war dabei bei neutralem pH unter sehr milden Bedingungen möglich. Natürlich muß das in jedem Einzelfall getestet werden.

Eine große Zahl verschiedener Antikörper wurde mit Protein G gereinigt, darunter auch rekombinante chimäre und humanisierte Antikörper (Kelley et al., 1992; Carter et al., 1992). Aufgrund seiner häufigen Verwendung ist die Reinigungstechnologie mit Hilfe von Protein G gut etabliert, kommerzielle Säulenmaterialien stehen in vielfältiger Form zur Verfügung (Bill et al., 1995). Auch Detektionsagentien (Enzym- oder Goldkonjugate) stehen in verschiedenen Formen kommerziell zur Verfügung. Eine G-Protein-Variante aus *Streptococcus suis* capsular type 2 besitzt zwar eine geringere Affinität zu den meisten Ig-Formen, dafür bindet es aber ausgezeichnet an Hühner-Immunglobuline (Serhir et al., 1995). Bisher wurden nur wenige Hühner-Antikörper rekombinant hergestellt (vgl. Abschnitt 2.2.5.1), aber die Entwicklung von Genbibliotheken und die einfache Haltung dieser Tiere könnte in Zukunft ein stärkeres Interesse an diesem Organismus bewirken. Die Interaktion verschiedener Antikörpersequenzen mit Protein G kann also stark variieren. Besonders bei der Verwendung der Fab'-Binderegion müssen Lade- und Elutionsbedingungen für jedes rekombinante Antikörperfragment neu optimiert werden.

Protein L, ein 72 kDa Protein aus der Zelloberfläche des anaeroben Bacteriums *Peptostreptococcus magnus*, bindet mit hohen Affinitäten ($1,5 \times 10^9$ M^{-1}) an kappa-Ketten, aber nur schwach an lambda-Ketten. Ca. 75 % der verschiedenen Antikörper werden von Protein L erkannt (Akerstrom et al., 1989), dabei erfolgt die Bindung in der variablen Region (Sohi et al., 1995). Allerdings werden nicht alle kappa-Subgruppen des Menschen erkannt. Nur die humanen kappa-Subgruppen I und III werden gut gebunden, kappa-Subgruppe II und alle lambda-Subgruppen dagegen nicht (Nilson et al., 1992). Protein L bindet auch an kappa-Ketten der Maus, des Kaninchens, der Ratte und einiger Primaten (De Chateau et al., 1993). Bei der Humanisierung von Maus-Antikörpern kann man *framework*-Regionen auswählen, die eine spezifische Reinigung des Produkts mit Protein L ermöglichen. Dies funktionierte bei einem Maus-Mensch-Hybrid mit einer Protein L-bindenden kappa-Subtyp III-Kette (Nilson et al., 1993). Protein L ist damit für die Reinigung auch kleinerer rekombinanter Antikörperfragmente wie scFvs oder Fabs mit kappa-VL-Regionen geeignet, allerdings muß auch hier in jedem Einzelfall getestet werden, ob eine bindende kappa-Subgruppe vorliegt.

Protein H ist ein 42 kDa Oberflächenprotein der Gruppe A Streptokokken (Stamm AP1) und bindet an Immunglobuline in temperaturabhängiger Weise. Die Affinitätskonstante zwischen Protein H und humanem polyklonalem IgG beträgt $1,6 \times 10^9$ (Akesson et al., 1990). Gebunden wird im besonderen humanes IgG1 bis IgG4, humane IgG Fc-Teile, und Kaninchen-IgG. Keine Bindung wurde beobachtet an IgG aus der Maus, Ratte, Rind, Schaf und Ziege, sowie an menschliches IgA, IgD, IgE, and IgM (Gomi et al., 1990). Die Bindung kann bei 22 °C erfolgen und wird bei Erwärmung auf 37 °C gelöst (Akerstrom et al., 1992). Die stark eingeschränkte Spezies-Spezifität begrenzt den Einsatz von Protein H bei der Reinigung von rekombinanten Antikörperfragmenten. Aufgrund seiner temparaturabhängigen Bindung könnte Protein H allerdings in Zukunft eine größere Rolle bei der schonenden Reinigung rekombinanter humaner Antikörperfragmente spielen.

Eine ganze Reihe weiterer bakterieller Immunglobulin-Bindemoleküle ist noch nicht eingehender auf ihre Eignung für Reinigung und Detektion rekombinanter Antikörperfragmente untersucht worden, hier ist in Zukunft sicher noch mit neuen Methodenentwicklungen zu rechnen.

4.4.3.4 Auch einige Arten von scFv-Fragmenten können mit Hilfe von Immunglobulin-Bindemolekülen gereinigt werden

Einige bakterielle Bindemoleküle besitzen eine für die Reinigung ausreichende Affinität und Spezifität zu Fv-Fragmenten. Eine umfangreiche Studie, die die Interaktion von 34 humanen *single chain*-Antikörpern mit verschiedenen bakteriellen Bindeproteinen untersuchte, zeigte allerdings erwartungsgemäß, daß nicht alle scFv-Fragmente gleich gut für eine entsprechende Reinigung geeignet sind (Akerstrom et al., 1994). Einige der scFv-Fragmente banden an *Staphylococcus* Protein A and *Peptostreptococcus* Protein L, aber nicht an die Streptokokken-Proteine G oder H. Bei der Bindung an Protein L wurden Affinitäten bis zu $1,4 \times 10^9$ M^{-1} erreicht, allerdings banden nur zwei der 34 untersuchten scFv-Fragmente entsprechend stark. In diesen Fällen konnte Protein L- oder A-Sepharose zur Reinigung direkt aus dem *E. coli* Kulturüberstand eingesetzt werden. Die Bindung von Protein A war in der untersuchten Gruppe von scFv-Fragmenten spezifisch für Sequenzen der Subgruppe VH3 der schweren Kette, allerdings banden auch nur die Hälfte der Antikörper mit dieser VH-Region. Protein L, das an die VL-Region bindet, wurde auf seine Reaktion mit Mitgliedern der kappa 1, kappa 4, lambda 1, lambda 2 and lambda 3 – Subgruppen untersucht. Es reagierte mit allen kappa 1 Sequenzen, einer lambda 2 und einer lambda 3 Region. Ein Sequenzvergleich der untersuchten Antikörper erbrachte keine eindeutige Konsensus-Struktur für die Bindung. Die beteiligten Aminosäurenreste sind offenbar über einen großen Teil der *framework*-Regionen verteilt.

4.4.4 Affinitätschromatographische Reinigung mit Hilfe eines heterologen Fusionsanteils

Nicht nur die rekombinanten Antikörper-Regionen selbst, sondern auch heterologe Fusionsanteile oder chemisch an die rekombinanten Antikörperfragmente gekoppelte Protein-Domänen werden für eine spezifische Anreicherung eingesetzt. Aus praktischen Gründen unterscheiden wir diese Methoden in zwei Gruppen. Im ersten Falle wurde eine Proteindomäne angehängt, die zur Einführung einer neuen biochemischen Funktion in das Molekül dient, also zur Erzeugung eines bifunktionellen Moleküls. Diese heterologen Anteile sind eigenständige Proteindomänen und haben oft eigene Liganden. Viele Beispiele werden in den Abschnitten 3.2 und 3.3 gezeigt, hier sollen nur einige Fälle vorgestellt werden, bei denen man sich die spezifischen Bindungseigenschaften dieses heterologen Anteils zur Reinigung zunutze gemacht hat.

Im anderen Fall werden die heterologen Fusionanteile gezielt zum Zweck der Reinigung und/oder Detektion in das Konstrukt eingeführt. Dabei trachtet man danach, diesen Proteinteil so klein wie möglich zu machen. Die meisten Systeme beruhen auf kleinen linearen (unstrukturierten) Peptidverlängerungen von ca. 10 Aminosäurenresten. Man bezeichnet diese als *tags*.

4.4.4.1 Affinitätschromatographische Reinigung mit Hilfe der Bindungseigenschaften eines heterologen Fusionsanteils

Generell stellen die Reinigungsmethoden mit Hilfe größerer heterologer Fusionsanteile Spezialfälle dar, die auf besondere Konstrukte beschränkt sind. Sie stehen immer nur dann zur Verfügung, wenn der heterologe Fusionsanteil über eigene Bindungsaffinitäten zu Agentien verfügt, die in größeren Mengen gewonnen und an eine Säule gekoppelt werden können. Der Farbstoff Cibacon-Blue wird zur Aufreinigung von einigen pflanzlichen Toxinen verwendet. Im angegebenen Beispiel wurde damit ein Fusionsprotein aus Toxin und rekombinantem Antikörper aufgereinigt (Better et al., 1993; Better et al., 1994). Auch *Staphylococcus aureus* Protein A-Domänen, die zur Interaktion mit anderen Antikörpern in Fusionsproteine eingeführt werden, können zur Reinigung benutzt werden. So gelang es, Protein A::antiphytochrome *single chain*-Fv-Fusionsproteine auf IgG-Agarose zu reinigen (Gandecha et al., 1992).

Auch das Maltose-Bindungsprotein (MBP) wurde zur Anreicherung von rekombinanten Antikörperfragmenten genutzt. Dieses Protein bindet spezifisch an das Polysaccharid Amylose. So gelang es, mit MBP fusionierte Fv- und scFv-Fragmente an kreuzvernetzter Amylose anzureinigen (Bregegere et al., 1994). Diese Fusion an ein recht großes heterologes Protein wurde ausschließlich zu Reinigungszwecken durchgeführt. Alternative Methoden, wie die Verwendung kürzerer *tags* (s. u.) dürften in den meisten Fällen vorteilhafter sein.

Ein weiteres Beispiel für die Reinigung über Bindung des heterologen Fusionanteils ermöglichen scFv-Fusionen mit Streptavidin. ScFv-Fusionsproteine, die eine *core*-Streptavidin-Region enthielten, konnten über Affinitätschromatographie an Analoga von Biotin gereinigt werden. In diesem Falle konnte nicht der natürliche Ligand Biotin verwendet werden, denn seine extrem hohe Affinität (eine Bindungskonstante von etwa 10^{-14} M) ermöglicht keine Elution des Fusionsprotein unter nativen Bedingungen. Die niedrig affinen Biotin-Analoga 2-Iminobiotin und Diaminobiotin ermöglichten dagegen die Anreicherung des Fusionsproteins, wobei entweder eine sehr schonende Elution durch einen Überschuß von löslichen Analoga oder Biotin erfolgte (Dübel et al., 1995) oder durch eine pH-Erniedrigung, die allerdings zu Verlusten an korrekt gefalteten scFv-Fragmenten führte (Kipriyanov et al., 1995b).

4.4.4.2 Reinigung mit Hilfe von *tags*

Tags nennt man kurze Peptide, die durch spezifische Bindung an ein anderes Molekül eine affinitätschromatographische Reinigung von rekombinanten Antikörperfragmenten ermöglichen. Sie werden in der Regel durch genetische Fusion an den Aminoterminus oder den Carboxyterminus von rekombinanten Antikörperfragmenten angehängt. Es gibt allerdings auch einige *tags*, die als interne Sequenz eingesetzt werden. Ein Beispiel dafür ist das Yol1/34-Epitop (..EEGEFSEAR..), ein Oktapeptid aus alpha-Tubulin (Breitling und Little, 1986), welches in den Peptidlinker von scFv-Fragmenten zwischen die VH- und die VL-Region eingebaut wurde (Breitling et al., 1991). Meist wird aber als Fusionspunkt der Carboxyterminus einer der beiden variablen Domänen gewählt, da die C-Termini der variablen Domänen am weitesten von der Antigenbindestelle des Antikörpers entfernt sind.

4.4.4.3 Das His-*tag* ermöglicht Affinitätschromatographie an immobilisierten Metallen (IMAC)

Oligo-Histidin-Peptide können mit hoher Affinität an Ni-, Cu- oder Zn-Ionen binden. Werden solche divalente Kationen an immobilisierten Chelaten gebunden, ermöglichen sie eine chromatographische Anreicherung von Proteinen, die ein *tag* aus 3–6 Histidinen tragen (Übersicht bei Sulkowski, 1985). Das Bindungsprinzip ist in der Abb. 4.3 illustriert.

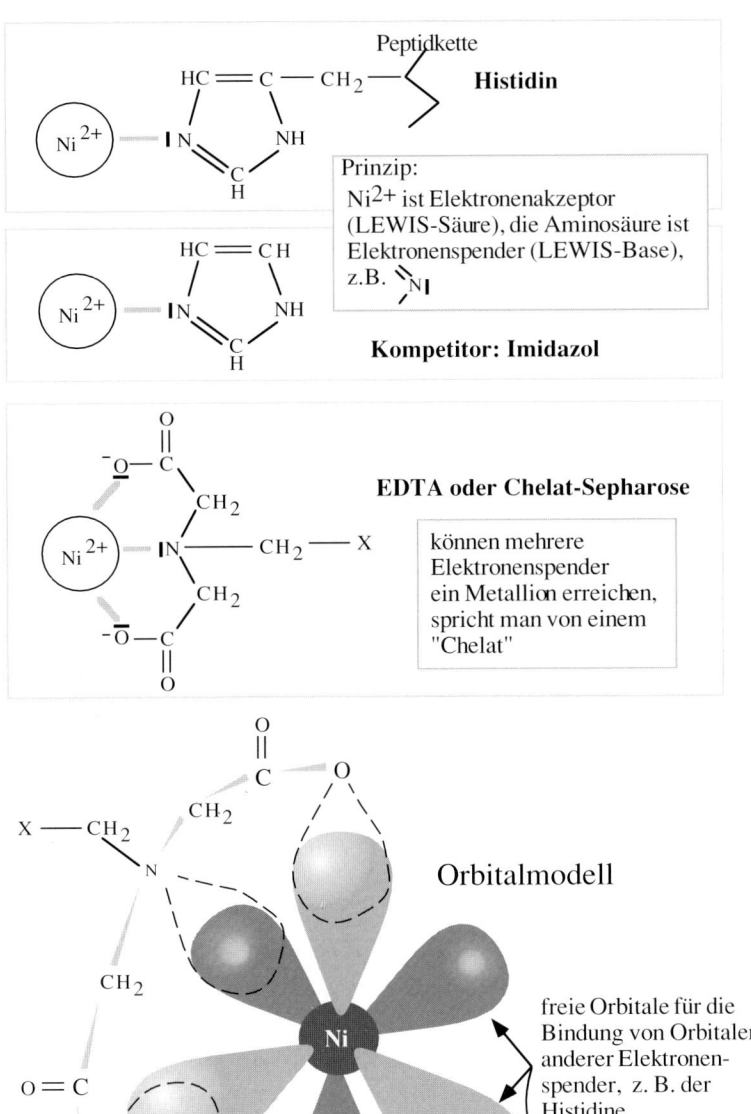

Histidin

Prinzip:
Ni^{2+} ist Elektronenakzeptor
(LEWIS-Säure), die Aminosäure ist
Elektronenspender (LEWIS-Base),
z.B.

Kompetitor: Imidazol

EDTA oder Chelat-Sepharose

können mehrere
Elektronenspender
ein Metallion erreichen,
spricht man von einem
"Chelat"

Orbitalmodell

freie Orbitale für die
Bindung von Orbitalen
anderer Elektronen-
spender, z. B. der
Histidine

4.3. Das Bindungsprinzip der IMAC: Orbitalmodell der Bindung von Mg, Cu oder Zn an ein Chelat.

Diese Bindung kann bei nahezu neutralem pH durch einen Überschuß von Imidazol gelöst werden, welches danach durch Dialyse

entfernt wird. Damit steht eine mildere Elution zur Verfügung als bei den meisten anderen *tags*. Diese Methode, abgekürzt IMAC (*immobilised metal affinity chromatography*) oder MCAC (*metal chelate affinity chromatography*) stellt mittlerweile wohl den verbreitetsten Reinigungsschritt für rekombinante Antikörperfragmente aus *E. coli* und anderen nicht-Säuger-Expressionssystemen dar. Ihre Hauptvorteile liegen in der Robustheit der Säule und der milden Elution. Die Bindung wird durch denaturierende Agentien wie Harnstoff nicht beeinflußt, deshalb ist damit eine Reinigung von scFv-Fragmenten im denaturierten Zustand, vor einer *in vitro*-Faltung, möglich (Kipriyanov et al., 1995a; Burks und Iverson, 1995). Dabei wird einer der Nachteile des His-*tags* kompensiert: dessen geringere Spezifität. Da eine ganze Anzahl von Proteinen Metallbindungsstellen enthalten (z. B. die Zink-Finger-Proteine), können sie ebenfalls an immobilisierte Ni- oder Zn-Ionen binden und den Anreicherungsfaktor begrenzen. Da die Metallbindungsstellen dieser Proteine allerdings durch korrekte Sekundär/Tertiärstruktur aufrechterhalten werden müssen, ermöglicht eine Chromatographie unter der Anwesenheit denaturierender Agentien auch die Abtrennung von diesen Proteinen. Außerdem bindet ein His_6-*tag* an mehrere Ionen, was eine höhere Avidität der Bindung bewirkt. Die höhere zur Elution nötige Imidazolkonzentration (typischerweise über 200 mM) ermöglicht eine differentielle Elution der Verunreinigungen mit geringeren Konzentrationen von Imidazol. Um unspezifische Bindungen aufgrund von Ionentauscher-Effekten zu verhindern, werden die Auftrennungen in aller Regel bei hohen Ionenstärken durchgeführt. Typisch ist dabei 1 M NaCl, aber auch 0,5 M K_2SO_4 wurde erfolgreich eingesetzt.

Die IMAC war früher bereits für die Anreicherung verschiedener Fusionsproteine aus *E. coli* eingesetzt worden, und verbreitete sich sehr schnell als Standardmethode für die Reinigung von scFv-Fragmenten (Skerra et al., 1991; Dübel et al., 1992) und Fab-Fragmenten (Skerra, 1994).

Bei der Reinigung von Fv-Fragmenten, bei denen beide Ketten ein Hexahistidin-*tag* trugen, wurde eine Veränderung des stöchiometrischen Verhältnisses von VH zu VL bei der IMAC-Reinigung beobachtet. Wurde statt der üblichen Salze das Zwitterion Betain, ein gut lösliches Osmolyt aus einer negativ geladenen Carboxylgruppe und einer positiv geladenen quartären Aminogruppe, eingesetzt, konnte dieser Effekt verhindert werden (Essen und Skerra, 1993).

Eine große Zahl verschiedener rekombinanter Antikörper (Ayala et al., 1995; Molloy et al., 1995), ihrer Fusionsproteine mit heterologen Effektoranteilen (Newton et al., 1994; Thielemans, 1995), u. a. auch verschiedene aus IgM gewonnene scFv-Fragmente (Rosso et al., 1996; Jahn et al., 1995) konnten mit Hilfe der IMAC gereinigt werden. Auch für die Reinigung von scFv-Fragmenten aus eukaryontischer Zellkultur wurde ein His-*tag* erfolgreich eingesetzt (Dorai et al., 1994).

Durch die Wahl der Ionen, des Säulenmaterials und der Elutionsbedingungen kann der Anreicherungsfaktor stark beeinflußt werden (Canaan-Haden et al., 1995), es empfiehlt sich deshalb abhängig vom Ausgangsmaterial (*E. coli* Periplasma/Inklusionskörper, eukaryontischer Zellkulturüberstand) für größere Präparationen eine Optimierung dieser Faktoren.

Für ein anti-carcinoembryonic antigen (CEA) scFv-Fragment wurde die Verteilung im Organismus untersucht. Dabei wurde gefunden, daß das His-*tag* die Verteilung im Gewebe und die Anreicherung im Tumor nicht veränderte (Casey et al., 1995).

In einem zur oben beschriebenen IMAC-Reinigung analogen Verfahren wurde ein bispezifischer Maus-Mensch-Hybrid-Antikörper gegen CEA und Indium-Benzyl-EDTA auf TSK-SP-5-PW Ionentauscher-Material gereinigt (Beidler et al., 1991). Solche und ähnliche Konstrukte, die zum Radioimaging oder zur Radiotherapie *in vivo* eingesetzt werden sollen, tragen bereits eine Metallbinderegion (in diesem Fall ein rekombinantes Antikörperfragment) als Fusionsanteil mit sich. Diese Metallbinderegion dient zum Komplexieren des Radioisotops, diese Proteine benötigen deshalb zur beschriebenen Reinigung kein besonderes His-*tag*.

Für schnelle Tests, bei denen IMAC-angereicherte rekombinante Antikörperfragmente eingesetzt werden sollen, kann der Dialyseschritt eingespart werden, indem statt mit Imidazol mit 100–200 mM EDTA eluiert wird. Damit wird das scFv-Fragment zusammen mit den Nickel-Ionen eluiert. Vor diesem Schritt kann man noch auf der Säule auf Puffer ohne Hochsalz umpuffern. Der Verzicht auf die Dialyse hat neben der Schnelligkeit noch einen weiteren Vorteil: Dank der antimikrobiellen Wirkung von Nickel und EDTA im Eluat können die Proben langfristig aufbewahrt werden (Dübel et al., 1995). So hergestellte scFv-Fragmente können direkt im Immunoblot, ELISA oder FACS verwendet werden.

Neuerdings stehen auch Agentien zur Verfügung, die einen Nachweis des His-*tags* in immunologischen Tests, wie dem Immunoblot oder dem ELISA, ermöglichen. Zwei verschiedene Gruppen von Agentien haben sich dabei bewährt:

1. monoklonale Antikörper gegen das His-Hexapeptid. Verschiedene Antikörper sind beschrieben, zu bevorzugen sind dabei solche, die das Peptid in verschiedenen Anordnungen (am Carboxyterminus oder am Aminoterminus, oder sogar als internes Epitop) erkennen.
2. Noch breiter ist das Anwendungsspektrum von Enzym-Chelat-Konjugaten. Es gibt mittlerweile kommerziell erhältliche Nickel-NTA-Enzymkonjugate, die nicht nur *tags* von 6 Histidinen in jeder möglichen Anordnung erkennen, sondern auch solche mit weniger Histidinen. Ihr Nachteil liegt im Wegfall des Amplifikationsschrittes, der durch den Sandwich-Aufbau der antikörperabhängigen Färbesysteme erzeugt wird. Für Routine-Anwendungen, wie der Detektion von rekombinanten Antikörperfragmenten auf Kolonie-Blots, Immunoblots oder im ELISA sind sie jedoch ausreichend.

4.4.4.4 Das FLAG-Peptid-System: ein Antikörper für Reinigung und Detektion

Das hydrophile „FLAG"-Oktapeptid DYKDDDDK (Booth et al., 1988) wurde zur Detektion und Reinigung einer Vielzahl rekombinanter Expressionsprodukte eingesetzt. Es kann sowohl an den Aminoterminus wie auch den Carboxyterminus von rekombinanten Antikörperfragmenten angehängt werden.

Durch Screening einer Peptid-Phagenoberflächen-Expressionsbibliothek wurde das *core*-Epitop auf Pentapeptide der Sequenz YKXXD eingeengt (Miceli et al., 1994). Aber sogar eine nur vier Aminosäurenreste lange Teilsequenz des Oktapeptides (DYKD) band noch mit ausreichender Affinität an den anti-FLAG-Antikörper (Knappik und Plückthun, 1994). Allerdings wurde festgestellt, daß auch noch die anschließende Aminosäureposition die Affinität beeinflußt. Da die letzte Aminosäure dieses Minimal-Epitops eine Asparaginsäure ist, kann der heterologe Anteil eines rekombinanten Antikörperfragments in vielen Fällen sogar auf drei Aminosäurenreste reduziert werden, denn Asparaginsäure ist die häufigste Aminosäure in Position 1 der VL-Region. Dieses Peptid ist damit zur Zeit das kürzeste Antikörperepitop, das zur Erkennung und Reinigung rekombinanter Antikörperfragmente eingesetzt wurde. Außer dem FLAG-Peptid ermöglichen nur His-*tags* ebenfalls eine spezifische affinitätschromatographische Reinigung mit nur drei zusätzlichen Aminosäurenresten.

Der monoklonale Antikörper M1 erkennt das FLAG-Peptid in Abhängigkeit von gleichfalls gebundenen Kalziumionen. Diese Eigenschaft kann man sich zunutze machen, wenn rekombinante Antikörperfragmente milde Elutionsbedingungen erfordern: Entzug von Kalzium führt zu einer drastischen Verringerung der Affinität und ermöglicht die Elution ohne pH-Veränderungen (Hopp et al., 1996).

4.4.4.5 Das c-myc-*tag* (Myc1-9E10-Epitop)

Das Peptid ..EEQKLISEEDL.. ist das Epitop des monoklonalen Maus-Antikörpers Myc1-9E10 (Evan et al., 1985) und stammt aus dem zellulären humanen 62 kDa Oncoprotein myc (c-myc). Dieser Antikörper zeichnet sich durch hohe Spezität aus. Wenn Gesamt-Zellextrakte verwendet werden, zeigt er wenig Kreuzreaktionen und geringe unspezifische Bindung. Dies macht ihn besonders für die Expressionskontrolle aus Gesamtzellextrakten von *E. coli* oder anderen Expressionssystemen wertvoll. Fusionen an dieses Peptidepitop wurden deshalb in einer Vielzahl von Konstrukten und Systemen zur Detektion von rekombinanten Antikörperfragmenten in verschiedenen immunologischen Nachweissystemen eingesetzt (einige Beispiele: Ward et al., 1989; Dreher et al., 1991; Dübel et al., 1993; Kontermann et al., 1995; Kleymann et al., 1995).

Auch das c-myc-*tag* wurde nicht nur für die Detektion, sondern auch für die säulenchromatographische Reinigung an immobilisierten Antikörpern eingesetzt. Dazu wurde der monoklonale Antikörper Myc1-9E10 an Sepharose gekoppelt. Die Elution erfolgte bei pH 3,0, also in einem Bereich, in dem die rekombinanten Antikörperfragmente noch nicht sehr stark geschädigt werden (Froyen et al., 1993). Auch andere, spezifische Möglichkeiten zur Kopplung eines anti-*tag*-Antikörpers für die affinitätschromatographische Reinigung wurden erfolgreich eingesetzt: Der Myc1-9E10-Antikörper wurde mit Protein A -Sepharose inkubiert, und danach mit Dimethylpimelidat kovalent kreuzvernetzt. Auf dieser Säule konnten scFv-Antikörper gegen T-Zell-Antigene erfolgreich gereinigt werden (Popov et al., 1996). Ein ähnlicher Ansatz, nur ohne Kreuzvernetzung des Protein A mit dem Myc1-9E10-Antikörper, ermöglichte die Elution bifunktioneller scFv-Fragment/Myc1-9E10-Komplexe. Eine analoge nichtkovalente Methode zur Herstellung bifunktioneller rekombinanter Antikörperfragmente kann auch zur Verbesserung ihrer Bindungsfähigkeit durch erhöhte Avidität benutzt werden (Gotter et al., 1994).

Neuerdings steht auch das scFv-Fragment des Myc1-9E10-Antikörpers zur Verfügung (Fuchs et al., 1997).

4.4.4.6 Das „Strep-*tag*": ein Biotin-Analogon mit niedriger Affinität

Streptavidin ist ein strukturell zum Avidin des Hühnereies analoges Protein aus dem Gram-positiven Bakterium *Streptomyces avidinii*. Es besteht aus vier identischen 15 kDa Untereinheiten. Eine Besonderheit ist seine extrem hohe Affinität für Biotin, sie gehört mit einer Bindungskonstante von etwa 10^{-14} M zu den stärksten beschriebenen nichtkovalenten Bindungen. Das „Strep-*tag*" ist ein synthetisches Peptid aus 9 Aminosäurenresten (AWRHPQFGG), welches mit einer Affinität, die für säulenchromatographische Reinigung ausreichend ist ($2,7 \times 10^4$ M^{-1}), an Streptavidin bindet (Schmidt et al., 1996). Es benutzt dabei die Bindetasche für Biotin und kann durch Fusion an den Carboxyterminus von Fusionsproteinen zur Reinigung und Detektion derselben eingesetzt werden. Das Peptid wurde mit Hilfe einer Peptid-Genbibliothek isoliert (vgl. Abschnitt 2.2; Schmidt und Skerra, 1993). Es ermöglicht nicht nur die säulenchromatographische Reinigung des entsprechenden Fusionsproteins auf Streptavidin-Agarose, sondern auch dessen Nachweis auf Immunoblots und in ELISAs mit Hilfe eines Streptavidin-Enzymkonjugats. Die erzielten Anreicherungsfaktoren sind aufgrund der sehr spezifischen Bindung oft ausreichend, um eine Reinigung von rekombinanten Antikörperfragmenten in nur einem Schritt zu ermöglichen. Mit so gereinigten Fv-Fragmenten aus *E. coli* konnten verschiedene Membranproteine von *Paracoccus denitrificans* und *Halobacterium halobium* mit Hilfe von goldmarkiertem Streptavidin in der Elektronenmikroskopie nachgewiesen werden (Kleymann et al., 1995). Ein Nachteil dieses Strep-*tags* ist, daß es nur als carboxyterminale Fusion funktioniert. Das neuere Strep-*tag* II hat die Sequenz SNWSHPQFEK und besitzt eine zweifach geringere Affinität für Streptavidin als das gerade beschriebene Peptid. Im Gegensatz zu diesem funktioniert es aber auch als N-terminale Fusion (Schmidt et al., 1996; Skerra, pers. Mitteilung).

4.4.4.7 Die Wahl des geeigneten *tags*

Bei der Verwendung von *tags* richtet sich die Auswahl der Sequenz nach folgenden Kriterien:

1. Hochspezifische Bindung für die effektive Anreicherung und den einfachen Nachweis des rekombinanten Antikörperfragments,
2. trotzdem nicht zu hohe Affinität, damit milde Elutionsbedingungen während der Reinigungen möglich sind, und
3. eine möglichst kurze Sequenz, um das rekombinante Antikörperfragment in seiner Funktion möglichst wenig zu beeinträchtigen.

Diese Eigenschaften bietet z. B. in idealer Weise das Strep-*tag*. Verbreiteter trotz geringerer Spezifität ist allerdings im Moment das His-*tag*, dessen Vorteil besonders in der Robustheit der Säulenmaterialien liegt, die auch unter stark denaturierenden Bedingungen benutzt werden können. Wird befürchtet, daß die Addition von Aminosäurenresten eventuell die Funktion des rekombinanten Antikörperfragments stört, sollte man auf ein möglichst kurzes *tag* zurückgreifen, wie z. B. das nur 3–4 Aminosäurenreste lange verbesserte FLAG-Peptid. Alternativ kann in einigen Systemen eine Schnittstelle für spezifische Proteasen zwischen dem Antikörper und dem *tag* eingebaut werden, die nach der Affinitätschromatographie zur Entfernung der heterologen Sequenz eingesetzt wird, oder sogar zur Elution von der *tag*-bindenden Säule eingesetzt wird. Dann ist die Größe des *tags* nicht mehr relevant. Dieser Fall ist jedoch nur bei bestimmten Anwendungen empfehlenswert: Bei einer carboxyterminalen Fusion ist das *tag* am räumlich der Antigenbindestelle entgegengesetzten Ende des Antikörpermoleküls lokalisiert. Sterische Interferenz mit der Antigenbindung sind deshalb nicht zu erwarten. Bei der Verwendung als humanes Therapeutikum kann aber jeder nichthumane Sequenzanteil zu Immunreaktionen gegen die rekombinanten Antikörperfragmente und damit zur Beeinträchtigung dessen Wirksamkeit führen, eine Entfernung verbessert dann die Verträglichkeit und Wirksamkeit eines solchen Therapeutikums. Interessant wäre die Identifizierung einer Peptidsequenz, gegen die bei allen Menschen ein IgG-Antikörper im Blut vorhanden ist (beispielsweise eine Sequenz aus *E. coli*). Werden Fv-Fragmente mit solch einem *tag* ins Blut gespritzt, entstünden damit praktisch vollständige IgGs.

4.4.5 Spezialfall Humantherapeutika: Entfernung von bakteriellem Endotoxin

Immer häufiger sollen in *E. coli* rekombinant hergestellte Antikörperfragmente direkt in Patienten eingesetzt werden, z. B. in Form von Immuntoxinen zur Tumorbekämpfung, oder bei der bildgebenden Radiodiagnostik. *E. coli*-Kulturüberstände enthalten aber oft große Mengen von Lipopolysacchariden (LPS) aus der äußeren Membran der Bakterienzellen, die im menschlichen Körper starke Fieberschübe auslösen können. Diese Endotoxine müssen deshalb quantitativ aus der rekombinanten Antikörperfraktion entfernt werden, bevor sie Patienten verabreicht wird. Eine ganze Reihe von Methoden gewährleisten diese Entfernung.

So wurde beobachtet, daß Endotoxine mit hoher Affinität an das kationische Antibiotikum Polymyxin binden. Affinitätchromatographie über Polymyxin-Sepharose ermöglichte die Entfernung dieser LPS auch aus stark verunreinigten Proben (Issekutz, 1983). Entsprechende Säulenmaterialien (Talmadge und Siebert, 1989) werden auch kommerziell angeboten. Auch immobilisiertes Histamin wurde zur Entfernung von Endotoxinen eingesetzt (Minobe et al., 1983). Unspezifischere Methoden, wie z. B. die Gelfiltration, sind zur Entfernung der hochmolekularen Endotoxine ebenso verwendbar (Better und Gavit, 1997). Bei der Verwendung von affinitätschromatographischen Schritten bei der Reinigung von rekombinanten Antikörperfragmenten ist ein separater Schritt zur Entfernung von LPS in der Regel nicht mehr nötig.

4.4.6 Aufbewahrung von gereinigten rekombinanten Antikörpern

Ein nicht triviales Problem stellt die längerfristige Lagerung von rekombinanten Antikörperfragmenten dar. Am wenigsten Schwierigkeiten ergeben sich bei der Herstellung von kompletten IgG-Molekülen und Fab- oder F(ab′)$_2$-Fragmenten. Antikörper sind ein Waffensystem unseres Körpers, und in ihrer nativen Form dementsprechend robust konstruiert. Haltbarkeiten von vielen Jahren bei 4 °C sind keine Seltenheit. Es empfiehlt sich aber in jedem Falle die Zugabe von antibakteriellen Agentien, wie z. B. Thimerosal (Natrium-ethylmercurithiosalizylat) oder Natriumazid. Für die langfristige Aufbewahrung sollten Antikörper allerdings in Aliquots bei

–70 °C eingefroren werden. Hierbei ist darauf zu achten, daß die Lösungen nicht zu verdünnt eingefroren werden (nicht weniger als etwa 0,1 g/l Gesamtprotein). Einen Sonderfall stellen wieder die *single chain*-Fragmente dar, die bei hohen Proteinkonzentrationen aggregieren. Diese Aggregation ist durch zwei Gründe erklärbar: Erstens besteht ein Teil der Oberfläche von Fv-Fragmenten aus einem Bereich, der im intakten Immunglobulinmolekül nicht für die umgebende Lösung zugänglich ist, und deshalb vermehrt unspezifische Klebrigkeit vermitteln kann. Zweitens ermöglicht die niedrige Affinität der Bindung von VL an VH die Bildung von Oligomeren und schließlich Aggregaten (siehe Abschnitt 2.4.9). Bei Fab-Fragmenten tragen die konstanten Domänen zur Stabilisierung der korrekten Dimere bei, deshalb ist dieser Effekt hier kaum zu beobachten. Einen Ausweg bietet hier auch die Verwendung von Fv-Fragmenten, die statt durch einen Linker durch eine Disulfidbrücke am VL-VH-Interface stabilisiert werden (siehe Abschnitt 2.4.10).

Einige scFv-Fragmente erwiesen sich als sehr stabil und konnten in funktioneller Form über mehr als ein Jahr bei 4 °C ohne Schutzprotein aufbewahrt werden. Bei weniger stabilen scFv-Fragmenten empfiehlt sich der Zusatz von Schutzprotein (meist BSA) in hohen Konzentrationen (10–20 mg/ml), falls dies bei der weiteren Verwendung nicht störend ist, und Lagerung bei –70 °C bis –80 °C. Ist die Zugabe von Schutzprotein nicht möglich, können rekombinante Antikörperfragmente auch analog zu Enzymen nach Zugabe von Gefrierschutzmitteln wie z. B. Glycerin bei –20 °C aufbewahrt werden.

Generell muß ein wiederholtes Auftauen und Einfrieren vermieden werden (Kortt et al., 1994), denn dabei kommt es sogar bei nativen IgG-Molekülen zu Verlusten durch Aggregation, da die Eiskristallbildung eine Beeinträchtigung der Hydrathülle der Proteine bewirkt.

Literatur

Abrams, C.; Deng, Y. J.; Steiner, B.; O'Toole, T.; Shattil, S. J. (1994) Determinants of specificity of a baculovirus-expressed antibody Fab fragment that binds selectively to the activated form of integrin alpha IIb beta 3. In: *J. Biol. Chem.* 269, S. 18781–18788.

Adams, G. P.; McCartney, J. E.; Tai, M. S.; Oppermann, H.; Huston, J. S.; Stafford, W. F.; Bookman, M. A.; Fand, I.; Houston, L. L. and Weiner, L. M. (1993) Highly specific *in vivo* tumor targeting by monovalent and divalent forms of 741F8 anti-c-*erb*-B-2 single-chain Fv. In: *Cancer Res.* 53, S. 4026–4034.

Akerstrom, B.; Bjorck, L. (1989) Protein L: an immunoglobulin light chain-binding bacterial protein. Characterization of binding and physico-chemical properties. In: *J. Biol. Chem.* 264, S. 19740–19746.

Akerstrom, B.; Nilson, B. H.; Hoogenboom, H. R.; Bjorck, L. (1994) On the interaction between single chain Fv antibodies and bacterial immunoglobulin-binding proteins. In: *J. Immunol. Methods* 177, S. 151–163.

Akesson, P.; Cooney, J.; Kishimoto, F.; Bjorck, L. (1990) Protein H-a novel IgG binding bacterial protein. In: *Mol. Immunol.* 27, S. 523–531.

Ames, R. S.; Tornetta, M. A.; Deen, K.; Jones, C. S.; Swift, A. M.; Ganguly, S. (1995) Conversion of murine Fabs isolated from a combinatorial phage display library to full length immunoglobulins. In: *J. Immunol. Methods* 184, S. 177–186.

Anand, N. N.; Mandal, S.; MacKenzie, C. R.; Sadowska, J.; Sigurskjold, B.; Young, N. M.; Bundle, D. R.; Narang, S. A. (1991) Bacterial expression and secretiono of various single-chain Fv genes encoding proteins specific for a Salmonella serotype B 0-antigen. In: *J. Biol. Chem.* 266, S. 21874–21879.

Anthony, J.; Near, R.; Wong, S. L.; Iida, E.; Ernst, E.; Wittekind, M.; Haber, E. (1992) Ng, SC Production of stable anti-digoxin Fv in *Escherichia coli*. In: *Mol. Immunol.* 29, S. 1237–47.

Ayala, M.; Balint, R. F.; Fernandez de Cossio, L.; Canaan-Haden, J. W.; Larrick, J. W.; Gavilondo, J. V. (1995) Variable region sequence modulates periplasmic export of a single-chain Fv antibody fragment in *Escherichia coli*. In: *Biotechniques* 18, S. 832, 835–838, 840–842.

Ayala, M.; Duenas, M.; Santos, A.; Vazquez, J.; Menendez, A.; Silva, A.; Gavilondo, J. V. (1992) Bacterial single-chain antibody fragments, specific for carcinoembryonic antigen. In: *Biotechniques* 13, S. 790–799.

Barry, M. M.; Lee, J. S. (1993) Cloning and expression of an autoimmune DNA-binding single chain Fv. Only the heavy chain is required for binding. In: *Mol. Immunol.* 30, S. 833-840.

Bashford, C. L.; Harris, D. A. (1988) Spectrophotometry and Spectrofluorometry, IRL Press, Oxford, Washington, DC.

Bei, R.; Schlom, J.; Kashmiri, S. V. (1995) Baculovirus expression of a functional single-chain immunoglobulin and its IL-2 fusion protein. In: *J. Immunol. Methods* 186, S. 245–255.

Beidler, D. E.; Johnson, M. J.; Unger, B. W.; Phelps, J. L.; Jue, R. A. (1991) Purification and characterization of a chimeric bifunctional antibody specific for human carcinoembryonic antigen and indium-benzyl-EDTA. In: *Protein Expr. Purif.* 2, S. 76–82.

Bender, E.; Woof, J. M.; Atkin, J. D.; Barker, M. D.; Bebbington, C. R.; Burton, D. R. (1993) Recombinant human antibodies: linkage of an Fab fragment from a combinatorial library to an Fc fragment for expression in mammalian cell culture. In: *Hum. Antibodies Hybridomas* 4, S. 74–79.

Benvenuto, E.; Ordas, R. J.; Tavazza, R.; Ancora, G.; Biocca, S.; Cattaneo, A.; Galeffi, P. (1991) 'Phytoantibodies': a general vector for the expression of immunoglobulin domains in transgenic plants. In: *Plant. Mol. Biol.* 17, S. 865–874.

Better, M.; Gavit, P. (1997) Production of Antibody Domains in Prokaryotes. In: „Antibody Therapeutics", CRC Press.

Better, M.; Cheng, C. P.; Robinson, R. R.; Horowitz, A. H. (1988) *Escherichia coli* secretion of an active chimeric antibody fragment. In: *Science* 240, S. 1041–1043.

Better, M.; Bernhard, S. L.; Fishwild, D. M.; Nolan, P. A.; Bauer, R. J.; Kung, A. H.; Carroll, S. F. (1994) Gelonin analogs with engineered cysteine residues form antibody immunoconjugates with unique properties. In: *J. Biol. Chem.* 269, S. 9644–9650.

Better, M.; Berhard, S. L.; Lei, S. P.; Fishwild, D. M.; Lane, J. A.; Carroll, S. F.; Horwitz, A. H. (1993) Potent anti-CD4 ricin A chain immunoconjugates from bacterially produced Fab' and F(ab')2. In: *Proc. Natl. Acad. Sci. USA* 90, S. 457–461.

Bill, E.; Lutz, U.; Karlsson, B. M.; Sparrman, M.; Allgaier, H. (1995) Optimization of protein G chromatography for biopharmaceutical monoclonal antibodies. In: *J. Mol. Recognit.* 8, S. 90–94.

Booth, R. J.; Grandison, P. M.; Prestidge, R. L.; Watson, J. D. (1988) The use of a 'universal' yeast expression vector to produce an antigenic protein of Mycobacterium leprae. In: *Immunol. Lett.* 19, S. 65–69.

Bowdish, K.; Tang, Y.; Hicks, J. B.; Hilvert, D. (1991) Yeast expression of a catalytic antibody with chorismate mutase activity. In: *J. Biol. Chem.* 266, S. 11901–11908.

Bregegere, F.; Schwartz, J.; Bedouelle, H. (1994) Bifunctional hybrids between the variable domains of an immunoglobulin and the maltose-binding protein of *Escherichia coli*: production, purification and antigen binding. In: *Protein Eng.* 7, S. 271–280.

Breitling, F. and Little, M. (1986) Carboxy-terminal regions on the surface of tubulin and microtubules. Epitope locations of YOL1/34, DM1A and DM1B. In: *J. Mol. Biol.* 189, S. 367–370.

Breitling, F.; Dübel, S.; Seehaus, T.; Klewinghaus, I.; Little, M. (1991) A surface expression vector for antibody screening. In: *Gene* 104, S. 147–153.

Brigido, M. M.; Polymenis, M.; Stollar, B. D. (1993) Role of mouse VH10 and VL gene segments in the specific binding of antibody to Z-DNA, analyzed with recombinant single chain Fv molecules. In: *J. Immunol.* 150, S. 469–479.

Brinkmann, U.; Reiter, Y.; Jung, S. H.; Lee, B.; Pastan, I. (1993) A recombinant Immunotoxin containing a disulfide-stabilized Fv fragment. In: *Prot. Nat. Acad. Sci. USA* 90, S. 7538–7542.

Brocker, T.; Karjalainen, K. (1995) Signals through T cell receptor-zeta chain alone are insufficient to prime resting T lymphocytes. In: *J. Exp. Med.* 181, S. 1653–1659.

Brocks, B.; Rode, H. J.; Gerlach, E.; Dübel, S.; Little, M.; Pfizenmaier, K.; Moosmayer, D. (1997) A TNF receptor antagonistic scFv, which is refractory to secretion in mammalian cells, is expressed as a soluble mono- and bivalent scFv derivative in insect cells using cassette baculovirus vectors. Immunotechnology. Im Druck.

Bruyns, A. M.; De Jaeger, G.; De Neve, M.; De Wilde, C.; Van Montagu, M.; Depicker, A. (1996) Bacterial and plant-produced scFv proteins have similar antigen-binding properties. In: *FEBS Lett.* 386, S. 5–10.

Buchner, J.; Rudolf, R. (1991) Renaturation, purification and characterization of recombinant antibody fragments produced in *E. coli*. In: *Bio/Technology* 9; S. 157–162.

Buchner, J.; Brinkmann, U.; Pastan, I. (1992b) Renaturation of a single-chain Immuntoxin facilitated by chaperones and protein disulfide isomerase. In: *Biotechnology NY* 10, S. 682–685.

Buchner, J.; Pastan, I.; Brinkmann, U. (1992a) A method for increasing the yield of properly folded recombinant fusion proteins: single-chain Immuntoxins from renaturation of bacterial inclusion bodies. In: *Anal. Biochem.* 205, S. 263–270.

Buchsbaum, D. J. (1995) Experimental approachs to increase radiolabeled antibody localization in tumors. In: *Cancer Res.* 55(23 Suppl), S. 5729s–5732s.

Burks, E. A.; Iverson, B. L. (1995) Rapid, high-yield recovery of a recombinant digoxin binding single-chain Fv from *Escherichia coli*. In: *Biotechnol. Prog.* 11, S 112–114.

Cabilly, S.; Riggs, A. D.; Pande, H.; Shively, J. E.; Holmes, W. E.; Rey, M.; Perry, L. J.; Wetzel, R.; Heyneker, H. L. (1984) Generation of antibody activity from immunoglobulin polypeptide chains produced in *Escherichia coli*. In: *Proc. Natl. Acad. Sci. USA* 81, S. 3273–3277.

Canaan Haden, L.; Ayala, M.; Fernandez-de-Cossio, M. E.; Pedroso, I.; Rodes, L.; Gavilondo, J. V. (1995) Purification and application of a single-chain Fv antibody fragment specific to hepatitis B virus surface antigen. In: *Biotechniques* 19, S. 606–608.

Carayannopoulos, L.; Max, E. E.; Capra, J. D. (1994) Recombinant human IgA expressed in insect cells. In: *Proc. Natl. Acad. Sci. USA* 91, S. 8348–8352.

Carter, P.; Kelley, R. F.; Rodriguez, M. L.; Snedecor, B.; Covarrubias, M.; Velligan, M. D.; Wong, W. L. T.; Rowland, A. M.; Kotts, C. E.; Carver, M. E.; Yang, M.; Bourell, J. H.; Shepard, H. M.; Henner, D. (1992) High level *E. coli* expression and production of a bivalent humanized antibody fragment. In: *Bio/Technology* 10, S. 163–167.

Casey, J. L.; Keep, P. A.; Chester, K. A.; Robson, L.; Hawkins, R. E.; Begent, R. H. (1995) Purification of bacterially expressed single-chain Fv antibodies for clinical applications using metal chelate chromatography. In: *J. Immunol. Methods* 179, S. 105–116.

Chen, C.; Martin, T. M.; Stevens, S.; Rittenberg, M. B. (1994) Defective secretion of an immunoglobulin caused by mutations in the heavy chain complementarity determining region 2. In: *J. Exp. Med.* 180, S. 577–586.

Chester, K. A.; Robson, L.; Keep, P. A.; Pedley, R. B.; Boden, J. A.; Boxer, G. M.; Hawkins, R. E.; Begent, R. H. (1994) Production and tumour-binding characterization of a chimeric anti-CEA Fab expressed in *Escherichia coli*. In: *Int. J. Cancer* 57, S. 67–72.

Chothia, C.; Lesk, A. M. (1987) Canonical structures for the hypervariable regions of immunoglobulins. In: *J. Mol. Biol.* 196, S. 901–917.

Ciric, B.; Radulovic, M.; Dimitrijevic, L. J.; Jankov, R. M. (1995) Effect of valency on binding properties of the antihuman IgM monoclonal antibody 202. In: *Hybridoma* 14, S. 537–544.

Colcher, D.; Bird, R.; Roselli, M.; Hardman, K. D.; Johnson, S.; Pope, S.; Dodd, S. W.; Pantoliano, M. W.; Milenic, D. E.; Schlom, J. (1990) *In vivo* tumor targeting of a recombinant single-chain antigen-binding protein. In: *J. Natl. Cancer Inst.* 82, S. 1191–1197.

Conrad, U.; Becker, K.; Ziegner, M.; Walter, G. (1991) Immunoglobulin VH and VK genes of the BALB/c anti-foot-and-mouth disease virus (O1) VP1 response: cloning, characterization and transgenic mice. In: *Mol. Immunol.* 28, S. 1201–1209.

Davis, G. T.; Bedzyk, W. D.; Voss, E. W.; Jacobs, T. W. (1991) Single chain antibody (SCA) encoding genes: one-step construction and expression in eukaryotic cells. In: *Biotechnology NY* 9, S. 165–169.

De Chateau, M.; Nilson, B. H.; Erntell, M.; Myhre, E.; Magnusson, C. G.; Akerstrom, B.; Bjorck, L. (1993) On the interaction between protein L and immunoglobulins of various mammalian species. In: *Scand. J. Immunol.* 37, S. 399–405.

Deng, S. J.; MacKenzie, C. R.; Sadowska, J.; Michniewicz, J.; Young, N. M.; Bundle, D. R.; Narang, S. A. (1994) Selection of antibody single-chain variable fragments with improved carbohydrate binding by phase display. In: *J. Biol. Chem.* 269, S. 9533–9538.

Deyev, S. M.; Lieber, A.; Radko, B. V.; Polanovsky, O. L. (1993) Production of recombinant antibodies in lymphoid and non-lymphoid cells. In: *FEBS Lett.* 330, S. 111–113.

Dorai, H.; McCartney, J. E.; Hudziak, R. M.; Tai, M. S.; Laminet, A. A.; Houston, L. L.; Huston, J. S.; Oppermann, H. (1994) Mammalian cell expression of single-chain Fv (sFv) antibody proteins and their C-terminal fusions with interleukin-2 and other effector domains. In: *Biotechnology NY* 12, S. 890–897.

Dreher, M. L.; Gherardi, E.; Skerra, A.; Milstein, C. (1991) Colony assays for antibody fragments expressed in bacteria. In: *J. Immunol. Methods* 139, S. 197–205.

Dübel, S.; Breitling, F.; Fuchs, P.; Klewinghaus, I.; Little, M. (1993) A family of vectors for surface display and production of antibodies. In: *Gene* 128, S. 97–101.

Dübel, S.; Breitling, F.; Klewinghaus, I.; Little, M. (1992) Regulated secretion and purification of recombinant antibodies in E. coli. In: *Cell Biophysics* 21, S. 69–80.

Dübel, S.; Breitling, F.; Kontermann, R.; Schmidt, T.; Skerra, A.; Little, M. (1995) Bifunctional and multimeric complexes of streptavidin fused to single-chain antibodies (scFv). In: *J. Immunol. Meth.* 178, S. 201–209.

Duenas, M.; Ayala, M.; Vazquez, J.; Ohlin, M.; Soderlind, E.; Borrebaeck, C. A.; Gavilondo, J. V. (1995) A point mutation in a murine immunoglobulin V-region strongly invluences the antibody yield in *Escherichia coli*. In: *Gene* 158, S. 61–66.

Duenas, M.; Vazquez, J.; Ayala, M.; Soderlind, E.; Ohlin, M.; Perez, L.; Borrebaeck, C. A.; Gavilondo, J. V. (1994) Intra- and extracellular expression of an scFv antibody fragment in *E. coli:* effect of bacterial strains and pathway engineering using GroES/L chaperonins. In: *Biotechniques* 16, S. 476–477, 480–483.

Edqvist, J.; Keranen, S.; Penttila, M.; Straby, K. B.; Knowles, J. K. (1991) Production of functional IgM Fab fragments by Saccharomyces cerevisia. In: *J. Biotechnol.* 20, S. 291–300.

Tsumoto, K.; Nakaoki, Y.; Ueda, Y.; Ogasahara, K.; Yutani, K.; Watanabe, K.; Kumagai, I. (1994) Effect of the order of antibody variable regions on the expression of the single-chain HyHEL10Fv fragment in *E. coli* and the thermodynamic analysis of its antigen-binding properties. In: *Biochem. Biophys. Res. Commun.* 201, S. 546–551.

Erntell, M.; Myhre, E. B.; Kronvall, G. (1986) Non-Immune F(ab′)2-and Fc-mediated interactions of mammalian immunoglobulins with S.aureus and group C and G streptococci. In: *Acta Pathol. Microbiol. Immunol. Scand.* 94, S. 377–383.

Erntell, M.; Myhre, E. B.; Sjobring, U.; Bjorck, L. (1988) Streptococcal protein G has affinity for both Fab- and Fc-fragments of human IgG. In: *Mol. Immunol.* 25, S. 121–126.

Essen, L. O.; Skerra, A. (1993) Single-step purification of a bacterially expressed antibody Fv fragment by immobilized metal affinity chromatography in the presence of betaine. In: *J. Chromatogr. A.* 657, S. 55–61.

Evan, G. I.; Lewis, G. K.; Ramsay, G.; Bishop, M. (1985) Isolation of monoclonal antibodies specific for human c-myc proto-oncogene poroduct. In: *Mol. Cell. Biol.* 5, S. 3610–3616.

Evans, M. J.; Rollins, S. A.; Wolff, D. W.; Rother, R. P.; Norin, A. J.; Therrien, D. M.; Grijalva, G. A.; Mueller, J. P.; Nye, S. H.; Squinto, S. P.; Wilkins, J. A. (1995) *In vitro* and *in vivo* inhibition of complement activity by a single-chain Fv fragment recognizing human C5. In: *Mol. Immunol.* 32, S. 1183–1195.

Firek, S.; Draper, J.; Owen, M. R.; Gandecha, A.; Cockburn, B.; Whitelam, G. C. (1993) Secretion of a functional single-chain Fv protein in transgenic tobacco plants and cell suspension cultures. In: *Plant. Mol. Biol.* 23, S. 861–879.

Friguet, B.; Chaffotte, A. F.; Djavadi-Ohanianec, L. D.; Goldberg, M. E. (1985) Measurement of the true affinity constant in solution of antigen - antibody complexes by enzyme linked immunosorbent assay. In: *J. Immunol. Methods* 77, S. 305–319.

Froyen, G.; Ronsse, I.; Billiau, A. (1993) Bacterial expression of a single-chain antibody fragment (SCFV) that neutralizes the biological activity of human interferon-gamma. In: *Mol. Immunol.* 30, S. 805–812.

Fuchs, P.; Breitling, F.; Little, M.; Dübel, S. (1997) Primary structure and functional scFv antibody expression of an antibody against the human protooncogen c-myc. In: *Hybridoma* 16, S. 227–233.

Fuchs, P.; Breitling, F.; Dübel, S.; Seehaus, T.; Little, M. (1991) Targeting recombinant antibodies to the surface of *E. coli*: Fusion to a peptidoglycan assiciated Lipoprotein. In: *Bio/Technology* 9, S. 1369–1372.

Gandecha, A. R.; Owen, M. R.; Cockburn, B.; Whitelam, G. C. (1992) Production and secretion of a bifunctional staphylococcal protein A:antiphytochrome single-chain Fv fusion protein in *Escherichia coli*. In: *Gene* 122, S. 361–365.

Glockshuber, R.; Malia, M.; Pfitzinger, I.; Plückthun, A. (1990) A comparison of strategies to stabilize immunoglobulin Fv-fragments. In: *Biochemistry* 29, S. 1362–1367.

Glockshuber, R.; Schmidt, T.; Plückthun, A. (1992) The disulfide bonds in antibody variable domains: effects on stability, folding *in vitro*, and functional expression in *Escherichia coli*. In: *Biochemistry* 31, S. 1270–1279.

Gomi, H.; Hozumi, T.; Hattori, S.; Tagawa, C.; Kishimoto, F.; Bjorck, L. (1990) The gene sequence and some properties of protein H. A novel IgG-binding protein. In: *J. Immunol.* 144, S. 4046–4052.

Gotter, S.; Kipriyanov, S.; Haas, C.; Dübel, S.; Breitling, F.; Khazaie, K.; Schirrmacher, V.; Little, M. (1994) A *single-chain* antibody for coupling ligands to tumour cells infected with Newcastle disease virus. In: *Tumour Targeting* 1, S. 1–8.

Goward, C. R.; Murphy, J. P.; Atkinson, T.; Barstow, D. A. (1990) Expression and purification of a truncated recombinant streptococcal protein G. In: *Biochem. J.* 267, S. 171–177.

Hardie, G.; van Regenmortel, M. H. V. (1975) Immunochemical studies of tobacco mosaic virus-I: refutation of the alleged homogeneous binding of purified antibody fragments. In: *Immunochem.* 12, S. 903–908.

Harlow, E.; Lane, D. (1988) Antibodies. Cold Spring Harbour Laboratory, New York.

Harris, E. L. V.; Angal, S. (Hrsg.) Protein purification methods, a practical approach. (1989) IRL Press at Oxford University Press, Walton Street, Oxford OX2 6DP Großbritannien.

Harris, R. J.; Murnane, A. A.; Utter, S. L.; Wagner, K. L.; Cox, E. T.; Polastri, G. D.; Helder, J. C.; Sliwkowski, M. B. (1993) Assessing genetic heterogeneity in production cell lines: detection by peptide mapping of a low level Tyr to Gln sequence variant in a recombinant antibody. In: *Biotechnology NY* 11, S. 1293–1297.

Hasemann, C. A.; Capra, J. D. (1990) High-level production of a functional immunoglobulin heterodimer in a baculovirus expression system. In: *Proc. Natl. Acad. Sci. USA* 87, S. 3942–3946.

Hawkins, R. E.; Russell, S. J.; Baier, M.; Winter, G. (1993) The contribution of contact and non-contact residues of antibody in the affinity of binding to antigen. The interaction of mutant D1.3 antibodies with lysozyme. In: *J. Mol. Biol.* 234, S. 958–964.

Holvoet, P.; Laroche, Y.; Lijnen, H. R.; Van-Cauwenberge, R.; Demarsin, E.; Brouwers, E.; Matthyssens, G.; Collen, D. (1991) Characterization of a chimeric plasminogen activator consisting of a single-chain Fv fragment derived from a fibrin fragment D-dimer-specific antibody and a truncated single-chain urokinase. In: *J. Biol. Chem.* 266, S. 19717–19724.

Hopp, T. P.; Gallis, B.; Prickett, K. S. (1996) Metal-binding properties of a calcium-dependent monoclonal antibody. In: *Mol. Immunol.* 33, S. 601–608.

Horwitz, A. H.; Chang, C. P.; Better, M.; Hellstrom, K. E.; Robinson, R. R. (1988) Secretion of functional antibody and Fab fragment from yeast cells. In: *Proc. Natl. Acad. Sci. USA* 85, S. 8678–8682.

Hsu, T. A.; Eiden, J. J.; Bourgarel, P.; Meo, T.; Betenbaugh, M. J. (1994) Effects of co-expressing chaperone BiP on functional antibody production in the baculovirus system. In: *Protein. Expr. Purif.* 5, S. 595–603.

Hu, P.; Glasky, M. S.; Yun, A.; Alauddin, M. M.; Hornick, J. L.; Khawli, L. A.; Epstein, A. L. (1995) A human-mouse chimeric Lym-1 monoclonal antibody with specificity for human lymphomas expressed in a baculovirus system. In: *Hum. Antibodies Hybridomas* 6, S. 57–67.

Humphreys, D. P., Weir, N.; Lawson, A.; Mountain, A.; Lund, P. a. (1996) Coexpression of human protein disulphide isomerase (PDI) can increase the yield of an antibody Fab′ fragment expressed in *Escherichia coli*. In: *FEBS Lett.* 380, S. 194–197.

Huston, J. S.; McCartney, J.; Tai, M. S.; Mottola-Hartshorn, C.; Jin, D.; Warren, F.; Keck, P.; Oppermann, H. (1993) Medical applications of single-chain antibodies. Creative BioMolecules, Inc., Hopkinton, MA 01748. In: *Int. Rev. Immunol.* 10, S. 195–217.

Issekutz, A. C. (1983) Removal of gram-negative endotoxin from solutions by affinity chromatography. In: *J. Immunol. Methods* 61, S. 275–281.

Ito, W.; Iba, Y.; Kurosawa, Y. (1993) Effects of substitutions of closely related amino acids at the contact surface in an antigen-antibody complex on thermodynamic parameters. In: *J. Biol. Chem.* 268, S. 16639–16647.

Jahn, S.; Roggenbuck, D.; Niemann, B.; Ward, E. S. (1995) Expression of monovalent fragments derived from a human IgM autoantibody in *E. coli*. The input of the somatically mutated CDR1/CDR2 and of the CDR3 into antigen binding specificity. In: *Immunobiology* 193, S. 400–419.

Jarvis, D. L.; Oker-Blom, C.; Summers, M. D. (1990) Role of glycosylation in the transport of recombinant glycoproteins through the secretory pathway of lepidopteran insect cells. In: *J. Cell. Biochem.* 42, S. 181–191.

Johnson, G. A.; Hansen, T. R.; Austin, K. J.; Van, Kirk, E. A.; Murdoch, W. J. (1995) Baculovirus-insect cell production of bioactive choriogonadotropin-immunoglobulin G heavy-chain fusion proteins in sheep. In: *Biol. Reprod.* 52, S. 68–73.

Jost, C. R.; Kurucz, I.; Jacobus, C. M.; Titus, J. A.; George, A. J.; Segal, D. M. (1994) Mammalian expression and secretion of functional single-chain Fv molecules. In: *J. Biol. Chem.* 269, S. 26267–26273.

Jost, C. R.; Titus, J. A.; Kurucz, I.; Segal, D. M. (1996) A single-chain bispecific Fv2 molecule produced in mammalian cells redirects lysis by activated CTL. In: *Mol. Immunol.* 33, S. 211-219.

Kabat, E. A.; Wu, T. T.; Reid-Miller, M.; Perry, H. M.; Gottesman, K. S. In: Sequences of Proteins of Immunological Interest, US Dept. of Health and Human Services, US Government Printing Office, 1987.

Kazemier, B.; de Haard, H.; Boender, P.; van Gemen, B.; Hoogenboom, H. (1996) Determination of active single chain antibody concentrations in crude periplasmic fractions. In: *J. Immunol. Methods* 194, S. 201–209.

Kelley, R. F.; O'Connell, M. P., Carter, P.; Presta, L.; Eigenbrot, C.; Covarrubias, M.; Snedecor, B.; Bourell, J. H.; Vetterlein, D. (1992) Antigen binding thermodynamics and antiproliferative effects of chimeric and humanized anti-p185HER2 antibody Fab fragments. In: *Biochemistry* 31, S. 5434–5441.

Keppel, E.; Schaller, H. C. (1991) A 33 kDA protein with sequence homology to the 'laminin binding protein' is associated with the cytoskeleton in hydra and in mammalian cells. In: *J. Cell. Sci.* 100, S. 789–797.

Keranen, S.; Penttila, M. (1995) Production of recombinant proteins in the filamentous fungus Trichoderma reesei. In: *Curr. Opin. Biotechnol.* 6, S. 534–547.

King, D. J.; Byron, O. D.; Mountain, A.; Weir, N.; Harvey, A.; Lawson, A. D.; Proudfoot, K. A.; Baldock, D.; Harding, S. E.; Yarranton, G. T. (1993) Expression, purification and characterization of B72.3 Fv fragments. In: *Biochem. J.* 290, S. 723–729.

King, D. J., Turner, A.; Farnsworth, A. P.; Adair, J. R.; Owens, R. J.; Pedley, R. B.; Baldock, D.; Proudfoot, K. A.; Lawson, A. D.; Beeley, N. R. (1994) Improved tumor targeting with chemically cross-linked recombinant antibody fragments. In: *Cancer Res.* 54, S. 6176–6185.

Kipriyanov, S.; Dübel, S.; Breitling, F.; Kontermann, R. E. and Little, M. (1994) Recombinant single-chain Fv fragments carrying C-terminal cysteine residues: Production of bivalent and biotinylated miniantibodies. In: *Molec. Immun.* 31, S. 1047–1058.

Kipriyanov, S. M.; Breitling, F.; Little, M. and Dübel, S. (1995b) Single-chain antibody streptavidin fusions: Tetrameric bifunctional scFv-complexes with biotin-binding activity and enhanced affinity to antigen. In: *Hum. Antibod. Hybridomas* 6, S. 93–101.

Kipriyanov, S. M.; Dübel, S.; Breitling, F.; Kontermann, R. E.; Heymann, S.; Little, M. (1995a) Bacterial expression and refolding of single-chain Fv fragments with C-terminal cysteines. In: *Cell. Biophys.* 26, S. 187–204.

Kitchin, K.; Lin, G.; Shelver, W. L.; Murtaugh, M. P.; Pentel, P. R.; Pond, S. M.; Oberst, J. C.; Humphrey, J. E.; Smith, J. M.; Flickinger, M. C. (1995) Cloning, expression, and purification of an anti-desipramine single chain antibody in NS/O myeloma cells. In: *J. Pharm. Sci.* 84, S. 1184–1189.

Kleymann, G.; Ostermeier, C.; Heitmann, K.; Haase, W.; Michel, H. (1995) Use of antibody fragments (Fv) in immunocytochemistry. In: *J. Histochem. Cytochem.* 43, S. 607–614.

Knappik, A.; Krebber, C.; Plückthun, A. (1993) The effect of folding catalysts on the *in vivo* folding process of different antibody fragments expressed in *Escherichia coli*. In: *Biotechnology NY* 11, S. 77–83.

Knappik, A.; Plückthun, A. (1994) An improved affinity tag based on the FLAG peptide for the detection and purification of recombinant antibody fragments. In: *Biotechniques* 17, S. 754–761.

Knappik, A.; Plückthun, A. (1995) Engineered turns of a recombinant antibody improve its *in vivo* folding. In: *Protein-Eng* 8, S. 81–89.

Kontermann, R. E.; Liu, Z.; Schulze, R. A.; Sommer, K. A.; Queitsch, I.; Dübel, S.; Kipriyanov, S. M.; Breitling, F.; Bautz, E. K. F. (1995) Characterization of the epitope recognised by a monoclonal antibody directed against the largest subunit of *Drosophila* RNA polymerase II. In: *Biol. Chem. Hoppe-Seyler* 376, S. 473–481.

Kortt, A. A.; Malby, R. L.; Caldwell, J. B.; Gruen, L. C. Ivancic, N.; Lawrence, M. C.; Howlett, G. J.; Webster, R. G.; Hudson, P. J.; Colman, P. M. (1994) Recombinant anti-sialidase single-chain variable fragment antibody. Characterization, formation of dimer and higher-molecular-mass multimers and the solution of the crystal structure of the single-chain variable fragment/sialidase complex. In: *Eur. J. Biochem.* 221, S. 151–157.

Kretzschmar, T.; Aoustin, L.; Zingel, O.; Marangi, M.; Vonach, B.; Towbin, H.; Geiser, M. (1996) High-level expression in insect cells and purification of secreted monomeric single-chain Fv antibodies. In: *J. Immunol. Methods* 195, S. 93–101.

Lah, M.; Goldstraw, A.; White, J. F.; Dolezal, O.; Malby, R.; Hudson, P. J. (1994) Phage surface presentation and secretion of antibody fragments using an adaptable phagemid vector. In: *Hum. Antibodies Hybridomas* 5, S. 48–56.

Laroche, Y.; Demaeyer, M.; Stassen, J. M.; Gansemans, Y.; Demarsin, E.; Matthyssens, G.; Collen, D.; Holvoet, P. (1991) Characterization of a recombinant single-chain molecule comprising the variable domains of a monoclonal antibody specific for human fibrin fragment D-dimer. In: *J. Biol. Chem.* 266, S. 16343–16349.

Lethonen, O. P. (1991) Immunoreactivity of solid phase hapten measured by a hapten binding plasmacytoma protein (ABPC 24). In: *Mol. Immunol.* 18, S. 323–329.

Luo, D.; Mah, N.; Krantz, M.; Wilde, K.; Wishart, D.; Zhang, Y.; Jacobs, F.; Martin, L. (1995) Vl-linker-Vh orientation-dependent expression of single chain Fv-containing an engineered disulfide-stabilized bond in the framework regions. In: *J. Biochem. Tokyo* 118, S. 825–831.

MacCallum, R. M.; Martin, A. C. R.; Thornton, J. T. (1996) Antibody-antigen interactions: Contact analysis and binding site topography. In: *J. Mol. Biol.* 262, S. 732–745.

Mack, M.; Riethmuller, G.; Kufer, P. (1995) A small bispecific antibody construct expressed as a functional single-chain molecule with high tumor cell cytotoxicity. In: *Proc. Natl. Acad. Sci. USA* 92, S. 7021–7025.

MacKenzie, C. R.; Sharma, V.; Brummell, D.; Bilous, D.; Dubuc, G.; Sadowska, J.; Young, N. M.; Bundle, D. R.; Narang, S. A. (1994) Effect of Cλ-Cϰ domain switching on Fab′ activity and yield in *E. coli:* Synthesis and expression of genes encoding two anti-carbohydrate Fab′s. In: *Bio/Technology* 12, S. 390–395.

Maeda, S. (1989) Expression of foreign genes in insects using baculovirus vectors. In: *Annu. Rev. Entomol.* 34, S. 351–372.

Matthews, R. E. F. (1982) Classification and Nomenclature of Virusses. Karger Verlag, Basel.

Miceli, R. M.; DeGraaf, M. E.; Fischer, H. D. (1994) Two-stage selection of sequences from a random phage display library delineates both core residues and permitted structural range within an epitope. In: *J. Immunol. Methods* 167, S. 279–287.

Milenic, D. E.; Yokota, T.; Filpula, D. R.; Finkelman, M. A. J.; Dodd, S. W.; Wood, J. F.; Whitlow, M. L.; Snoy, P. and Schlom, J. (1991) Construction, binding properties, metabolism and tumor targeting of a single-chain Fv derived from the pancarcinoma monoclonal antibody CC49. In: *Cancer Res.* 51, S. 6363–6371.

Minobe, S.; Sato, T.; Tosa, T.; Chibata, I. (1983) Characteristics of immobilized histamine for pyrogen adsorption. In: *J. Chromatogr.* 252, S. 193–198.

Molloy, P. E.; Graham, B. M.; Cupit, P. M.; Grant, S. D.; Porter, A. J.; Cunningham, C. (1995) Expression and purification strategies for the production of single-chain antibody and T-cell receptor fragments in *E. coli.* In: *Mol. Biotechnol.* 4, S. 239–245.

Morton, H. C.; Atkin, J. D.; Owens, R. J.; Woof, J. M. (1993) Purification and characterization of chimeric human IgA1 and IgA2 expressed in COS and Chinese hamster ovary cells. In: *J. Immunol.* 151, S. 4743–4752.

Nesbit, M.; Fu, Z. F.; McDonald, Smith, J.; Steplewski, Z.; Curtis, P. J. (1992) Production of a functional monoclonal antibody recognizing human colorectal carcinoma cells from a baculovirus expression system. In: *J. Immunol. Methods* 151, S. 201–208.

Newton, D. L.; Nicholls, P. J.; Rybak, S. M.; Youle, R. J. (1994) Expression and characterization of recombinant human eosinophil-derived neurotoxin and eosinophil-derived neurotoxin-anti-transferrin receptor sFv. In: *J. Biol. Chem.* 269, S. 26739–26745.

Nicholls, P. J.; Johnson, V. G.; Andrew, S. M.; Hoogenboom, H. R.; Raus, J. C.; Youle, R. J. (1993) Characterization of single-chain antibody (sFv)-toxin fusion proteins produced *in vitro* in rabbit reticulocyte lysate. In: *J. Biol. Chem.* 268, S. 5302–5308.

Nilson, B. H.; Logdberg, L.; Kastern, W.; Bjorck, L.; Akerstrom, B. (1993) Purification of antibodies using protein L-binding framework structures in the light chain variable domain. In: *J. Immunol. Methods* 164, S. 33–40.

Nilson, B. H.; Solomon, A.; Bjorck, L.; Akerstrom, B. (1992) Protein L from Peptostreptococcus magnus binds to the kappa light chain variable domain. In: *J. Biol. Chem.* 267, S. 2234-2239.

Nyyssonen, E.; Penttila, M.; Harkki, A.; Saloheimo, A.; Knowles, J. K.; Keranen, S. (1993) Efficient production of antibody fragments by the filamentous fungus Trichoderma reesei. In: *Biotechnology NY* 11, S. 591–595.

Orfanoudakis, G.; Karim, B.; Bourel, D.; Weiss, E. (1993) Bacterially expressed Fabs of monoclonal antibodies neutralizing tumour necrosis factor alpha *in vitro* retain full binding and biological activity. In: *Mol. Immunol.* 30, S. 1519–1528.

Owen, M.; Gandecha, A.; Cockburn, B.; Whitelam, G. (1992) Synthesis of a functional anti-phytochrome single-chain Fv protein in transgenic tobacco. In: *Biotechnology NY* 10, S. 790–794.

Pack, P.; Kujau, M.; Schroeckh, V.; Knupfer, U.; Wenderoth, R.; Riesenberg, D.; Plückthun, A. (1993) Improved bivalent miniantibodies, with identical avidity as whole antibodies, produced by high cell density fermentation of *Escherichia coli.* In: *Biotechnology NY* 11, S. 1271–1277.

Page, M. J., Sydenham, M. A. (1991) High level expression of the humanized monoclonal antibody Campath-1H in Chinese hamster ovary cells. In: *Biotechnology NY* 9, S. 64–68.

Piccioli, P.; Di-Luzio, A.; Amann, R.; Schuligoi, R.; Surani, M. A.; Donnerer, J.; Cattaneo, A. (1995) Neuroantibodies: extopic expression of a recombinant antisubstance P antibody in the central nervous system of transgenic mice. In: *Neuron* 15, S. 373–384.

Popov, S.; Hubbard, J. G.; Ward, E. S. (1996) A novel and efficient route for the isolation of antibodies that recognise T cell receptor V alpha(s). In: *Mol. Immunol.* 33, S. 493–502.

Potter, K. N.; Li, Y. C.; Capra, J. D. (1994) The cross-reactive idiotopes recognized by the monoclonal antibodies 9G4 and LC1 are located in framework region 1 of two non-overlapping subsets of human VH4 family encoded antibodies. In: *Scand. J. Immunol.* 40, S. 43–49.

Poul, M. a.; Cerutti, M.; Chaabihi, H.; ticchioni, M.; Deramoudt, F. X.; Bernard, A.; Devauchelle, G.; Kaczorek, M.; Lefranc, M. P. (1995) Cassette baculovirus vectors for the production of chimeric, humanized, or human antibodies in insect cells. In: *Eur. J. Immunol.* 25, S. 2005–2009.

Proba, K.; Ge, L.; Plückthun, A. (1995) Functional antibody single-chain fragments from the cytoplasm of *Escherichia coli*: influence of thioredoxin reductase (TrxB). In: *Gene* 159, S. 203-207.

Akerstrom, b.; Lindahl, G.; Bjorck, L.; Lindqvist, A. (1992) Protein Arp and protein H from group A streptococci. Ig binding and dimerization are regulated by temperature. In: *J. Immunol.* 148, S. 3238–3243.

Proudfoot, K. A.; Torrance, C.; Lawson, A. D.; King, D. J. (1992) Purification of recombinant chimeric B72.3 Fab′ and F(ab′)2 using streptococcal protein G. In: *Protein Expr. Purif.* 3, S. 368–373.

Qi, Y.; Xiang, J. (1995) A genetically engineered single-gene-encoded anti-TAG72 chimeric antibody secreted from myeloma cells. In: *Hum. Antibodies. Hybridomas* 6, S. 161-166.

Reis, U.; Blum, B.; von Specht, B. U.; Domdey, H.; Collins, J. (1992) Antibody production in silkworm cells and silkworm larvae infected with a dual recombinant Bombyx mori nuclear polyhedrosis virus. In: *Biotechnology NY* 10, S. 910–912.

Reiter, Y.; Wright, A. F.; Tonge, D. W.; Pastan, I. (1996) Recombinant single-chain and disulfide-stabilized Fv-Immuntoxins that cause complete regression of a human colon cancer xenograft in nude mice. In: *Int. J. Cancer* 67, S. 113–123.

Rheinnecker, M.; Hardt, C.; Ilag, L. L.; Kufer, P.; Gruber, R.; Hoess, A.; Lupas, A.; Rottenberger, C.; Pluckthun, A.; Pack, P. (1996) Multivalent antibody fragments with high functional affinity for a tumor-associated carbohydrate antigen. In: *J. Immunol.* 157, S. 2989-2997.

Ridder, R.; Schmitz, R.; Legay F. and Gram, H. (1995b) Generation of Rabbit Monoclonal Antibody Fragments from a Combinatorial Phage Display Library and Their Production in the Yeast *Pichia pastoris.* In: *Bio/Technology* 13, S. 255–260.

Ridder, R.; Geisse, S.; Kleuser, B.; Kawalleck, P.; Gram, H. A. (1995a) COS-cell-based system for rapid production and quantification of scFv::IgC kappa antibody fragments. In: *Gene* 166, S. 273–276.

Roggenbuck, D.; Konig, H.; Niemann, B.; Schoenherr, G.; Jahn, S.; Porstmann, T. (1994) Real-time biospecific interaction analysis of a natural human polyreactive monoclonal IgM antibody and its Fab and scFv fragments with several antigens. In: *Scand. J. Immunol.* 40, S. 64–70.

Ross, C. N.; Turner, N.; Savage, P.; Cashman, S. J.; Spooner, R. A.; Pusey, C. D. (1996) A single-chain Fv reactive with the Goodpasture antigen. In: *Lab. Invest.* 74, S. 1051–1059.

Rosso, M. N.; Schouten, A.; Roosien, J.; Borst-Vrenssen, T.; Hussey, R. S.; Gommers, F. J.; Bakker, J.; Schots, A.; Abad, P. (1996) Expression and functional characterization of a single-chain Fv antibody directed against secretions involved in plant nematode infection process. In: *Biochem. Biophys. Res. Commun.* 220, S. 255–263.

Sambrook, J.; Fritsch, E. F.; Maniatis, T. (1989) Molecular Cloning, a laboratory manual. Cold Spring Harbor Laboratory Press, New York.

Sasso, E. H.; Silverman, G. J.; Mannik, M. (1991) Human IgA and IgG F(ab')2 that bind to staphylococcal protein A belong to the VHIII subgroup. In: *J. Immunol.* 147, S. 1877-1883.

Sawyer, J. R.; Schlom, J.; Kashmiri, S. V. (1994) The effects of induction conditions on production of a soluble anti-tumor sFv in *Escherichia coli.* In: *Protein Eng.* 7, S. 1401–1406.

Schiweck, W.; Skerra, A. (1995) Fermenter production of an artificial fab fragment, rationally designed for the antigen cystatin, and its optimized crystallization through constant domain shuttling. In: *Proteins* 23, S. 561–565.

Schmidt, T. G.; Koepke, J.; Frank, R.; Skerra, A. (1996) Molecular interaction between the Strep-tag affinity peptide and its cognate target, streptavidin. In: *J. Mol. Biol.* 255, S. 753–766.

Schmidt, T. G.; Skerra, A. (1993) The random peptide library-assisted engineering of a C-terminal affinity peptide, useful for the detection and purification of a functional Ig Fv fragment. In: *Protein Eng.* 6, S. 109–122.

Schouten, A.; Roosien, J.; van-Engelen, F. A.; de Jong, G. A.; Borst-Vrenssen, A. W.; Zilverentant, J. F.; Bosch, D.; Stiekema, W. J., Gommers, F. J.; Schots, A.; Bakker, J. (1996) The C-terminal KDEL sequence increases the expression level of a single-chain antibody designed to be targeted to both the cytosol and the secretory pathway in transgenic tobacco. In: *Plant. Mol. Biol.* 30, S. 781–793.

Schulze, R. A.; Kontermann, R. E.; Queitsch, I.; Dübel, S.; Bautz, E. K. F. (1994) Thiophilic adsorption chromatography of single-chain antibody fragments. In: *Anal. Biochem.* 220, S. 212–214.

Serhir, B.; Dubreuil, D.; Higgins, R.; Jacques, M. (1995) Purification and characterization of a 52-kilodalton immunoglobulin G-binding protein from Streptococcus suis capsular type 2. In: *J. Bacteriol.* 177, S. 3830–3836.

Shelver, W. L.; Keyler, D. E.; Lin, G.; Murtaugh, M. P.; Flickinger, M. C.; Ross, C. A.; Pentel, P. R. (1996) Effects of recombinant drug-specific single chain antibody Fv fragment on {3H}-desipramine distribution in rats. In: *Biochem. Pharmacol.* 51, S. 531–537.

Shu, L.; Qi, C. F.; Schlom, J.; Kashmiri, S. V. (1993) Secretion of a single-gene-encoded immunoglobulin from myeloma cells. In: *Proc. Natl. Acad. Sci. USA* 90, S. 7995–7999.

Skerra, A.; Plückthun, A. (1988) Assembly of a functional immunoglobulin Fv fragment in *Escherichia coli.* In: *Science* 240, S. 1038–1051.

Skerra, A. (1994) A general vector, pASK84, for cloning, bacterial production, and single-step purification of antibody Fab fragments. In: *Gene* 141, S. 79–84.

Skerra, A.; Pfitzinger, I.; Plückthun, A. (1991) The functional expression of antibody Fv fragments in *Escherichia coli*: improved vectors and a generally applicable purification technique. In: *Biotechnology NY* 9, S. 273–278.

Skerra, A.; Plückthun, A. (1991) Secretion and *in vivo* folding of the Fab' fragment of the antibody McPC603 in *Escherichia coli*: influence of disulphides and cis-prolines. In: *Protein Eng.* 4, S. 971–979.

Sohi, M. K.; Wan, T.; Sutton, B. J.; Atkinson, T.; Atkinson, M. A.; Murphy, J. P.; Bottomley, S. P.; Gore, M. G. (1995) Crystallization and X-ray analysis of a single fab binding domain from protein L of Peptostreptococcus magnus. In: *Proteins* 23, S. 610–612.

Somerville, J. E. Jr.; Goshorn, S. C.; Fell, H. P.; Darveau, R. P. (1994) Bacterial aspects associated with the expression of a single-chain antibody fragment in *Escherichia coli.* In: *Appl. Microbiol. Biotechnol.* 42, S. 595–603.

Song, Z.; Cai, Y.; Song, D.; Xu, J.; Yuan, H.; Wang, L.; Zhu, X.; Lin, H.; Breitling, F.; Dübel, S. (1997) Primary structure and functional expression of heavy- and light-chain variable region genes of a monoclonal antibody specific for human fibrin. In: *Hybridoma, Hybridoma* 16, S. 235–241.

Spence, C.; Nachman, M.; Gately, M. K.; Kreitman, F. J.; Pastan, I.; Bailon, P. (1993) Affinity purification and characterization of anti-Tac(Fv)-C3-PE38KDEL: A highly potent cytotoxic agent specific to cells bearing IL-2 receptors. In: *Bioconjug. Chem.* 40, S. 63–68.

Stemmer, W. P. C.; Morris, S. K.; Kautzer, C. K.; Wilson, B. S. (1993) Increased antibody expression from *E. coli* through wobble-base library mutagenesis by enzymatic inverse PCR. In: *Gene* 123, S. 1–7.

Sulkowski, E. (1985) Immobilised Metal Affinity Chromatography. In: *Trends in Biotechnology* 3, S. 1–7.

Tai, M. S.; Mudgett, Hunter, M.; Levinson, D.; Wu, G. M.; Haber, E.; Oppermann, H.; Huston, J. S. (1990) A bifunctional fusion protein containing Fc-binding fragment B of staphylococcal protein A amino terminal to antidigoxin single-chain Fv. In: *Biochemistry* 29, S. 8024–8030.

Talmadge, K. W.; Siebert, C. J. (1989) Efficient endotoxin removal with a new sanitizable affinity column: Affi-Prep Polymyxin. In: *J. Chromatogr.* 476, S. 175–185.

Thielemans, K. M. (1995) Immunotherapy with bispecific antibodies. In: *Verh. K. Acad. Geneeskd. Belg.* 57, S. 229–247.

Ueda, Y.; Tsumoto, K.; Watanabe, K.; Kumagai, I. (1993) Synthesis and expression of a DNA encoding the Fv domain of an anti-lysozyme monoclonal antibody, HyHEL10, in Streptomyces lividans. In: *Gene* 129(1), S. 129–134.

Ulrich, H. D.; Platten, P. A.; Yang, P. L.; Romesberg, F. E.; Schultz, P. G. (1995) Expression studies of catalytic antibodies. In: *Proc. Natl. Acad. Sci. USA* 92, S. 11907–11911.

Underwood, P. A. (1985) Practical considerations of the ability of monoclonal antibodies to detect antigenic differences between closely related variants. In: *J. Immunol. Meth.* 85, S. 309–323.

Ward, E. S.; Güssow, D.; Griffiths, A. D.; Jones, P. T.; Winter, G. (1989) Binding activities of a repertoire of single immunoglobulin variable domains secreted from *Escherichia coli*. In: *Nature* 341, S. 544–546.

Ward, V. K.; Kreissig, S. B.; Hammock, B. D.; Choudary, P. V. (1995) Generation of an expression library in the baculovirus expression vector system. In: *J. Virol. Methods* 53, S. 263–272.

Werge, T. M.; Bradbury, A.; Di Luzio, A.; Cattaneo, A. (1992) A recombinant cell line expressing a form of the Y13-259 anti-p21ras antibody which binds protein A and may be produced as ascites. In: *Oncogene* 7, S. 1033–1035.

Whitlow, M.; Bell, B. A.; Feng, S.-L.; Fipula, D.; Hardman, K. D.; Hubert, S. L.; Rollence, M. L.; Wood, J. F.; Schott, M. E.; Milenic, D. E.; Yokota, T.; Schlom, J. (1993) An improved linker for single-chain Fv with reduced aggregation and enhanced proteolytic stability. In: *Protein Eng.* 6, S. 989–995.

Wilson, B. S.; Kautzer, C. R.; Antelman, D. E. (1994) Increased protein expression through improved ribosome-binding sites obtained by library mutagenesis. In: *Biotechniques* 17, S. 944–953.

Wu, A. M.; Williams, L. E.; Wong, J. Y. C.; Shively, J. E.; Raubitschek, A. A. (1996) Genetically engineered anti-carcinembryonic antigen (CEA) antibodies and Fragments: Preclinical and clinical radioimaging studies. Proceedings des GBF-

Symposiums „Antibody Technology and Applications in Health and Environment", Braunschweig, Sept. 1996.

Wu, X. C.; Ng, S. C.; Near, R. I.; Wong, W. L. (1993) Efficient production of a functional single-chain antidigoxin antibody via an engineered Bacillus subtilis expression-secretion system. In: *Biotechnology NY* 11, S. 71–76.

Yokota, T.; Milenic, D. E.; Whitlow, D. E.; Whitlow, M.; Schlom, J. (1992) Rapid tumor penetration of a single-chain Fv and comparison with other immunoglobulin forms. In: *Cancer Res.* 52, S. 3402–3408.

Zewe, M.; Rybak, S. M.; Dübel, S., Coy, J. F., Welschof, M.; Newton, D. L.; Little, M. (1997) Cloning and cytotoxicity of a human pancreatic RNase immunofusion. In: *Immunotechnology* 3, S. 127–136.

zu Putlitz, J.; Kubasek, W. L.; Duchene, M.; Marget, M.; von Specht, B. U., Domdey, H. (1990) Antibody production in baculovirus-infected insect cells. In: *Biotechnology NY* 8, S. 651–654.

Anhang: World-Wide-Web-Adressen zum Thema *Rekombinante Antikörper*

http://www.mgen.uni-heidelberg.de/SD/SDscFvSite.html

Die „Recombinant Antibody Page" der Autoren in englisch – Links zu aktuellen Themen, enthält u. a. auch alle hier angegebenen Links.

http://www.biochem.ucl.ac.uk/~martin/antibodies.html

Andrew Martins „Antibody Structures Page": *online*-Analyse von Antikörpersequenzen. Einer der nützlichsten Antikörper-Pages im Netz.

http://immuno.bme.nwu.edu/

„*Kabat Database* of Sequences of Proteins of Immunological Interest" – Antikörpersequenzdatenbank mit verschiedenen Suchmaschinen.

http://www.mrc-cpe.cam.ac.uk/imt-doc/vbase-home-page.html

„*Vbase*": Ian Tomlinsons Sammlung humaner genomischer Antikörpersequenzen.

http://imgt.cnusc.fr:8104

„IMGT-ImMunoGeneTics database" – Antikörpersequenzdatenbank mit verschiedenen Suchmaschinen.

http://www.nimr.mrc.ac.uk/CC/ccaewg/ccaewg.htm

Homepage der *MRC Antibody engineering Workgroup*.

http://www.kc.lth.se/immun/TEXTER/MO/MO.html

Mats Ohlin's „Phage Display Page" – Eine Einführung in Phagendisplay.

http://www-esbs.u-strasbg.fr/centrerech/immuno.html
Immunotechnologie-Gruppe von Etienne Weiss, Strassbourg.

http://www.unizh.ch/~kristian/miniantibody.html
„Miniantibody site" von Kristian Müller in Andreas Plückthun's Labor in Zürich – schöne Animationen, nützliche Links.

http://www.path.cam.ac.uk/~mrc7/mikeimages.html
Mike Clark's „Immunoglobulin Structure/Function Home Page" – Viele 3d-Bilder und anschauliches Material zu antikörperbezogenen Themen.

http://tutor.oc.chemie.th-darmstadt.de/TZ/BC/skerra.html
„Rational *de novo* design eines künstlichen Antikörpers" – Arne Skerra's Projekte.

http://www.molbiol.ox.ac.uk/www/pathology/tig/abeng.html
Artikel über die Humanisierung der klinisch interessanten Antikörper Campath-1 and OKT3.

http://www.antibodyresource.com/
„The Antibody Resource Page" – von Kevin Shreder. Nicht speziell über rekombinante Antikörper, aber guter allgemeiner Überblick, viele Links zu Firmen und Unis.

http://www.perkin-elmer.com/pa/340913/html/toc.htm
„Perkin Elmer Antibody Manual" – Lehrbuchartige Einführung in verschiedenste Antikörpertechniken, empfehlenswert.

http://www.mgen.uni-heidelberg.de/SD/linklistfrm.html
Allgemein interessante Links für biochemisch/ molekularbiologisch Arbeitende: Firmen, Behörden, Verlage, Institute u. a.

Anmerkung:
www-Adressen sind häufig Veränderungen unterworfen. Bitte denken Sie daran, die Groß- und Kleinschreibung zu beachten. Falls ein angegebener Link nicht mehr funktioniert, finden Sie die aktualisierte Version auf der „Recombinant Antibody Page" der Autoren (s. o.).

Index